Ergänzende Unterlagen zum Buch bieten wir Ihnen unter **www.schaeffer-poeschel.de/webcode** zum Download an.
Für den Zugriff auf die Daten verwenden Sie bitte Ihre E-Mail-Adresse und Ihren persönlichen Webcode. Bitte achten Sie bei der Eingabe des Webcodes auf eine korrekte Groß- und Kleinschreibung.

Ihr persönlicher Webcode: 3187-CfvAG

SCHÄFFER
POESCHEL

Roman Stöger

Produktivitätssteigerung und Ergebnisverbesserung

2012
Schäffer-Poeschel Verlag Stuttgart

MIX
Papier aus verantwortungsvollen Quellen
FSC® C013736

Gedruckt auf säure- und chlorfrei gebleichtem, alterungsbeständigem Papier

Bibliografische Information der Deutschen Nationalbibliothek
Die Deutsche Nationalbibliothek verzeichnet diese Publikation in der Deutschen Nationalbibliografie; detaillierte bibliografische Daten sind im Internet über http://dnb.d-nb.de abrufbar.

ISBN 978-3-7910-3187-3

www.schaeffer-poeschel.de
info@schaeffer-poeschel.de

Einbandgestaltung: Willy Löffelhardt/Melanie Frasch
Satz: Johanna Boy, Brennberg
Druck und Bindung: Kösel, Krugzell · www.koeselbuch.de

Printed in Germany
Juli 2012

Schäffer-Poeschel Verlag Stuttgart
Ein Tochterunternehmen der Verlagsgruppe Handelsblatt

für Elisabeth, Maria und Johannes

Richtiges und gutes Produktivitätsmanagement

von Prof. Dr. Fredmund Malik

Für ihren dauerhaften und nachhaltigen Erfolg müssen Unternehmungen sowohl ihre Marktseite als auch ihre Produktivität unter Kontrolle bringen. Über Jahrzehnte hinweg lag der Fokus in der strategischen Unternehmensführung aber fast ausschließlich bei Wettbewerbsanalysen, Kundenuntersuchungen, Produktgestaltung usw. Hingegen wurden die Fragen des Kosten- und Produktivitätsmanagements gerne Spezialisten zugewiesen oder mit regelmäßigen Cost-Cutting-Programmen beantwortet.

Mit dem tiefgreifenden globalen Wandel, den ich seit langem die Große Transformation 21 nenne, und der damit einhergehenden Welt-Krise ist diese Sichtweise aber endgültig vorbei, denn die herkömmlichen Methoden greifen immer weniger. Zu den tragenden Pfeilern für die Lebensfähigkeit eines Geschäftes gehören beide, sowohl Kundennutzen als auch Produktivität. Die einfachste mögliche Unternehmensstrategie lautet daher: Maximierung des Kundennutzens und Maximierung der Produktionseffizienz. Mit diesen beiden Strategie-Dimensionen kann man kaum einen Fehler machen. Zwar kann nicht jedes Unternehmen ständig wachsen, aber jedes kann ständig besser im Sinn von produktiver werden. Bis heute zeichnen sich keine Grenzen der Produktivitätsverbesserung ab.

Marktstellung und Produktivitätsposition hängen untrennbar miteinander zusammen, daher muss man sie auch als Einheit steuern. Die Marktstellung ist eine Näherungsgröße für die akkumulierte Erfahrung, die man in und mit einem Geschäft bisher machen konnte. Diese Erfahrung schlägt sich in Produktivität und Kostensenkung nieder, wenn der Gesamtzusammenhang richtig und gut gemanagt wird. Denn wer höhere Marktanteile hat, hat auch die niedrigere Kosten-Untergrenze. Mit richtigem Management wird diese Untergrenze in höhere Produktivität transformiert. Insbesondere mit herkömmlichen Methoden tun sich große Unternehmen damit erfahrungsgemäß aber schwer. Sie vergeben daher oft existenznotwendige Produktivitätssteigerung durch gegenwirkende Effekte, wie etwa eine träge Organisation, Verzettelung der Kräfte, mangelnde Führungsprofessionalität und dergleichen.

Das Beispiel der Erfahrungskurve zeigt auch auf, dass Kostensenkung und Ergebnisverbesserung nicht nur operatives Können benötigen, sondern gleichzeitig auch eine grundsätzliche, strategische Weichenstellung und auch die entsprechende Struktur erfordern. Wenn Versäumnisse und Fehlentscheidungen erst anhand einer negativen Wirkung in Gewinn und Liquidität erkannt werden, so ist es in der Regel zu spät für das Gegensteuern. Die dafür entscheidenden Zusammenhänge, auf die ich seit mehr als 30 Jahren hinweise, finden sich auch in meiner Buchreihe „Management: Das Meistern von Komplexität", insbesondere im neuesten Band 3 über „Strategie: Navigieren in der Komplexität der Neuen Welt".

Nach wie vor wird Produktivitätssteigerung hauptsächlich und manchmal sogar ausschließlich als Frage der Kostensenkung gesehen. Damit entsteht aber das Risiko, dass nicht nur Kosten im Sinne von Verschwendung abgebaut werden, sondern auch Kosten, die in Wahrheit Erfolgspotenziale sind. Mit herkömmlichen Verfahren wird zwar die operative Gegenwartsleistung des Geschäftes besser, aber gleichzeitig wird seine Zukunft ruiniert. Die Börse wird das sogar hoch honorieren – und damit entsteht ein systematisch selbstzerstörerischer Regulierungsmechanismus.

Die Zeiten eindimensionaler Kostensenkung sind also vorüber, weil diese nur in boomenden Märkten funktionieren. Heute ist die Situation aber diametral anders. Daher stoßen die herkömmlichen Methoden immer häufiger an ihre Grenzen, weil die neuen Herausforderungen nur noch mit ganzheitlichen Verfahren gemeistert werden können, mit denen die mehrdimensionale und simultane Stärkung der Markt- und der Produktivitätsseite möglich ist. Mit unseren system-kybernetischen Managementsystemen, wie sie dem Buch von Roman Stöger zugrunde liegen, und insbesondere mit unseren innovativen, durchschlagend wirksamen Syntegrationsverfahren kann diese Herausforderung zuverlässig gemeistert werden.

In funktionierenden Unternehmen ist Produktivitätssteigerung gleichzeitig sowohl in Strategie als auch in Struktur und Kultur verkörpert. Mehr denn je müssen diese Fähigkeiten auch zur professionellen Kompetenz von Führungskräften gehören. Dieses Buch zeigt auf, wie es gemacht wird, und dass es nur eine Art des Kosten- und Produktivitätsmanagements gibt, nämlich richtiges und gutes.

Vorwort des Autors

Dr. Roman Stöger

Das vorliegende Buch ist geschrieben für Führungskräfte, die Resultate erbringen wollen. Produktivitäts- und Ergebnismanagement sind Mittel, um ein größeres Ziel sicherzustellen, nämlich den Zweck jeder Organisation: Kundennutzen, Wettbewerbsfähigkeit und damit langfristige Lebensfähigkeit. Produktivitäts- und Ergebnismanagement ist kein Selbstzweck, auch wenn das der Shareholder-Value oder falsch verstandenes Kosten- bzw. Rechnungswesen suggerieren. Wenn die Marktstrategie stimmt und die Produktivitätsposition solide gestaltet ist, sind gute Ergebnisse fast nicht zu vermeiden. Das Umgekehrte gilt nicht, auch wenn es einige Zeit im Geschäftsgebaren dauert, bis dies sichtbar wird. Die Welt der Bilanzen, der Gewinnmaximierung und der Unternehmenswerte ist eine Welt der Vergangenheit und des Rückspiegels, eine Welt des Rechnens und Ausweisens. Die wirklich entscheidende Orientierung liegt ganz woanders, nämlich in der soliden strategischen Fundierung des Geschäftes, in der Wertschöpfung und der Leistung von Organisationen bzw. Menschen.

Das Buch gliedert sich in vier Teile. Im ersten Abschnitt wird ein Produktivitätsmodell vorgestellt, in welchem eine durchgehende Logik von der Produktivität bis hin zu den Ergebnissen aufgezeigt wird. Dieses Modell bildet gleichzeitig auch die Struktur des Buches. Zur Erarbeitung und Umsetzung des Produktivitätsmodells braucht es einen Produktivitätsprozess, der für die konkrete Anwendung eine pragmatische Schrittfolge bietet. Damit die Thematik gesamthaft angegangen werden kann, wird eine „weiche" Verbindung zur Unternehmenskultur hergestellt und eine „harte" zu Kostenrechnung, Finanz- und Rechnungswesen. Der Systemansatz liefert einmal mehr eine solide Basis für ein umfassendes Verständnis, sodass eindimensionale Optimierung von Geldgrößen vermieden wird.

Im zweiten Abschnitt werden die strategischen Voraussetzungen und Implikationen für das Produktivitäts- und Ergebnismanagement dargestellt. Den Kern bilden die langfristige Lebensfähigkeit von Geschäften, die Marktentwicklungskurve („S-Kurve"), die Erfahrungs- bzw. Lernkurve. Diese Eckpunkte werden in einem Produktivitätsleitbild und in einem Gewinnbedarfsbudget konkretisiert. Damit können Produktivitätsszenarien und die Produktivitätsposition bestimmt werden. All das fließt anschließend ein in die Produktivitätsstrategie und in die Sicherstellung von Produktivitäts- bzw. Ergebnisbeiträgen für Funktionen.

Abschnitt drei setzt die Produktivitätsstrategie und die Ergebnisziele strukturell um. Der Hebel hierfür sind die Wertkette, eine funktionenorientierte Erfolgsrechnung und die Prozesskostenrechnung. Zur Weiterentwicklung der Produktivität und Ergebnissicherung dienen das Geschäftsmodell, die Prozessgestaltung und die kontinuierliche Produktivitätsverbesserung. Neben diesen klassisch strukturellen Ansätzen gibt es noch bewährte Vorgehensweisen zur Sicherstellung einer produktivitätsorientierten Organisation, wie etwa Sitzungsmanagement oder Funktionendiagramm. Gemeinsam ist diesen Werkzeugen, dass sie relativ einfach in der Anwendung, aber von großer Wirkung sind.

Im vierten Abschnitt werden die wichtigsten operativen Werkzeuge vorgestellt, mit denen Produktivitätssteigerung und Ergebnisverbesserung erreicht werden können. Gemeinsam ist diesen Ansätzen, dass zuerst die beschriebenen strategischen und strukturellen Voraussetzungen gegeben sein müssen. Eine solide Kosten- und Erfolgsrechnung, Steuerung über bewährte Kennzahlen und entsprechendes Pricing stellen auf der Zahlenseite wichtige Eckpfeiler dar. Die Beherrschung der Kostentreiber, die systematische Müllabfuhr und richtig eingesetztes Cost-cutting sind weitere Instrumente zur Produktivitätssteigerung und Ergebnisverbesserung. Zur Sicherstellung der Umsetzung werden abschließend noch die persönliche Arbeitsmethodik als weithin unbekanntes Werkzeug und eine bewährte Form des Produktivitäts- und Ergebniscontrollings vorgestellt.

Jede Führungskraft, die in der heutigen Zeit wirksam sein will, muss die Grundlagen der Produktivitätssteigerung und Ergebnisverbesserung beherrschen. Alle dargestellten Grundlagen, Methoden und Werkzeuge haben sich über Jahrzehnte bewährt und können sofort angewendet werden. Damit sind Produktivitäts- und Ergebnismanagement keine Fachdisziplin mehr von Spezialisten, sondern fundamentale Hebel für jede Führungskraft.

Ergänzende Unterlagen zum Download

Für dieses Buch bieten wir ergänzende Unterlagen zum Download an: die Werkzeuge in den Formaten Word und PDF. Sie können die Werkzeuge sowohl bearbeiten als auch drucken und mit Gewinn im Unternehmen oder bei Weiterbildungsveranstaltungen nutzen.

Den zum Abruf der Daten notwendigen Webcode finden Sie auf der ersten Seite des Buches. Mit diesem Webcode können Sie sich in Kombination mit Ihrer E-Mail-Adresse einloggen und die Daten abrufen.

Inhaltsverzeichnis

Verzeichnis der Abkürzungen

AGB	Allgemeine Geschäftsbedingungen
AKV	Aufgaben, Kompetenzen, Verantwortlichkeiten
AVOR	Arbeitsvorbereitung
BDE	Betriebsdatenerfassung
BDI	Bundesverband der deutschen Industrie
BGE	Bezugsgrößeneinheit
BIP	Bruttoinlandsprodukt
BPO	Business Process Outsourcing
BPR	Business Process Reengineering
BR	Betriebsrat
BRW	Betriebliches Rechnungswesen
BSC	Balanced Scorecard
BSP	Bruttosozialprodukt
BVW	Betriebliches Vorschlagswesen
BWL	Betriebswirtschaftslehre
bzgl.	bezüglich
bzw.	beziehungsweise
CAA	Computer Aided Assembly
CAD	Computer Aided Design
CAE	Computer Aided Engineering
CAGR	Current Average Growth Rate
CAM	Computer Aided Manufacturing
CAT	Computer Aided Testing
CAx	Abkürzung für CA-Techniken bzw. CA-Methoden
CBV	capability based view
CF	Cashflow
CG	Corporate Governance
CIM	Computer Integrated Manufacturing
c.p.	ceteris paribus
CPM	Critical Path Method
CRM	Customer Relationship Management
CSR	Corporate Social Responsibility
DB	Deckungsbeitrag
DFMA	Design for Manufacture and Assembly
d.h.	das heißt
DIN	Deutsche Industrienorm
DLZ	Durchlaufzeit
DIM	Digital Mock up
DTK	Design to Cost

DV	Datenverarbeitung
DWS	Data Warehouse System
EBIT	Earnings before Interest and Taxes
EBT	Earnings before Taxes
EDM	Engineering Data Management
EK	Eigenkapital
ERP	Enterprise Resource Planning
EVA	Economic Value Added
et al.	et alii
EVE	Ergebnisverantwortliche Einheit
FdZ / FmZ	Führen durch Ziele/Führen mit Zielen
f.	folgende
ff.	fortfolgende
FIBU	Finanzbuchhaltung
FK	Fremdkapital
FMEA	Fehler-Möglichkeiten- und -Einfluss-Analyse
four Ps	vier Ps des Marketing (Marketing-Mix): Product, Price, Promotion, Place
F&E	Forschung & Entwicklung
ggf.	gegebenenfalls
GL	Geschäftsleitung
GuV	Gewinn- und Verlustrechnung
GWA	Gemeinkostenwertanalyse
HK	Herstellkosten
Hrsg.	Herausgeber
HRM	Human Resource Management
HTML	Hyper Text Markup Protocol
http	Hyper Text Transport Protocol
IBL	Innerbetriebliche Leistungen
IHK	Industrie- und Handelskammer
inkl.	inklusive
ISDN	Integrated Services Digital Network
ISO	Industrial Standard Organization
IT	Informationstechnologie
JIT	Just in time
KBV	Knowledge based View
KER	Kurzfristige Erfolgsrechnung
KKT	Kernkompetenz-Technologien
KMU	Klein- bzw. mittelständisches Unternehmen
KVP	Kontinuierlicher Verbesserungsprozess
ltd.	limited
LZM	Leistungszyklusbezogenes Modell

M&A	Mergers and Acquisitions
MbO	management by objectives
MBV	Market Based View
MER	Management Erfolgsrechnung
Mio.	Millionen
MIS	Management Informationssystem
Mrd.	Milliarden
MwSt	Mehrwertsteuer
NPO	Non-Profit-Organisation
NZM	Nachfragezyklusbezogenes Modell
OECD	Organization for Economic Cooperation and Development
OEM	Only Equipment Manufacturer
p.a.	per annum
PDM	Product Data Management
PERT	Program Evaluation and Review Technique
PIM	Product Information Management
PIMS	Profit Impact of Market Strategies
PL	Projektleiter
POS	Point of Sale
PPE	Produkt- und Prozessentwicklung
PPS	Produktplanung und -steuerung
PR	Public Relations
PS	Partizipationsschein
QFD	Quality Function Deployment
QM	Qualitätsmanagement
R&D	Research and Development
RBV	Resource based View
RL-KS	Rentabilitäts-Liquiditäts-Kennzahlensystem
ROCE	Return on Capital Employed
ROE	Return on Equity
ROI	Return on Investment
ROS	Return on Sales
RP	Rapid Prototyping
RW	Rechnungswesen
SCM	Supply Chain Management
SE	Simultaneous Engineering
SEK	Sondereinzelkosten
SET	Standard d`Èchange et de Transfer
SGF	Strategisches Geschäftsfeld
SIV	Soll-Ist-Vergleich
SMART	Spezifisch, messbar, ableitbar (aktiv beeinflussbar), realistisch, terminiert

STEP	Standard for the Exchange of Product Model Data
STN	Scientific and Technical Information Network
SWOT	Strenghts, Weaknesses, Opportunities, Threats
TC	Target Costing
TDC	Technical Data Management
TIM	Technical Information Management
TOWS	Threats, Opportunities, Weakness, Strengths
TQC	Total Quality Control
TQM	Total Quality Management
u.a.	unter anderem
USP	Unique Selling Proposition
USt	Umsatzsteuer
UWG	Gesetz gegen den unlauteren Wettbewerb
v.a.	vor allem
VBM	Value based Management
VDI	Verein deutscher Ingenieure
VER	Verkaufserfolgsrechnung
vgl.	vergleiche
VR	Virtual Reality
VSM	Viable System Model
VWL	Volkswirtschaftslehre
www	World-Wide-Web
z.B.	zum Beispiel
ZDF	Zahlen, Daten, Fakten

Verzeichnis der Werkzeuge

Verzeichnis der Beispiele

Angaben zum Autor

Dr. Roman Stöger ist Associate Partner und Leiter der Expert Group Strategie im Malik Management Zentrum St. Gallen. An der Universität St. Gallen ist er als Dozent und in einem Unternehmen als Beirat tätig. Zu seinen Beratungsmandaten gehören Unternehmen aus Industrie, Banken, Handel und NPO aller Unternehmensgrößen. Er hat in den letzten Jahren zahlreiche Bücher und Artikel zu den Themen Strategie, Innovation, Prozesse, Organisation, Führung und Projektmanagement verfasst (Harvard Business Manager, zfo Zeitschrift für Führung und Organisation, absatzwirtschaft, OrganisationsEntwicklung, gdi-Impuls...). Viele davon sind ausgezeichnet und in mehrfacher Auflage publiziert worden. Roman Stöger ist verheiratet und hat zwei Kinder.

1 Die Grundlagen für Produktivitätssteigerung und Ergebnisverbesserung herstellen

1.1 Ein Produktivitätsmodell für Ergebnisverbesserung entwickeln

Es gibt nur wenige Führungsthemen, die derart fundamental, permanent und zugleich vielfältig sind, wie das **Produktivitäts- und Ergebnismanagement**. Es ist zugleich Daueraufgabe und Grundlage im Management. Dies gilt für jede Branche, für jede Unternehmensgröße, für jede Phase der Geschäftsentwicklung und für praktisch alle Führungsfragen[1]. Wie bei allen Management-Themen, so sind auch beim Produktivitäts- und Ergebnismanagement sehr unterschiedliche Begriffswelten vorhanden, häufig unterschiedliches Verständnis und Unklarheit über fundamentale Zusammenhänge und Konzepte. Daher braucht es eine Grundierung, was die prinzipielle Logik betrifft. Dabei steht die Produktivität als Vorsteuergröße des Ergebnisses im Zentrum.

1.1.1 Eine solide Produktivitätslogik darstellen

Die **Produktivität** beschreibt das Verhältnis einer Ausbringungsmenge zu der Einsatzmenge an Produktionsfaktoren. Es geht um nichts anderes, als um die Frage, wie das Resultat einer Organisation in Relation zum Mitteleinsatz steht und welches Ergebnis daraus erwächst. Damit ist eine ganz zentrale Frage von Management im Allgemeinen angesprochen. Noch weiter gefasst, kann diese Relation auch als Definition von Management überhaupt dienen. Frei nach Peter Drucker und Fredmund Malik[2] ist **Management** das Herstellen eines optimalen Verhältnisses von Resultaten (Output) und Einsatz von Kosten (Input). Beispiele sind etwa: die Anzahl von Versicherungsverträgen pro Arbeitswoche eines Vertriebsmitarbeiters, produzierte Autos pro Werkstunde, behandelte Patienten pro durchschnittlichem Werktag in einer Ambulanz, geleistete Taufen pro Arbeitsmonat eines Geistlichen usw. Sobald irgendwo eine Leistung für einen Kunden erbracht wird, existiert Produktivität. Dies ist völlig unabhängig davon, ob die Leistung entgeltlich oder unentgeltlich erfolgt, wie der Kunde bezeichnet wird und ob die Produktivität bewusst oder unbewusst ist. Gemäß dem ökonomischen Prinzip kann Produktivität nun hergestellt werden, indem der Output konstant gelassen wird und der Input gesenkt wird. Dies steht traditionell bei

Kostensenkungsprogrammen im Vordergrund, ist aber nur eine Möglichkeit zur Steigerung der Produktivität. Die zweite Möglichkeit besteht darin, dass der Input gleich bleibt, der Output aber erhöht wird. Eine dritte Möglichkeit ergibt sich logischerweise, wenn der Output steigt und der Input sinkt. Dies ist allerdings dauerhaft nur zu erreichen, wenn fundamentale Prinzipien des Geschäftsmodells verändert werden. Vom Begriff der Produktivität ist derjenige der **Wirtschaftlichkeit** zu unterscheiden. Die Wirtschaftlichkeit ist eine rein wertorientierte Relation aus Ertrag und Aufwand. Sie steht damit in engem Zusammenhang mit dem Rechnungswesen. Das Ergebnis ist der Ausweis, wie professionell die Produktivität gemanagt wird.

Die Produktivität an sich ist vieldimensional und hat demgemäß einen offenen Horizont. Die **Dimensionen der Produktivität** können wie folgt dargestellt werden. Erstens bezieht sich Produktivität sowohl auf die Organisation als Ganzes als auch auf die einzelne Person. Wenn von der Kostenposition eines Unternehmens oder Geschäftes gesprochen wird, so geht es um die Beherrschung der Produktivität einer ergebnisverantwortlichen Einheit, um Prozesse, um Ressourcen und vieles mehr. Die **organisatorische Produktivität** ist fast ausschließlich der Bezugspunkt der gesamten Produktivitäts- und Ergebnisliteratur. Demgegenüber gibt es auch eine **personelle Produktivität**. Dies kann in klassischen, personenbezogenen Produktivitäten gemessen werden, wie etwa der Umsatz oder die Wertschöpfung pro Mitarbeiter. Zusätzlich geht es aber auch um alle Fragen der individuellen Wirksamkeit und demzufolge um die Arbeitsmethodik.

Zweitens kann Produktivität als rein Quantitatives, Zählbares, Rechenbares verstanden werden. Die **quantitative Produktivität** dominiert nach wie vor Theorie und Praxis und hat enorme Vorteile. Situationen und Zustände können gemessen, nach dieser Dimension verglichen und ausgerichtet werden. Die gesamte Kennzahlen-Welt, das Rechnungswesen und die Kostenrechnung fallen in diese Kategorie. Es gibt aber auch die Produktivität als etwas Qualitatives, nicht Metrier- und Skalierbares. In der **qualitativen Produktivität** kann kein Maßstab angelegt werden, es geht vor allem um das Beurteilungsvermögen. Dieser Aspekt der Produktivität ist nach wie vor unterentwickelt, in der Praxis aber von enormer Bedeutung. Beispiele hierfür sind die Einschätzung von Geschäften oder Leistungen auf S-Kurven, die Arbeitsmethodik und generell Führungswerkzeuge wie Sitzungsmanagement.

Drittens kann die Produktivität eingeteilt werden nach der produktiven Verwertung von Kapital bzw. manueller Arbeit einerseits und andererseits nach Wissen. Die **Produktivität des Kapitals und der Arbeit** ist spätestens seit dem neunzehnten Jahrhundert hinlänglich bekannt, operationalisierbar und in diesem Sinn unter Kontrolle. Der Return-on-Investment etwa gibt an, wie sich das eingesetzte Kapital verzinst, d. h. wie produktiv es verwertet wird. Sämtliche Produktivitäten der manuellen Arbeit sind bekannt und werden in der Praxis auch gesteuert. Montierte Schrauben pro Stunde, betreute Altenheim-Bewohner pro Vollarbeitskraft, abgeschlossene Immobilienverträge pro Woche usw. sind Beispiele für die Produktivität der Arbeit.

Dem gegenüber ist die **Produktivität des Wissens** weder fundiert erforscht noch in der breiten Praxis hinlänglich verankert. Seit Ende des zwanzigsten Jahrhunderts wird viel über Wissensmanagement und die neue Wissensgesellschaft gesprochen und philosophiert. Dies steht aber in krassem Gegensatz zu echtem Fortschritt auf diesem Gebiet. Meistens endet Wissensmanagement in Software-, Dokumentationslösungen oder wird von vorne herein mit IT identifiziert. Dies ist maximal eine Facette. Wie es aber gelingen kann, eine Volkswirtschaft mit steigender Anzahl von Kopfarbeitern so produktiv zu machen, wie dies um Neunzehnhundert mit der manuellen Arbeit geschehen ist, bleibt nach wie vor offen.

Viertens dient der Zeithorizont als Unterscheidungsmerkmal. Produktivität ist immer vor dem Hintergrund ihrer Vorsteuerung und Wirkung zu sehen. Ganz generell können zwei Ausprägungen identifiziert werden. Die **strategische Produktivität** betrifft die vorsteuernden Faktoren der Zahlenwelt. Es geht um die grundsätzliche strategische Positionierung im Wettbewerb und die daraus abgeleitete Bedeutung der Produktivitätsposition. Die **operative Produktivität** bezeichnet all das, was zur Nutzung und Umsetzung der strategischen Voraussetzungen beiträgt. Das jeweilige Ergebnis ist die Folge.

Darstellung

Dimensionen der Produktivität

Dimensionen	Ausprägung/Polaritäten	
Umfang	organisatorische Produktivität	personelle Produktivität
Art	quantitative Produktivität	qualitative Produktivität
Bezugspunkt	Produktivität des Kapitals/der Arbeit	Produktivität des Wissens
Zeit	strategische Produktivität	operative Produktivität
Wissenschaft	sozialwissenschaftliche Produktivität	volkswirtschaftliche Produktivität

Fünftens kann auf akademischer Seite von einer sozialwissenschaftlichen und einer volkswirtschaftlichen Produktivität gesprochen werden. Die **sozialwissenschaftliche Produktivität** beinhaltet die Sicht, eine Organisation bzw. eine Person produktiv zu machen und das jeweilige System so produktiv zu steuern, dass der jeweilige Zweck einer Organisation oder das individuelle Zielsystem erreicht werden. Dies zeigt sich auch dadurch, dass in großen Managementstudien Produktivitäts-, Kosten- und Prozessthemen immer an der Spitze hinsichtlich Bedeutung, Einsatz und Wirksamkeit rangieren[3]. Die **volkswirtschaftliche Produktivität** ist eine Messzahl für die Effizienz einer Produktionsstruktur einer Volkswirtschaft. Die totale Produktivität ist die Relation zwischen den Einsatzmengen aller Faktoren und dem Bruttoinlandsprodukt. Weil die einzelnen Faktoren heterogene, nicht addierbare Größen sind, müssen sie mit ihren Faktorpreisen bewertet und auf das monetäre Bruttoinlandsprodukt bezogen werden. Die totale Produktivität wird bei internationalen Effizienzvergleichen eingesetzt, hat aber nur eingeschränkte Aussagefähigkeit, weil Preisindizes und Faktorpreise häufig unterschiedlich sind. In der partiellen Produktivität einer Volkswirtschaft wird die Produktivität des Kapitals und der Arbeit gemessen. Der Kostenbegriff in der Volkswirtschaft wird häufig als Entgang von Alternativen bezeichnet und hat damit einen qualitativen und quantitativen Aspekt.

Für das grundlegende Verständnis von Produktivität und Ergebnis ist es erforderlich, eine Logik für die relevanten Themen und für die Zeitbezüge zu haben. Das **Produktivitätsmodell** verbindet die verschiedenen Dimensionen der Produktivität. Vor allem geht es um die Integration der organisatorischen und personellen Produktivität. Dabei werden auch die quantitativen und qualitativen Aspekte berücksichtigt, genauso wie die Bezugspunkte der Produktivität von Kapital, Arbeit und Wissen. Schließlich wird mit dem Produktivitätsmodell identifiziert, was strategisch vorsteuert und wo es operative Umsetzungskraft benötigt. Der Fokus des Produktivitätsmodells liegt klar auf systemischer Ebene, d. h. es geht um die **Zweckerfüllung einer Organisation** für einen Kunden. Die volkswirtschaftliche Produktivität steht nicht im Zentrum, wird aber indirekt berührt, weil produktive Organisationen in Summe zu einer leistungsfähigen Gesamtwirtschaft führen.

Das Modell geht von einer Produktivitätslogik aus, die sich am Gedanken der **Vorsteuerung** orientiert. Diese beginnt nicht bei den Zahlen, bei den Kostenarten oder gar in einer Gewinn- und Verlustrechnung. Am Beginn steht klar das **strategische Produktivitätsmanagement**, vor allem der Grundgedanke eines langfristig lebensfähigen Geschäftes. Produktivitätsmanagement leitet sich immer aus dem Geschäftszweck ab und niemals aus der Maximierung von Geldgrößen, wie etwa Gewinn oder Cash. Natürlich kann es in schwierigen Situationen nötig sein, die Liquidität sicherzustellen und ein Cost-Cutting-Progamm umzusetzen. Dies gefährdet aber häufig die künftigen Erfolgspotenziale. Richtiges Produktivitätsmanagement orientiert sich daher an der Strategie des Unternehmens und an den langfristig wirkenden Einflussgrößen wie der Marktentwicklungskurve oder der Erfahrungskurve. Ausgearbeitet werden etwa ein Produktivitätsleitbild, ein Gewinnbedarfsbudget und eine Produktivitätsstrategie. Im Zentrum stehen immer die Fragen nach der **Effektivität** im Produktivitätsmanagement, d. h. das Richtige tun, die richtigen Vorsteuergrößen finden und die richtige Orientierung geben.

Das **strukturelle Produktivitätsmanagement** hat ebenfalls noch nicht die Zahlenwelt oder die Kostenrechnung im Fokus, sondern verbindet die Produktivitätsstrategie mit der Organisation. Primär geht es um Fragen der Wertschöpfung, des Geschäftsmodells und der Prozesse. Jede Produktivitätsposition wird in der Struktur eines Unternehmens fundiert. Die zahlenmäßige Abbildung als Kostenart, Kostenstelle oder Kostenträger ist die Folge und nicht die Ursache von Kosten. Jedes

Darstellung

Das Produktivitätsmodell

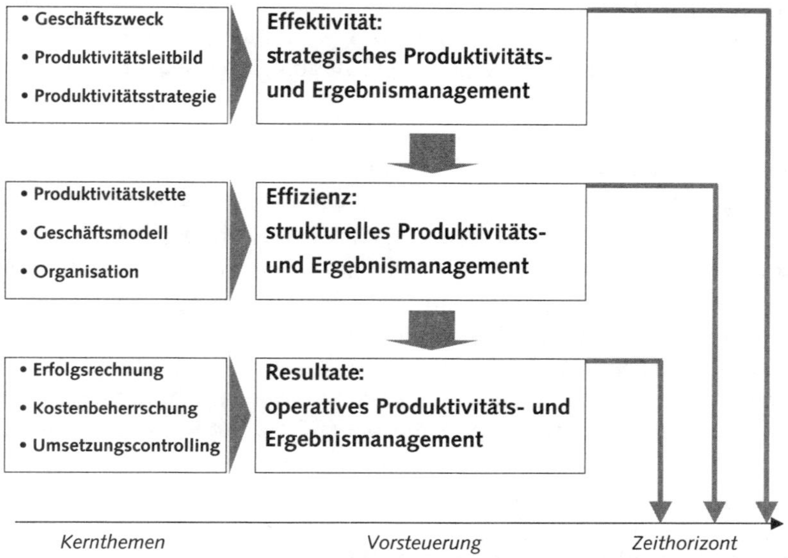

Optimieren, z. B. der Kostenart »Personalkosten«, bleibt immer nur in den Bahnen des aktuellen Geschäftsmodells. Wenn die Produktivitäten grundsätzlicher angegangen werden sollen, so geschieht dies über die strukturellen Fragen. Das Verändern oder gar Weglassen von Prozessen bzw. Funktionen sind die entscheidenden Hebel. Zusätzlich zu den rein organisatorischen Vorsteuergrößen gibt es auch noch Strukturhebel für die personenbezogene Produktivität. Gemeint sind etwa wirksames Sitzungsmanagement oder das Funktionendiagramm. Strukturelles Produktivitätsmanagement bezieht sich auf die **Effizienz**, d. h. das Konkretisieren der strategischen Vorsteuergrößen.

Wenn der Rahmen durch Strategie und Struktur klar ist, dann wird durch **operatives Produktivitätsmanagement** die Umsetzung sichergestellt. Es geht um die Resultate des Produktivitäts- und Ergebnismanagements, die Wirkung am Markt bzw. nach innen und letztlich um Geldgrößen. Hier ist auch die im engeren Sinn bezeichnete Kosten- und Erfolgsrechnung angesiedelt und das Steuern mit Kennzahlen. Klare Ergebniswirkung hat ebenso das Pricing wie die Beherrschung von Kostentreibern oder die systematische Müllabfuhr. Selbst wenn ein Unternehmen Cost-Cutting durchführen muss, so gibt es hier Erfahrungswerte, die zumindest die Schädigung von Erfolgspotenzialen minimieren. Operatives Produktivitätsmanagement hat auch die Verbesserung der persönlichen Arbeitsmethodik als Thema, weil hier in der Praxis nach wie vor fast unlimitierte Effekte vorhanden sind. Das aktive Steuern der Produktivitätsrisiken und das Produktivitätscontrolling stellen sicher, dass Produktivitätsmanagement ein kontinuierlicher Prozess bleibt und die strategische, strukturelle und operative Ebene gleichermaßen immer wieder geprüft und weiterentwickelt werden. An dieser Stelle werden die **Resultate** sichtbar und dies zeigt auf, dass es alle Vorsteuergrößen braucht, um eine dauerhaft gute Ergebnissituation herzustellen.

Aus der Logik wird auch die **Chronologie der Produktivität** erkennbar. Die strategische Produktivitätsposition schafft den Rahmen, innerhalb dessen dann die operative angegangen werden kann. »Strategisch« bedeutet aber nicht nur einen längeren zeitlichen Horizont, sondern auch eine Vorsteuerung der wichtigsten Elemente im nachfolgenden Bereich. Umgekehrt bedeutet Chronologik, dass von einer aktuell guten operativen Produktivitätsposition nicht auf eine aktuell gute strategische Produktivitätsposition geschlossen werden kann. Das eine läuft dem Operativen und den Ergebnissen voraus, das andere findet nur im Rahmen des Strategischen statt. Der Zeitbezug zeigt auch deutlich auf, dass es sehr schwierig wird, strategisch in kurzer Zeit noch etwas zu erreichen, wenn die operativen Produktivitätsgrößen negativ werden.

1.1.2 Für Produktivitäts- und Ergebniskultur sorgen

Die **Geschichte der Produktivität** ist eine Geschichte der Volkswirtschaftslehre und menschlichen Planens bzw. Handelns generell. Praktisch alle großen Ökonomen haben sich mit Produktivität beschäftigt. So hat etwa Adam Smith im 18. Jahrhundert in seinem bahnbrechenden Werk »Wealth of Nations« untersucht, wie Wohlstand entsteht und welche betrieblichen Prozesse dafür verantwortlich sind. Er hat dafür die Produktion von Stecknadelköpfen studiert und weit reichende Schlussfolgerungen für Person, Haushalt, Unternehmen und Volkswirtschaft als Ganzes gezogen. Namen wie David Ricardo, Jean-Baptiste Say, Karl Marx, Friedrich List, Joseph Schumpeter, Friedrich August von Hayek, Alfred Marshall, John Maynard Keynes, Irving Fischer und Paul Samuelson stehen für ökonomische Theorien, welche den Produktivitätsaspekt immer wieder thematisiert haben.

Paradigmatisch hierfür steht Karl Marx, der im Einleitungskapitel des »Kommunistischen Manifest« geradezu begeistert über die historische Leistung des **Kapitalismus** schwärmt, die Produktivkräfte einer Gesellschaft zu entfesseln: »Die Bourgeoisie hat in ihrer kaum hundertjährigen Klassenherrschaft massenhaftere und kolossalere Produktionskräfte geschaffen als alle vergangenen Generationen zusammen. Unterjochung der Naturkräfte, Maschinerie, Anwendung der Chemie auf Industrie und Ackerbau, Dampfschifffahrt, Eisenbahnen, elektrische Telegraphen, Urbarmachung ganzer Weltteile, Schiffbarmachung der Flüsse, ganze aus dem Boden gestampften Bevölkerungen – welches frühere Jahrhundert ahnte, dass solche Produktionskräfte im Schoß der gesellschaftlichen Arbeit schlummern.«[4] Im Kern ist es die Begeisterung über Produktivität, die Marx antreibt. Die für Marx historisch dem Kapitalismus nachfolgende Stufe des Kommunismus ist hinsichtlich der Produktivität kein Widerspruch zum Kapitalismus, sondern eine Weiterentwicklung und nochmalige Verbesserung. Es ist nicht die Mehrwert-Produktion, die Marx kritisiert, sondern die ungerechte gesellschaftliche Verteilung. Im Kern sind seine Schriften eine Forderung in zwei Richtungen: erstens hinsichtlich der noch deutlicheren **Produktivitätssteigerung** durch kommunistische Produktionsverhältnisse und zweitens hinsichtlich der Verteilung des gesellschaftlichen Mehrwerts. Dass beides nicht im real existierenden Sozialismus erreicht wurde und erreicht wird, gehört zur geschichtlichen Tatsache. Paradigmatisch hierfür steht die sogenannte **Stachanow-Bewegung**[5]: Als das ganze Desaster der kommunistischen Wirtschaftsplanung Mitte der 1930er-Jahren offensichtlich wurde, entschloss sich die Sowjetische Regierung zu einem gewaltigen, »freiwilligen« Programm zur Produktionssteigerung. Dafür brauchte es Vorbilder und Helden. Diese wurden gefunden und massenhafte Nachahmung erzwungen. Produktivität wurde so zu einem gigantischen Propagandamittel der Disziplinierung einer ganzen Volkswirtschaft.

Produktivitätssteigerung als politisches Mittel: Historisches Beispiel zur Produktivitätssteigerung – die Stachanow-Bewegung (Propaganda-Schrift)

»Durch die in der Volkswirtschaft zum Siege geführten sozialistischen Produktionsverhältnisse entstanden auch neue Stimuli zur Arbeit und zur Hebung der Arbeitsproduktivität. Das kommunistische Verhalten zur Arbeit als Quelle des gesellschaftlichen Reichtums (…) setzte sich immer mehr durch. Die Arbeit war nicht mehr die Fronleistung wie unter dem Kapitalismus, sondern wurde im Bewusstsein von Millionen sowjetischer Menschen zur gesellschaftlichen Arbeit, zu einem dringenden, inneren Bedürfnis.

In allen Volkswirtschaftszweigen entfaltete sich die Bewegung für die Steigerung der Arbeitsproduktivität, für die Überprüfung der überholten technischen Normen. In den Betrieben ging die Fluktuation der Arbeitskräfte jäh zurück, die Belegschaften stabilisierten sich, und eine neue, aus dem Volk stammende technische Intelligenz kam in die Werke. (…) Der sozialistische Wettbewerb der Werktätigen (…) erhielt die Bezeichnung ›Stachanow-Bewegung‹.

Die Stachanow-Bewegung entstand im Donezbecken. In der Nacht zum 31. August 1935 förderte der junge Häuer Alexej Stachanow, der mit einem Abbauhammer arbeitete, 102 t Kohle und leistete so in einer Schicht 14 Arbeitsnormen. (…) Diese Bewegung um eine hohe Arbeitsproduktivität breitete sich auch auf andere Bergwerke aus. Die Stachanow-Bewegung erfasste in kurzer Zeit alle Volkswirtschaftszweige, brach mit allem Alten und Überlebten und bahnte dem Neuen und Fortschrittlichen den Weg. (…)

Im November 1935 fand im Kreml die Unionsberatung der Stachanow-Arbeiter statt, an der auch die Führer von Partei und Regierung teilnahmen. Hier ergriffen fortschrittliche Arbeiter aus den verschiedensten Industriezweigen das Wort und berichteten, wie sie die hohe Arbeitsproduktivität erzielt hatten. (…) Als Ergebnis der sich ausbreitenden Stachanow-Bewegung stieg die Arbeitsproduktivität in der Industrie im Laufe des zweiten Planjahrfünfts um 82 Prozent gegenüber den im Plan vorgesehenen 63 Prozent.«

Das Produktivitätsthema existiert seit Jahrhunderten in der Volkswirtschaftslehre. Im Management ist es seit den 1970er-Jahren Dauerthema. Bewirkt wurde dies vor allem durch drei Faktoren: erstens das Ende des Nachkriegs-Wirtschaftswunders, zweitens durch den ersten Ölpreisschock und drittens durch die Professionalisierung von Managementmethoden. In Summe hat dies alles dazu geführt, dass neben der reinen Markt- und Kundensicht jetzt auch Fragen in den Mittelpunkt rücken, die früher als eher nachrangig oder innengetrieben angesehen wurden. Themen der letzten Jahre und Jahrzehnte waren: Gemeinkosten-Wertanalyse, BPR (Business Process Reengineering), ganzheitliches Kostenmanagement, Lean Management, TQM (Total Quality Management), Kaizen, ISO, Design to cost, JIT (Just in Time), Target Costing, SCM (Supply Chain Management), Sourcing (In- und vor allem Outsourcing), KER (kurzfristige Erfolgsrechnung), DB-Ansätze (Deckungsbeitrags-Rechnung), QFD (Quality Function Deployment), Geschäftsmodell[6] und vieles mehr. Die **Vielfalt der Produktivitätsthemen** beeindruckt, macht aber zugleich skeptisch. Verändern sich die Organisationen wirklich alle paar Jahre so grundlegend, dass permanent neue Ansätze notwendig sind? Haben diese Themen auch wirklich Substanz und Neues im Sinn von echtem Fortschritt gebracht? Ist Produktivitäts- und Ergebnismanagement heute etwas grundsätzlich anderes als noch vor ein oder zwei Jahrzehnten?

Vierzig Jahre Theorie und Praxis im Produktivitäts- und Ergebnismanagement können mit einem einfachen Verfahren kritisch reflektiert werden. Dabei werden Wahrnehmungsmuster, Denkschemata und Vorurteile geprüft, die sich auf diesem Gebiet finden. Es sind vor allem einige verbreitete **Missverständnisse**, die immer wieder auftauchen und der praktischen Anwendung von Produktivitäts- und Ergebnismanagement entgegenstehen. Nachfolgend werden diese Missverständnisse im Einzelnen behandelt. Besonders relevant sind die Schlussfolgerungen und eine **Kulturdiagnose**, die daraus zu ziehen sind.

1. Missverständnis: Produktivitäts- und Ergebnismanagement ist eine Sache von Kostenrechnung und BWL. Diese Meinung ist weit verbreitet, weil alleine schon die Begriffe der Produktivität und der Kosten stark durch die Disziplin der Betriebswirtschaftslehre (BWL) und des Rechnungswesens (RW) geprägt sind. Natürlich ist gegen diese Disziplinen nichts einzuwenden und beide haben auch viel zum Fortschritt in den Fragen beigetragen. Die Gefahr besteht darin, Produktivitätsmanagement mit **Kostenrechnung und BWL** zu identifizieren. Geschieht das, so wird automatisch viel von dem außen vor gelassen, was zu einem gesamthaften Verständnis von Produktivität und Ergebnisverbesserung gehört, etwa die persönliche Arbeitsmethodik oder generell Führungsfragen. Nicht alles, was sich rechnen lässt, hat mit Produktivität zu tun und umgekehrt gilt, dass vieles, was nicht quantifiziert werden kann, Hebel für Produktivität und Ergebnis ist. Das Missverständnis engt die Sicht ein und führt zu Delegation von Verantwortung, nachdem es **Spezialisten** in Kostenrechnung und BWL braucht, um auf diesem Feld aktiv zu sein.

2. Missverständnis: Produktivitäts- und Ergebnismanagement braucht große Systemlösungen. Enges Spezialistentum und ausschließliche Zahlenorientierung haben ein Bild von Produktivitätsmanagement entstehen lassen, das am besten so beschrieben werden kann: DV-getrieben, mathematisch-technologisch, zahlen- und bitbasiert, »hard-fact«, analytisch[7]. Das liegt zumeist an der irrigen Auffassung, ein wichtiges Thema benötigt komplizierte Verfahren[8]. Gerade Organisationen in technischen Branchen oder solche mit einer hohen Anzahl von Akademikern glauben, einfache Vorgehensweisen können der heutigen Wirklichkeit nicht gerecht werden. Die Reduzierung auf große **Systemlösungen** entspricht erstens nicht den Notwendigkeiten und zweitens kann es auch nicht die gewünschten Resultate liefern. Selbstverständlich braucht es Analytik, Datenbanken, IT-Lösungen usw. Das schafft aber bestenfalls eine Basis unter vielen für die Steuerung von Produktivität. Entscheidend für den Erfolg sind nicht »schwere Systemgeschütze«, sondern die Integration in Führungsprozesse. Jedes IT-System bleibt ohne Führung unwirksam. Effektivität entsteht erst durch das, was über diesen technischen Teil hinausgeht – wenn eine Beurteilung abseits von Zahlen stattfindet, wenn Entscheidungen getroffen und umgesetzt werden. Informationstechnologie mag eine notwendige Bedingung für Produktivität und Ergebnisse sein, die hinreichende Voraussetzung entsteht erst durch **Management**.

3. Missverständnis: Produktivitäts- und Ergebnismanagement benötigt Experten. Dieses Missverständnis der **Experten** hängt mit den ersten beiden zusammen und verstärkt diese noch. Es schließt verantwortliche Führungskräfte aus und immunisiert die Thematik gegenüber Nicht-Spezialisten. Am Ende entsteht **Esoterik**, also nur für Eingeweihte Verständliches. Ein Indikator dieses Missverständnisses liegt darin, dass Stabsmitarbeiter oder externe Fachleute für Produktivitäts- und Ergebnisprogramme eingesetzt werden. Die negative Konsequenz ist wiederum die Möglichkeit, Verantwortung abzuschieben und klarerweise fehlendes Commitment der betroffenen Führungskräfte. Ein weiteres Problem besteht darin, dass Expertentum eine eigene Sprache, eigene Begriffe, einen eigenen Diskurs produziert. Das Ergebnis sind Analysen, die nicht nachvollzogen, vor allem aber nicht umgesetzt werden. Zusätzlich braucht es »Übersetzer« in inhaltlicher oder kultureller Hinsicht, etwa wenn Benchmarks umsetzungsfähig gemacht werden müssen. Produktivitäts- und Ergebnisprogramme müssen die jeweilig verantwortlichen Führungskräfte steuern. Alles, was an Analysen und Planung erarbeitet wird, muss im Zusammenhang mit der Umsetzung, mit Resultaten stehen. Spezialisten können maximal im Sinn eines methodischen Beitrags oder für Moderation eingesetzt werden. Alles andere würde die Umkehrung von Führungsverantwortung nach sich ziehen.

4. Missverständnis: Produktivitäts- und Ergebnismanagement funktioniert ausschließlich mit Unternehmenskultur. Dieses Missverständnis ist das genaue Gegenteil einer rein technologisch-zahlengetriebenen Sichtweise, nicht weniger gefährlich, vor allem aber genauso unvollständig. Aufgrund tatsächlicher oder eingebildeter schlechter Erfahrung mit BWL, Rechnungswesen oder großen Systemlösungen wird die Lösung in Fragen von **Unternehmenskultur** oder Führungspsychologie gesucht. Im Kern lautet die Aussage, dass dauerhafte Produktivitätsvorteile nur mit einer entsprechenden Unternehmenskultur zu bewerkstelligen sind. Gefährlich ist diese Sichtweise, weil sie sich an einem völlig falschen Wirtschafts- und Menschenbild orientiert. Das Geschehen wird ausschließlich unter den Gesichtspunkten »Kommunikation«, »Motivation«, »Selbstverwirklichung« usw. begriffen. Quantitative, »harte« Aspekte werden entweder ignoriert oder wiederum an Experten ausgelagert. Das alleinige Fokussieren auf Unternehmenskultur hat etwas Spannendes, Ungewöhnliches und Wohltuendes. Letztlich besteht aber die Gefahr, dass der Zweck eines Unternehmens verfehlt wird, nämlich unter Wettbewerbsbedingungen eine Leistung für Kunden zu erbringen. Es dominiert die **Innensicht**.

5. Missverständnis: Produktivitäts- und Ergebnismanagement ist vor allem ein Thema für Großunternehmen. Produktivitäts- und Ergebnismanagement ist als erstes in **Großunternehmen** systematisiert und perfektioniert worden, vor allem in der Industrie. Verantwortung, Informationsfluss, Überblick und Resultatorientierung sind insbesondere in großen Organisationen relevant[9]. Ein Fehlschluss besteht aber im Glauben, in kleinen und wachsenden Organisationen sei Produktivitäts- und Ergebnismanagement nur ein nachgelagertes Thema. Gerade kleine Organisationen müssen frühzeitig auf Produktivitätsvorteile setzen, weil die Ressourcen immer zu knapp sind und sie oft nur langsam Marktstellung gewinnen. Eine kleine, **personenorientierte Organisation** ist nur am Beginn schnell, schlank und leistungsstark. Sobald ein Unternehmen mit dem Markt wächst, sind die wenigen Schlüsselpersonen nicht mehr in der Lage, alle Prozesse, Informationen, Kosten usw. unter Kontrolle zu halten. »Hemdsärmeligkeit« und Pragmatismus können schnell zu Hilflosigkeit werden und die Entwicklung des Unternehmens hemmen.

Darstellung

Missverständnisse im Produktivitätsmanagement	
Missverständnis	**Indikator und Konsequenzen**
1. Missverständnis: Produktivitäts- und Ergebnismanagement ist eine Sache von Kostenrechnung und BWL.	• rein zahlenorientierte Sicht von Produktivität und Ergebnis • Ignorieren von Produktivitätshebeln, die sich nicht quantifizieren lassen • Verwissenschaftlichung ohne Praxisbezug
2. Missverständnis: Produktivitäts- und Ergebnismanagement braucht große Systemlösungen.	• Abkoppelung vom eigentlichen Führungsprozess • Reduktionismus auf IT und andere »schwere Geschütze« • Dominanz von Analytik und Zahlen
3. Missverständnis: Produktivitäts- und Ergebnismanagement benötigt Experten.	• Verantwortung bei externen Fachleuten oder Stabsmitarbeitern • Abschiebung von Verantwortung an die Experten • Einzug von Expertensprache und die Notwendigkeit von »Übersetzern«
4. Missverständnis: Produktivitäts- und Ergebnismanagement funktioniert ausschließlich mit Unternehmenskultur.	• Psychologisierung von etwas, wo es keine Psychologie braucht • Mess-, Feedback-, Beurteilungs- und Leistungsfeindlichkeit • Versprechungen mit großen Potenzialen
5. Missverständnis: Produktivitäts- und Ergebnismanagement ist vor allem ein Thema für Großunternehmen.	• Unterschätzen der Produktivität in Wachstumsphasen • Überbetonung von »Hemdsärmeligkeit« und Pragmatismus • Hemmung der Unternehmensentwicklung durch ein rein personelles Führungsverständnis

Die dargestellten Missverständnisse, deren Indikatoren und Konsequenzen können verwendet werden, um eine kritische Bestandsaufnahme der eigenen Organisation durchzuführen[10]. Mit Hilfe von Interviews und mit dem Audit der Produktivitätskultur kann eine einfache Kulturdiagnose durchgeführt werden. Der Leitfaden zum **Produktivitäts- und Ergebnis-Interview** leuchtet die unterschiedlichen Dimensionen des Produktivitäts- und Ergebnismanagements aus. In kurzer Zeit entsteht so ein klares Bild der Situation. In den meisten Fällen genügen fünf bis zehn maßgebliche und erfahrene Leute einer Organisation. In Einzelgesprächen von dreißig bis sechzig Minuten werden zunächst Einzelinterviews geführt. Anschließend werden diese zusammengefasst, verdichtet und dargestellt. Interviews bringen in kurzer Zeit einen **System-Check** und sensibilisieren die Interviewpartner für die Thematik. Die Resultate werden in einem Workshop präsentiert, ergänzt und verabschiedet. Ein Teil des Ergebnisses kann auch eine Maßnahmenliste sein, wenn augenscheinlich sofortiges Eingreifen erforderlich ist.

Darstellung

Leitfaden für das Produktivitäts- und Ergebnisinterview

1. Welches Verständnis von Produktivitäts- und Ergebnismanagement herrscht im Unternehmen? Was wird nicht darunter verstanden?
2. Steht das Produktivitäts- und Ergebnismanagement in engem Zusammenhang mit der Marktseite und den künftigen Erfolgspotenzialen?
3. Welche Informationsquellen und Reports gibt es für Produktivitäts- und Ergebnisthemen?
4. Wie ist das Verhältnis zwischen Reportingaufwand und echtem Nutzen?
5. Inwieweit sind Produktivitäts- und Ergebnisziele aus der Strategie abgeleitet und in Zielvereinbarungen hinterlegt?
6. Wie funktionieren die Führungsprozesse bzgl. Produktivitäts- und Ergebnisziele? Sind diese Ziele in einen Führungskreislauf eingebunden?
7. Sind Produktivitäts- und Ergebnismethoden Teil der Personal- und insbesondere der Führungskräfteentwicklung?
8. Welche Erfahrungen hat das Unternehmen mit Produktivitäts- und Ergebnisprojekten? Welche Muster ergeben sich bei erfolgreichen und nicht erfolgreichen Projekten?
9. Wie haben sich die Führungskräfte bisher bei Produktivitäts- und Ergebnisprojekten verhalten und was war das entsprechende Resultat?

Die angeführten Missverständnisse zum Produktivitätsmanagement und die Produktivitäts-Interviews lassen ein Muster für die **Produktivitäts-und Ergebniskultur**[11] erkennen. Unter Kultur wird all das verstanden, was eine Organisation normativ und diskursiv prägt.

Darstellung

Eckpunkte einer Produktivitäts- und Ergebniskultur

1. Die Geschichte der Organisation, beispielsweise, ob es sich um ein Familienunternehmen oder um eine börsennotierte AG handelt.
2. Die Werte, die nach außen vertreten werden, beispielsweise der Umgang mit Stakeholdern oder der Verpflichtungsgrad gegenüber gesellschaftlichen Themen.
3. Die Werte, die nach innen gelten, beispielsweise in die Zusammenarbeit oder der gegenseitigen Wertschätzung.
4. Das gemeinsame Verständnis des Geschäftes – vor allem bei den Führungskräften.
5. Die herrschende Sprache (gemeint ist nicht Fremdsprache) und der herrschende Diskurs, beispielsweise, was in Diskussionen zugelassen wird bzw. was nicht.
6. Das Verhalten, die Resultate und die Konsequenzen für Mitarbeiter und insbesondere Führungskräfte.

Die angesprochenen Elemente stecken den Rahmen ab, innerhalb dessen auch Produktivitäts- und Ergebnismanagement stattfindet. Bei aller Rationalität in diesen Themen muss immer auch der Bezug zur aktuellen Kultur vorhanden sein. Wenn wichtige, bisher geltende **kulturelle Eckpunkte** verändert werden, so muss dies aktiv gesteuert werden. Dies kann zum Beispiel der Fall sein, wenn eine tiefgreifende Veränderung in der Wertschöpfung erfolgt, bei Auslagerungen, bei regionalen Verschiebungen usw.

Unternehmenskultur ist ein weites Feld und ein spannendes Thema. Gefährlich wird es aber dann, wenn keine substanziellen Diskussionen über das Geschäft geführt werden und alles auf Kultur reduziert wird. Auf der anderen Seite müssen gerade Produktivitätsthemen mit der Unternehmenskultur verbunden sein, damit Wirkung entsteht. Mit der Darstellung der **Produktivitäts- und Ergebniskultur** kann ein erstes Bild entworfen werden, wie die Kultur aussieht und wo gegebenenfalls eine aktive Steuerung bzw. Begleitung erforderlich ist. Dieses Audit liefert ein Ist-Profil und einen Abgleich mit einem Soll-Profil. Direkt im Anschluss können Maßnahmen definiert werden.

Werkzeug (1)

Produktivitäts- und Ergebniskultur

Aussage	**trifft keinesfalls zu**	**trifft vollständig zu**
1. Produktivitäts- und Ergebnismanagement hat bei uns nicht nur mit Zahlen zu tun und ist Führungsaufgabe (nicht BWL).		
2. Bei uns ist kompetente Führung im Produktivitäts- und Ergebnismanagement entscheidend und nicht (nur) IT.		
3. Experten, Stabsleute und Externe dominieren bei uns nicht Produktivitäts- und Ergebnisprogramme.		
4. Bei uns herrscht kein Übermaß an Psychologie und Verhaltenssteuerung im Produktivitäts- und Ergebnismanagement.		
5. Produktivitäts- und Ergebnismanagement gilt für alle Unternehmenseinheiten und in allen Konjunkturphasen.		
6. Bei unseren Führungskräften existiert ein einheitliches Verständnis von Produktivität und Ergebnis.		
7. Produktivitäts- und Ergebnismanagement stehen bei uns immer im Zusammenhang mit der Strategie.		
8. Der Reportingaufwand für unsere Produktivitäts- und Ergebnisposition ist angemessen.		
9. Produktivitäts- und Ergebnismaßnahmen sind in Zielvereinbarungen dargestellt und werden laufend geprüft.		
10. Produktivitäts- und Ergebnismanagement ist Teil unserer Personal- u. Führungskräfteentwicklung.		

Werkzeug (2)

Produktivitäts- und Ergebniskultur		
Aussage	**trifft keinesfalls zu**	**trifft vollständig zu**
11. Bei Produktivitäts- und Ergebnisprogrammen haben wir die richtigen Leute und die richtige Methodik.		
12. Produktivitäts- und Ergebnisprogramme werden bei uns konsequent umgesetzt.		
13. Die Führung geht bei allen Fragen bzgl. Produktivität und Ergebnis mit gutem Beispiel voran.		
14. Entscheidungen bzgl. Produktivität und Ergebnis werden fundiert getroffen und klar kommuniziert.		
15. Wir haben in Summe eine leistungs- und effizienzorientierte Unternehmenskultur.		
16. Klarheit, Offenheit, Geradlinigkeit und keine »mikropolitischen Spielchen« dominieren bei uns.		
17. Das Denken in Hierarchien und in Abteilungen spielt bei wichtigen Fragen keine Rolle.		
18. Die Organisation (Aufbau- und Ablauforganisation) ist einfach und steigert die Leistung des Einzelnen.		
19. Das Unternehmen denkt und handelt vom Markt ausgehend und ist klar kundenorientiert.		
20. Die Mitarbeiter und Führungskräfte sind stolz auf das Unternehmen und die gemeinsamen Resultate.		

Beispiel Handel (1)

Produktivitäts- und Ergebniskultur

Ein Handelsunternehmen startet ein Produktivitätsprogramm. Am Beginn des Projektes wird die Kultur selbstkritisch geprüft. Entwicklungsfelder sind klar herausgestrichen.

Aussage	trifft keinesfalls zu trifft vollständig zu
1. Produktivitäts- und Ergebnismanagement haben bei uns nicht nur mit Zahlen zu tun und sind Führungsaufgabe (nicht BWL).	
2. Bei uns ist kompetente Führung im Produktivitäts- und Ergebnismanagement entscheidend und nicht (nur) IT.	
3. Experten, Stabsleute und Externe dominieren bei uns nicht Produktivitäts- und Ergebnisprogramme.	
4. Bei uns herrscht kein Übermaß an Psychologie und Verhaltenssteuerung im Produktivitäts- und Ergebnismanagement.	
5. Produktivitäts- und Ergebnismanagement gelten für alle Unternehmenseinheiten und in allen Konjunkturphasen.	
6. Bei unseren Führungskräften existiert ein einheitliches Verständnis von Produktivität und Ergebnis.	
7. Produktivitäts- und Ergebnismanagement stehen bei uns immer im Zusammenhang mit der Strategie.	
8. Der Reportingaufwand für unsere Produktivitäts- und Ergebnisposition ist angemessen.	
9. Produktivitäts- und Ergebnismaßnahmen sind in Zielvereinbarungen dargestellt und werden laufend geprüft.	
10. Produktivitäts- und Ergebnismanagement ist Teil unserer Personal- u. Führungskräfteentwicklung.	

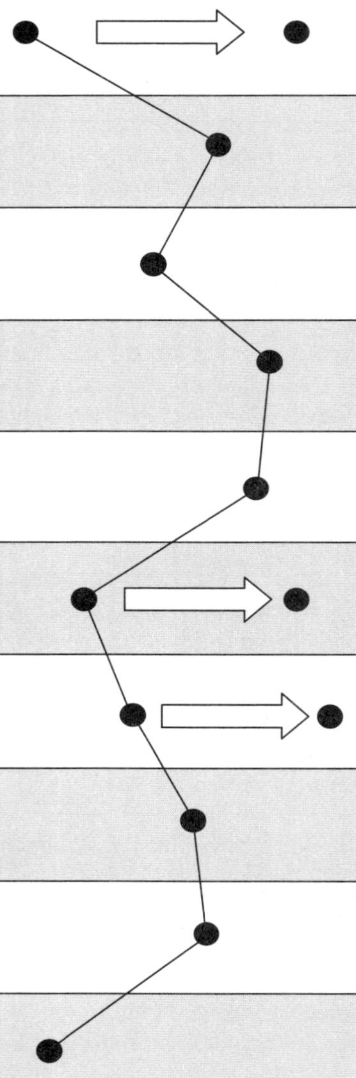

Beispiel Handel (2)

Produktivitäts- und Ergebniskultur

Aussage	**trifft keinesfalls zu** / **trifft vollständig zu**
11. Bei Produktivitäts- und Ergebnisprogrammen haben wir die richtigen Leute und die richtige Methodik.	
12. Produktivitäts- und Ergebnisprogramme werden bei uns konsequent umgesetzt.	
13. Die Führung geht bei allen Fragen bzgl. Produktivität und Ergebnis mit gutem Beispiel voran.	
14. Entscheidungen bzgl. Produktivität und Ergebnis werden fundiert getroffen und klar kommuniziert.	
15. Wir haben in Summe eine leistungs- und effizienzorientierte Unternehmenskultur.	
16. Klarheit, Offenheit, Geradlinigkeit und keine »mikropolitischen Spielchen« dominieren bei uns.	
17. Das Denken in Hierarchien und in Abteilungen spielt bei wichtigen Fragen keine Rolle.	
18. Die Organisation (Aufbau- und Ablauforganisation) ist einfach und steigert die Leistung des Einzelnen.	
19. Das Unternehmen denkt und handelt vom Markt ausgehend und ist klar kundenorientiert.	
20. Die Mitarbeiter und Führungskräfte sind stolz auf das Unternehmen und die gemeinsamen Resultate.	

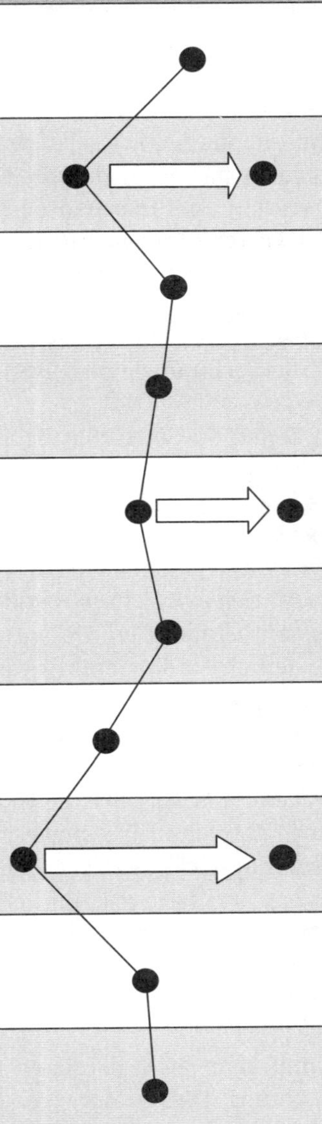

1.1.3 Kostenrechnung und Rechnungswesen nutzen

Sobald wirtschaftliche **Transaktionen** durchgeführt werden, braucht es eine Dokumentation von Mengen und Werten. In der Vergangenheit habe sich Mengen primär auf Produkte bezogen, wie etwa Salzfässer, Ballen Tuch, Tonnagen Silber, Tonnen Getreide, Paar Schuhe oder Anzahl geschmiedeter Hämmer. Später tauchten dann auch Dienstleistungen auf, wie etwa Ordination beim Bader, Zähneziehen beim Dorfschmied oder Ablass beim katholischen Hochamt. In allen Fällen wurden Transaktionen in einfachen Einnahmen-/Ausgabenlisten notiert. Sobald größere, arbeitsteilige Unternehmen entstanden, hat sich das Prinzip der Notation ausgeweitet. Jetzt ging es nicht mehr nur darum, eine Transaktion auszuführen und aufzuschreiben. Um Preise zu ermitteln und den Arbeitsanteil generell zu organisieren, sind die ersten **Vollkostenrechnungen** entstanden: Alle Kosten von Kapital, Arbeit und Boden wurden auf die entsprechenden Kostenträger (Produkte und Dienstleistungen) umgelegt. Spätestens seit Erfindung der doppelten Buchführung um das Jahr 1500 in Venedig hat sich auch die Praxis herausgebildet, Bilanzen aufzustellen bzw. Gewinn- und Verlustrechnungen auszuweisen.

In Zeiten der wirtschaftlichen Prosperität, d. h. wenn die Nachfrage größer ist als das Angebot, diente die Kostenrechnung lediglich der Bestandsaufnahme und der »induktiven« Ermittlung von Preisen: Alle Kosten werden gesammelt, eine Marge aufgeschlagen und das Resultat ist dann der Preis. Kosten werden in diesem Sinn nur gerechnet, es war ein »**Cost-driven-Pricing**«. Spätestens mit Ende des Nachkriegswirtschaftswunders hat sich die Situation komplett verändert. Die Teilkostenrechnung wurde entwickelt und mit ihr das Prinzip, nur mehr diejenigen Kosten einem Kostenträger anzulasten, die eindeutig zuzuordnen waren. Der Rest musste von allen Kostenträgern gemeinsam abgedeckt werden. Daraus hat sich ein **Paradigmenwechsel** in der Produktivitätsbetrachtung ergeben. Die Kostenrechnung dient jetzt dazu, bereits im Entstehungsprozess einzugreifen und folgende Fragen zu beantworten: Was bedeutet Produktivität und wo liegt die Kostenposition – relativ zum Wettbewerb? Wo und wie entstehen Kosten bzw. wie können diese beeinflusst werden? Wie müssen die Preise von Produkten und Dienstleistungen vom Markt herein kalkuliert werden (»Price-driven-Costing«)? Wie können Ziele des Unternehmens, der Geschäfte und der Funktionen in Budgets und Pläne überführt werden? Wie können frühzeitig Risiken, Abweichungen usw. erkannt und wie kann gegengesteuert werden?

Damit geht das Kalkulieren von einer reinen Kostenrechnung über in die Kostensteuerung. Dies ist der eigentliche Kern des Begriffes **Controlling**[12]. Die Kostenrechnung hat daher die Aufgabe einer Planungsrechnung, indem sie die Grundlagen von Prognose und Entscheidung darstellt. Des Weiteren dient sie als Kontrollrechnung durch die Lieferung von Dispositions- und Ausführungsdaten. Selbstverständlich gibt

villige – Dokumentationsaufgabe der
eft wird.

gegrenzt werden. Es gibt Transakti-
Kostenrechnung berücksichtigt sind,
über werden kalkulatorische Kosten
erfasst, die in der Buchhaltung nicht aufscheinen, wie etwa Wagnisse. Es gibt aber einen gemeinsamen Kern, wenn etwa die in der Buchhaltung erfassten Aufwendungen in die Kostenrechnung eingehen. Zudem liefert die **Kostenrechnung** die Herstellkosten, die wiederum für die Bewertung der Bestände in der Bilanz gebraucht werden. Es gibt eigene Kontenrahmen bzw. Kontenklassen für Kostenstellen, die nicht zum Buchkreislauf gehören. Zudem sind in den meisten heute verwendeten Buchhaltungsprogrammen Kalkulationsmodule enthalten, die eine Weiterbuchung in Kosten und Erträge möglich machen.

Generell sind folgende Unterschiede bei den **Grundbegriffen** zu machen: »Kosten« sind immer der Werteinsatz zur Leistungserstellung und im Zusammenhang mit einer organisatorischen Leistung zu sehen. »Aufwand« bedeutet Wertverzehr in einer Periode, unabhängig davon, ob dies betrieblich bedingt ist. »Auszahlungen« sind alle geldmäßigen Vorgänge, d. h. das, was konkrete Auswirkung auf die Liquidität hat, auf die Zahlungsfähigkeit einer Organisation. Auszahlungen und Schuldenzugänge, d. h. auf Ziel gezahlte Rechnungen, werden als »Ausgaben« bezeichnet. »Ertrag« sind alle geldmäßigen Wertzugänge in einer Periode. Aus der Gegenüberstellung von Aufwand und Ertrag ergeben sich Gewinn oder Verlust, damit also das **Ergebnis**. »Erlös« meint den Wertzugang, der aus einem Leistungsprozess resultiert. Nicht betrieblich bedingte Erträge sind daher auch keine Erlöse, wie etwa ein Grundstücksverkauf. »Einzahlungen« sind wiederum alle geldmäßigen Vorgänge mit direkter Auswirkung auf die Liquidität. Einzahlungen und Forderungszugänge, d. h. nicht noch nicht bezahlte, aber gelieferte Leistungen, werden als »Einnahmen« bezeichnet.

In der Buchhaltung bzw. im Rechnungswesen setzt sich der Unterschied fort. Zum einen gibt es ein rein »strukturelles« und primär vom Gesetzgeber vorgeschriebenes Rechnungswesen, das sogenannte **finanzielle Rechnungswesen**[13]. Der Fokus liegt hier in der Erfassung aller relevanten monetären Beziehungen zwischen dem Unternehmen und seinem Umfeld. Dabei muss sichergestellt sein, dass finanzielle Bewegungen transparent sind und Folgendes in der Rückschau dargestellt werden kann: Vermögen bzw. Schulden, Liquidität, Rentabilität und die Eigentumsverhältnisse. Das finanzielle Rechnungswesen orientiert sich letztlich an der Informationspflicht an **Stakeholder**, primär gemäß gesetzlichen Bestimmungen. Der Staat ist interessiert, dass Steuern und Abgaben gezahlt und alle rechtlichen Bestimmungen eingehalten werden. Die Arbeitnehmer bzw. ihre Vertretung sind interessiert, dass die Arbeitsplätze in einem finanziell soliden Umfeld gesichert sind. Fremdkapitalgeber sind interessiert, dass ihre Kredite gesichert sind und verzinst werden. Eigenkapitalgeber sind interessiert, dass eine entsprechende Rentabilität auf ihre Einlage gegeben ist. Schließlich ist natürlich auch die Unternehmensführung interessiert, dass das Unternehmen finanziell richtig gesteuert werden kann.

Das **betriebliche Rechnungswesen**[14] ist im Wesentlichen nicht gesetzlich fundiert. Inhalt, Ausgestaltung und Methodik können individuell gewählt und laufend angepasst werden. Der Fokus liegt hier darin, dass das Unternehmen, seine Geschäftsfelder, Funktionen usw. geführt werden. Es geht daher um Analyse, Optionen, Planung, Umsetzung und Kontrolle. Produktivitäts- und Ergebnismanagement verfolgen einen vergleichbaren Zweck, gehen aber deutlich darüber hinaus, weil hier auch das gesteuert wird, was nicht zwingend in Systemen des Rechnungswesens erfassbar ist, wie etwa Prozesse. Zusätzlich werden auch Themen angesprochen, die in ihrer Substanz zunächst nichts mit Zahlen zu tun haben, sondern mit **Führung**, wie etwa Sitzungs- oder Projektmanagement.

Klarerweise gibt es Verschränkungen zwischen dem finanziellen und betrieblichen Rechnungswesen, vor allem was Daten betrifft. Für das Rechnungswesen generell entscheidend sind die Struktur in Bilanz bzw. Gewinn- und Verlustrechnung. Es geht an dieser Stelle nicht darum, diese Systeme detailliert vorzustellen. Nachdem im Produktivitäts- und Ergebnismanagement immer wieder Anknüpfungspunkte für beides vorliegen, braucht es aber ein Grundverständnis. Die Logik der **Bilanz**[15] lautet, dass das Vermögen eines Unternehmens seinen Schulden gegenübergestellt wird. Nach schweizer bzw. angelsächsischer Tradition erfolgt der Ausweis von Vermögen und Schulden wie folgt:

Darstellung

Vermögens- und Schuldenseite in der Bilanz	
Vermögen: Aktiva	**Schulden: Passiva**
Umlaufvermögen	**Fremdkapital**
1. flüssige, sofort liquidierbare Mittel: Kassa, Postcheck- und Bankguthaben, sofort realisierbare Wertschriften 2. Forderungen/Debitoren 3. Wertschriften: Aktien, Obligationen 4. Vorräte: Roh- und Hilfsstoffe, Halb- und Fertigware, Ware in Arbeit	1. kurzfristiges Fremdkapital: Lieferantenschulden (Kreditoren), Bankschulden, Rückstellung für kurzfristige Risiken 2. langfristiges Fremdkapital: Hypotheken, langfristige Darlehen, Obligationenanleihen, Rückstellungen für langfristige Risiken
Anlagevermögen	**Eigenkapital**
1. Mobilien: Maschinen, Güter, Einrichtungen 2. Immobilien: Grundstücke, Gebäude 3. Beteiligungen: Beteiligungen an anderen Gesellschaften	1. Aktien- und Stammkapital, Genussscheine 2. Gesetzliche und freie Rücklagen (Reserven) 3. Gewinnvortrag

Das **Vermögen** gibt an, was es zur Erstellung der Produkte bzw. Dienstleistungen braucht. Es ist in diesem Sinn der vorwärtsgewandte, produktive Teil der Bilanz und damit die Aktiva. Die **Schulden** zeigen an, wem das Unternehmen gehört. Es hat in diesem Sinn einen rein deklaratorischen Charakter und prinzipiell nichts mit der Leistungsfähigkeit zu tun. Es ist der rückwärtsgewandte, unproduktive Teil der Bilanz und damit die Passiva. Der Begriff der Bilanz leitet sich aus dem Italienischen »il bilancio«, Waage, ab. Die Summe des Vermögens muss immer der Summe der Schulden entsprechen, damit die Waage ausgeglichen ist. Die schweizer und angelsächsische Tradition geht davon aus, dass zuerst in der Bilanz das stehen muss, was am schnellsten verflüssigt werden kann (Aktivseite) bzw. das, was am schnellsten rechtlich schlagend wird (Passivseite). In anderen Traditionen, wie etwa im HGB in Deutschland und Österreich, ist die Systematik gerade umgekehrt. Letztlich ändert die Art der **Rechnungslegung**, die Reihenfolge der Aufzählung nichts an Aussagekraft, Wirkung und Verpflichtung.

Die **Gewinn- und Verlustrechnung** (GuV) stellt den Wert der im Rechnungszeitraum verbrauchten bzw. erbrachten Leistungen. Üblich ist es, dass der Aufwand nach Stakeholder bzw. sogenannten Versorgungspartnern gegliedert wird, d.h. Lieferanten, Arbeitnehmer, Fremdkapitalgeber, Staat und Eigenkapitalgeber. Der Ertrag wird in Umsätze und eigene Leistungen unterteilt. Auch in der GuV gilt der Ausgleich von Soll und Haben durch Gewinn oder Verlust. Der Saldo wird in der Bilanz verbucht und verbindet somit das GuV- und das Bilanzkonto.

Damit eine einheitliche und einfach zu handhabende Kontierung der Geschäftsvorfälle möglich wird, wurden **Kontensysteme** entwickelt, die eine Minimallogik darstellen. (Bsp. Kontenklasse 1 für Vermögen, 2 für Schulden, 3 bzw. 4 für Aufwand, 6 für Ertrag usw.) Individuell können zusätzliche Konten und Vertiefungen verwendet werden. Die Ausgestaltung hängt von der Komplexität des Geschäftes ab, d.h. von der Anzahl gleichartiger Geschäftsvorfälle und von den Auswertungsbedürfnissen.

Darstellung

Aufwands- und Ertragspositionen in der GuV	
Aufwand	**Ertrag**
1. Materialaufwand 2. Personalaufwand: Löhne, Gehälter, Sozialleistungen 3. Zinsaufwand: Mieten, Zinsen für Fremdkapital 4. Aufwand für Fremdleistungen: Versicherung, Beratung, Unterhalt, Reparatur... 5. Abschreibungen auf das Anlagevermögen (und z.T. für Umlaufvermögen) 6. Steuern, Gebühren und Abgaben 7. Gewinn – quasi als »Zins« für das Eigenkapital	1. Umsätze mit Dritten: Verkauf von Produkten und Dienstleistungen 2. Umsatzschmälerungen durch Konditionen: Skonto, Rabatt... 3. Bestandsveränderungen der Halb- und Fertigfabrikate, Waren in Arbeit 4. Wert der Eigenerstellung des Anlagevermögens 5. Zinserträge aus Vermögenswerten des Unternehmens

Anmerkungen

1 Vgl. die Bedeutung der Produktivität und Prozesse in: *Ulrich, H.*, Gesammelte Schriften, Band 1, Bern 2001, S. 272 und *Bamberger, I.*, Der Ressourceneinsatz und seine Bedeutung für die Strategische Unternehmensführung, in: Zeitschrift für betriebswirtschaftliche Forschung, 1996/2, S. 130ff.

2 Entsprechende Aussagen finden sich in: *Andriessen, D.*, Making Sense of Intellectual Capital, Oxford 2004 und *Malik, F.*, Unternehmenspolitik, Frankfurt 2008, S. 33ff.

3 Vgl. Folgende Tool-Surveys bzw. Untersuchungen zur Bedeutung von Prozessen: *Rigby, D./Bilodeau, B.*, The Bain 2005 Management Tool Survey, in: Strategy & Leadership 4/2005, S. 6ff; *Klauser, M./Löw, A.*, So erhöhen Sie die Produktivität, in: Harvard Business Manager, Juni 2006, S. 10ff.; http://www.contrast.at (2006), http://www.aris.com (2006); *Stöger, R.*, Sieben Faktoren des Strategie-Erfolgs, in: absatzwirtschaft, Juni 2007, S. 92ff.

4 *Marx, K./Engels, F.*, Ausgewählte Werke, Moskau 1987, S. 35.

5 *Verlag Progress*, Geschichte der UdSSR, Moskau 1977, S. 247ff.

6 Bezüglich Modewellen im Management vgl. *Malik, F.*, Führen Leisten Leben, Stuttgart 2006, S. 21f.

7 Vgl. etwa Becker, J. et al., Prozessmanagement, Berlin 2003, S. 49, S. 216ff. oder Schwickert, A./ Fischer, K., Der Geschäftsprozess als formaler Prozess, Mainz 1996.

8 Vgl. *Ulrich, H.*, Gesammelte Schriften, Band 5, Bern 2001, S. 17, S. 29 und S. 42.

9 Vgl. zur Standardisierung: *Drucker, P.*, Sinnvoll wirtschaften. Notwendigkeit und Kunst, die Zukunft zu meistern, Düsseldorf 1997, S. 113 und S. 336ff.

10 *Ulrich, H.*, Gesammelte Schriften, Band 5, Bern 2001, S. 463ff. Der pragmatische Ansatz wird klar herausgearbeitet.

11 Zur Kultur siehe: *Kajüter, P.*, Unternehmenskultur: Erfolgsfaktor für das Kostenmanagement, in: *Franz, K./Kajüter, P. (Hrsg.)*, Kostenmanagement, Stuttgart 1997, S. 81.

12 Bezüglich Controlling siehe: *Deyhle, A./Radinger, G.*, Controller Handbuch, Offenburg 2008.

13 Vgl. *Rieder, L./Siegwart, H.*, Neues Brevier des Rechnungswesens, Bern 2001, S. 26 f.

14 Vgl. *Helbling, C.*, Bilanz- und Erfolgsanalyse, Bern 1999.

15 Die Darstellung der Bilanz findet sich in: *Siegwart, H.*, Marktorientierte Erfolgsrechnung, München 2002, S. 14.

1.2 Mit dem Produktivitätsprozess arbeiten

Das **Produktivitätsmodell** stellt dar, wie die grundsätzliche Logik im Produktivitäts- und Ergebnismanagement funktioniert. Über die Ebenen und die einzelnen Steuerungsgrößen wird die sachliche Verknüpfung dargestellt und vor allem auch in eine zeitliche Dimension gebracht. All das ist notwendig, um ein gemeinsames Verständnis im Management zu gewinnen und eine »Auslegeordnung« der unterschiedlichen Aspekte, Werkzeuge und Diskussionen zu erhalten. Gleichwohl gibt das Produktivitätsmodell nicht an, wie im Sinn einer Schrittfolge konkrete Aufgabenstellungen gelöst werden können. Dies geschieht durch den **Produktivitätsprozess**.

Der Aufbau des Produktivitätsprozesses orientiert sich an der formalen **Entscheidungsmethodik** und an den grundlegenden Dimensionen kompetenter Führung. Gemeint ist die Verbindung von Markt und Organisation, von Gegenwart und Zukunft. Diese Dimensionen spannen den Bogen auf, in dem ein Produktivitäts- bzw. Ergebnisprogramm laufen kann. Damit das funktioniert, sind zwei Punkte zu beachten. Erstens geht es um die Gestaltung des Produktivitätsprozesses. Nicht zielführend ist es, unreflektiert Managementprozesse zu kopieren und zu übernehmen. Der konkrete Ablauf und die verwendeten Methoden müssen der Aufgabenstellung, der Situation und dem Geschäft entsprechen. Zweitens sind nicht nur die rational-analytischen Fähigkeiten entscheidend[1], sondern auch die **methodische Kompetenz**, solche Prozesse zu steuern. Beteiligung, Commitment und Kommunikation spielen hier eine wichtige Rolle.

1.2.1 Den Produktivitätsprozess entwickeln

Ein **Führungsprozess** ist niemals Selbstzweck, sondern definiert sich über die zu erzielenden Resultate. Gerade Produktivitäts- und Ergebnisthemen sind in ihrer Qualität vielschichtig, oft hochpolitisch und brauchen darum einen klaren Prozess, damit eine echte Chance auf Diskussion, Entscheidung und Umsetzung besteht.[2] Der Produktivitätsprozess stellt sicher, dass Themen nicht nur analytisch erkannt, sondern auch konsequent realisiert werden. Produktivität und Umsetzung sind aus diesem Grund untrennbar miteinander verbunden. Damit der Prozess maßgeschneidert werden und echte Wirkung entfalten kann, sind einige Kernfragen zu klären. Diese dienen dazu, sich der Bedeutung der **Prozessführung** bewusst zu werden, den Prozess situationsgerecht zu gestalten und immer wieder auch zu reflektieren.

Darstellung

Fragen für die Architektur des Produktivitätsprozesses

1. Bildet der Produktivitätsprozess die Komplexität des Geschäftes ab (extern bzgl. Markt und intern bzgl. der Organisation)?
2. Werden im Prozess die wichtigsten Fragestellungen und Herausforderungen strukturiert und zielt der Prozess auf Entscheidungen?
3. Stellt der Prozess sicher, dass die Umsetzung angesteuert wird und dass auch entsprechend »Spannung auf dem Seil« besteht?
4. Kann der Prozess an die wichtigsten bestehenden und bewährten Führungsmethoden angeknüpft werden (Zielvereinbarung...)?
5. Wird der Prozess auch in die entsprechende Führungskräfteentwicklung eingebaut, sodass alle Führungskräfte die Methodik beherrschen?
6. Ist der Prozess klar, nachvollziehbar, logisch verständlich und in einfacher Sprache formuliert?
7. Müssen sich alle an die Vorgaben des Prozesses halten, d. h. ist der Prozess für alle Beteiligten gleich gerecht?
8. Stellt der Prozess sicher, dass akademische Diskussionen oder politisches Verhalten keine Chance haben?
9. Wird der Prozess tatsächlich gelebt und freiwillig angewendet?
10. Stellt der Prozess sicher, dass auch auf Metaebene über den Prozess selber reflektiert werden kann?

Entlang der Dimensionen »Markt – Organisation« und »Gegenwart – Zukunft« werden die **Phasen des Produktivitätsprozesses** dargestellt. Sie bilden das logische Gerüst, anhand dessen ein Produktivitäts- und Ergebnisprogramm entwickelt und umgesetzt wird. Der Prozess ist in dem Sinn geschlossen, als jeder Start auch immer auf ein umgesetztes Resultat hinläuft, das wiederum Ausgangspunkt für weitere Überlegungen sein kann. Offen ist der Prozess in der Ausgestaltung, vor allem was verwendete Methoden, Flughöhe, Detaillierungsgrad usw. betrifft.[3]

Kern der Architektur ist das Produktivitätsmodell. Es geht um das **gemeinsame Produktivitätsverständnis** bei den Führungskräften bzw. bei den Entscheidungsträgern. Liegen hier bereits unterschiedliche Sichtweisen vor, dann wird kein Produktivitätsprogramm dieser Welt einen vernünftigen Start haben und schon gar nicht zu einem Ergebnis führen. Das Produktivitätsmodell ist nicht eindeutig oder ausschließlich einer der Achsen des Modells zuzuordnen, sondern liegt vielmehr in deren Mittelpunkt. Bildlich gesprochen stellen das Modell und das gemeinsame Verständnis von Produktivität sicher, dass ein echter **Kreislauf** entstehen kann und die Rotation funktioniert. Aus diesem Grund sind es weder Analytik, Rationalität oder »Soft-Factors«, die im Zentrum von Produktivität liegen, sondern normatives Management: die gemeinsame Einsicht von Führungskräften in die Logik von Produktivität und in die Architektur des Prozesses.

Darstellung

Architektur des Produktivitätsprozesses

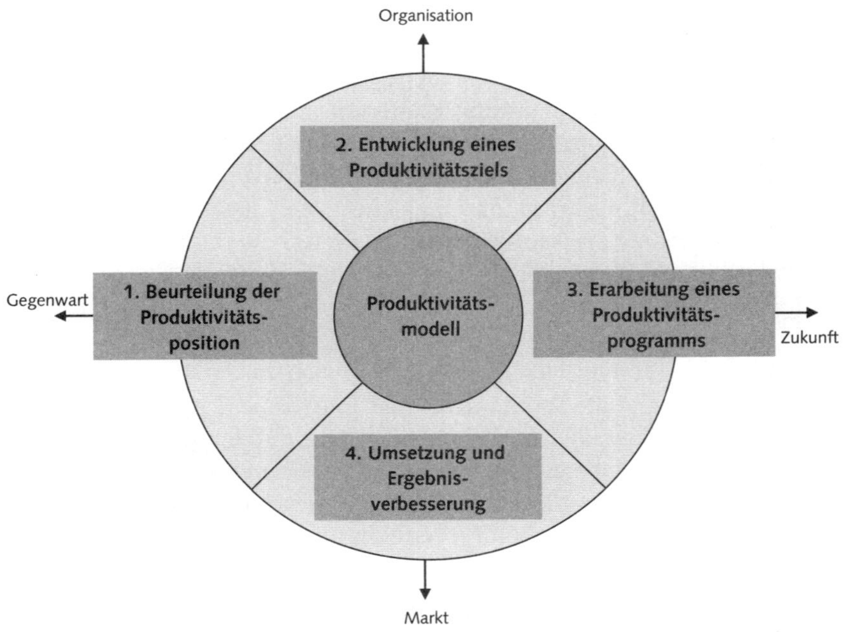

Die **Beurteilung der Produktivitätsposition** ist der erste Schritt. Er befindet sich an der Schnittstelle vom Innen und Außen, zeitlich in der Gegenwart. Es geht an dieser Stelle darum, eine klare Bestandsaufnahme über die eigene Position hinsichtlich Produktivität bzw. Ergebnisposition zu machen. Voraussetzung hierfür ist eine solide qualitative und quantitative Beurteilung, die u.a. auch einen Abgleich mit Wettbewerbern einschließt.

Schritt zwei ist die **Entwicklung eines Produktivitätsziels**. Dies liegt im Innen, weil es noch eine Diskussion und eine Entscheidung in der Organisation ist. Geschäft und Markt spielen in der Entscheidungsfindung eine wichtige Rolle, sind aber im Sinn konkret umgesetzter Resultate noch nicht betroffen. Zeitlich wird von der Gegenwart ausgegangen und ein Ziel für die Zukunft definiert.

Die **Erarbeitung eines Produktivitätsprogramms** ist der dritte Schritt. Die Erörterung und das Festlegen eines konkreten Ziels lagen noch im Innen. Jetzt geht es um den Übergang von Innen nach Außen, von der Organisation in den Markt. Aus diesem Grund liegt dieser Schritt auf der Schnittstelle. Zeitlich geht es um die Zukunft, weil das Programm die Konkretisierung aller Aktivitäten bedeutet, um das Produktivitätsziel zu erreichen.

Abschließend und im Schritt vier geht es um die **Umsetzung und Ergebnisverbesserung**. Das ist das eigentlich Entscheidende und zeigt, ob das Unternehmen an Ganzes und insbesondere die Führungskräfte umsetzungsstark sind. Dieser Schritt liegt und entscheidet sich im Markt. Zeitlich befindet sich dieser Schritt im Übergang von Zukunft zur Gegenwart. Das mag paradox klingen, ist aber nichts anderes als Management: Die Transformation eines künftigen Zustandes in die umgesetzte Gegenwart. Das Ergebnis dieses Schritts ist wiederum die Basis zur Beurteilung der Produktivitätsposition. Dies kann Auslöser für einen neuen Kreislauf oder generell strategische Überlegungen sein.

Die Architektur des Produktivitätsprozesses hat sich in der Praxisanwendung bewährt. Initiative, Kreativität, Spontaneität und Engagement werden kanalisiert und in sinnvolle Bahnen gelenkt. Der Ablauf führt zur systematischen Diskussion der Inhalte und zur Auseinandersetzung vor der Entscheidung. Der Prozess stellt Transparenz und Nachvollziehbarkeit sicher. Alle wissen, welche Inhalte erwartet werden und kennen den Entscheidungsablauf. Produktivitätsmanagement wird so zu einem **Management-Handwerk**[4], das immer und überall angewendet werden kann. Sämtliche Methoden und Werkzeuge dieses Buches können für die einzelnen Phasen verwendet werden.

1.2.2 Den Produktivitätsprozess steuern

Der Produktivitätsprozess bedingt zwei Elemente: Inhalt und Führung. Fehlt eines oder ist eines zu wenig ausgeprägt, wird niemals **Wirkung** entstehen. In großen Organisationen überwiegt häufig der inhaltliche Anteil im Prozess mit hochaufwändigen Verfahren, einer Unzahl von Tools und detailliertesten Abstimmungsebenen. Dieser Kontext erschwert das Führen und damit auch die Umsetzung. Bei kleinen bzw. mittelständischen Organisationen ist die Situation häufig genau umgekehrt. Es fehlen oftmals grundlegende Methoden, dafür ist die Resultatorientierung in Form von »Hemdsärmeligkeit« extrem stark ausgeprägt. Zur kompetenten **Führung des Produktivitätsprozesses**[5] gehören entsprechendes Wissen über Strategie und Produktivität, Geschäfts- und Branchenerfahrung, die Kenntnis der eigenen Organisation, ein solider Managementansatz und Selbstkritikfähigkeit. Produktivitäts- und Ergebnismanagement ist eine Aufgabe, die jede Führungskraft beherrschen muss, die für Resultate verantwortlich ist. Der Produktivitätsprozess ist ein Hilfsmittel und dient der Strukturierung, der Entscheidungsfindung und der Umsetzung. Er ist niemals Selbstzweck und erfordert auch kein Genie oder außergewöhnliche Fähigkeiten.

Die Beherrschung des Produktivitätsprozesses ist ein **Handwerk**, das beobachtet, gelehrt, gelernt und laufend verbessert werden kann.[6] Der Prozess liefert einen Rahmen, der konkret an die jeweilige Situation angepasst werden muss, wie etwa konjunkturelle Lage, Umfeld, Branche, Unternehmensgröße, Funktion. Dabei ist es auch entscheidend, für ein einheitliches Produktivitätsverständnis bei Führungskräften und Mitarbeitern zu sorgen. Am einfachsten gelingt dies, wenn alle zur Erarbeitung und Umsetzung notwendigen Personen in den Prozess eingebunden werden. Dies führt zu Verständnis und Commitment für die Umsetzung. Der ultimative Test für die Qualität des Produktivitätsprozesses ist die **Umsetzung**.

Die kompetente Führung des Produktivitätsprozesses erfordert in erster Linie **methodische Kompetenz**.[7] Nach wie vor kann beobachtet werden, dass viele Führungskräfte viel zu schnell auf die sachliche Ebene gehen und den kompletten Prozess vernachlässigen. Dies hat mit dem Missverständnis zu tun, dass die Umsetzung funktioniert, wenn nur die richtigen Ideen bzw. Inhalte vorliegen. Dies ist erfahrungsgemäß nur sehr selten der Fall. Soll Wirkung erzielt werden, ist beides nötig – die richtigen Inhalte und die richtige Methodenkompetenz. Insbesondere in großen Organisationen und in zunehmend komplexen Märkten wird die methodische Kompetenz immer wichtiger werden. Gerade auch bei Beförderungen wird dies ersichtlich: Je höher eine Führungskraft aufsteigt, umso mehr nimmt die Kenntnis des Geschäftes in all seinen Verästelungen ab. Gerade hier ist methodische Kompetenz die einzige Voraussetzung, Überblick zu bewahren, Zusammenhänge zu erkennen, zu Entscheidungen zu kommen und die Umsetzung voranzutreiben.

Darstellung

Kernthemen beim Führen des Produktivitätsprozesses

1. Ausgestaltung des Produktivitätsprozesses
2. konsequente Ausrichtung auf die Umsetzung
3. Fokussierung auf echte Hebel-Themen
4. ganzheitliches Produktivitätsverständnis
5. Verantwortung der besten Mitarbeiter und Führungskräfte

Das erste Kernthema beim Führen des Produktivitätsprozesses ist die **Ausgestaltung des Produktivitätsprozesses** selbst. Es geht um die Architektur aller Schritte, bis das »Produktivitätsgebäude« steht: von der Beurteilung der Ausgangslage über die Entwicklung eines Produktivitätsprogramms bis hin zur Umsetzung. Es geht um das System, aus dem heraus die Produktivität laufend oder schlagartig verbessert wird. Alle Informations-, Entscheidungs- und Realisierungskomponenten spielen eine wesentliche Rolle und müssen in ihrer Gesamtheit, in ihrer Vernetzung und in ihrer

Wirkung gekannt werden. Methodische Kompetenz ist daher nicht etwas Akademisches, sondern das Begreifen von Wirkung, Zusammenhang und Resultaten.

Als Zweites ist die konsequente **Ausrichtung auf die Umsetzung** zu nennen. Die durchgängige Fokussierung auf die Umsetzung bildet die notwendige Voraussetzung für Entschlossenheit, Präzision und Tempo.[8] Hinter jeder Phase, hinter jeder Methodik und hinter jeder Person bzw. Arbeitsgruppe muss immer der Anspruch stehen, möglichst zügig auf umsetzbare Ergebnisse zuzusteuern. Die Aufbereitung eines Themas, die Beschleunigung einer Entscheidung und das Ansteuern von Maßnahmen sind wesentliche Kriterien zur Beurteilung eines Produktivitätsprozesses. Personell bedeutet dies, dass die Umsetzer möglichst frühzeitig eingebunden sind und alle Entscheidungen und Aktionen **Verantwortung** nach sich ziehen.

Drittens muss die **Fokussierung auf echte Hebel-Themen** den Prozess leiten. Die Erfahrung zeigt, dass es in den meisten Produktivitäts-Programmen auf nur einige wenige Schlüsselthemen ankommt. Diese zu identifizieren, zu operationalisieren und konsequent umzusetzen ist eine der großen Herausforderungen in der Prozessführung. Es gibt weniges, anhand dessen sich Professionalität so deutlich zeigt, wie die **Konzentration auf Weniges**. Umfangreiche Bestandsaufnahmen und endlose Themenlisten sind meistens ein untrügliches Zeichen von Amateurhaftigkeit und Verzettelung. Wirksame Menschen und Organisationen unternehmen nicht viel Verschiedenes, sondern nur Weniges, dafür aber umso konsequenter. Die Agenda für Produktivität sind im Idealfall zwei bis fünf große Hebel, die systemisch alles andere nach sich ziehen.

Das vierte Kernthema ist das **ganzheitliche Produktivitätsverständnis**. Produktivität ist stets etwas Mehrdimensionales. Es geht um Quantitatives, Rechenbares, Belegbares, Kalkulatorisches, letztlich Operatives und aus Zahlen der Vergangenheit Kommendes. Es geht aber auch um qualitative Aspekte, um Fragen künftiger Marktstellung, »schneller« Organisation, persönlicher Wirksamkeit und Produktivitätskultur. Rein kostenorientierte Methoden sind nicht anders zu beurteilen als markt- oder führungsbezogene. Im Prozess ist daher darauf zu achten, dass die Produktivität aus unterschiedlichen Perspektiven betrachtet wird. Schlüsselthemen sind ebenso zu prüfen, damit Einseitigkeit vermieden wird. Sehr häufig stehen kostenorientierte Ansätze im Vordergrund und Markt-, Führungs- bzw. Kulturfragen werden ignoriert.

Als fünftes geht es um die **Verantwortung der besten Mitarbeiter und Führungskräfte**. Der Produktivitätsprozess ist keine Angelegenheit von Rationalität und Zahlen, sondern ein Programm in einem sozialen System. Wenn die Produktivitätsposition grundlegend verändert werden soll, bedeutet dies, das Bestehende und Gewohnte hinter sich zu lassen. Das funktioniert nur dann, wenn die besten Mitarbeiter und Führungskräfte dabei sind und die Umsetzung vorantreiben. Es sind diejenigen mit der meisten Erfahrung, mit dem meisten Vertrauen und mit der Fähigkeit, etwas Neues schaffen zu wollen. In jeder Organisation ist bekannt, wer die Besten sind – unabhängig von Assessments oder formeller Personalbeurteilung. Die erste und wirksamste Botschaft im Produktivitätsprozess ist die personelle Besetzung.

Die genannten Kernthemen beim Führen des Produktivitätsprozesses sind nichts anderes als angewandtes **Change-Management**. Change an sich gibt es nicht, sondern zeigt sich immer nur in konkreten Themen, wie etwa der Verbesserung der Produktivität. Mit den Kernthemen kann der Produktivitätsprozess beurteilt werden. Parallel zur Vorgehensarchitektur liefert dies in kurzer Zeit Hinweise für die Prozessführung. Die Beurteilung sollte vom Kernteam selbst vorgenommen werden, das für das Produktivitätsprogramm verantwortlich ist. Vorbereitend können Interviews stattfinden, um die gemeinsame Erarbeitung zu beschleunigen. Neben dem Festhalten des Status sind Vorschläge im Sinn des weiteren Vorgehens zu erarbeiten. Damit entstehen ein umfassendes **Prozessverständnis** und eine gezielte Beeinflussung seiner methodischen Komponenten.

Werkzeug

Produktivitätsprozess

Kriterium	**– Beurteilung +**	**Verbesserung durch:**
1. systematische Erarbeitung des Produktivitätsprozesses		
2. Entwicklung und Verbesserung der methodischen Kompetenz		
3. Entschlossenheit, Präzision und Tempo im Produktivitätsprozess		
4. Verbindlichkeit und Verantwortung in allen Phasen und Methoden		
5. Produktivitätsprozess als »Trichterfunktion« für Hebel-Themen		
6. Fokus auf zwei bis fünf echte Hebel-Themen im Produktivitätsmanagement		
7. mehrdimensionaler Ansatz im Prozess: Kosten, Markt, Führung, Kultur		
8. Berücksichtigung von kurz- und langfristigen Wirkungen im Prozess		
9. Mitwirkung und Verantwortung der besten Leute in der Organisation		
10. gezielte Botschaft durch die personelle Besetzung		

Beispiel Bank

Produktivitätsprozess

Nach Jahren isolierter und rein kostengetriebener Produktivitätsaktionen entschließt sich eine Bank zur umfassenden, dauerhaften und gesamthaften Verbesserung der Produktivitätsposition. Hierfür wird der bisherige Prozess kritisch durchleuchtet.

Kriterium	**– Beurteilung +**	**Verbesserung durch:**
1. systematische Erarbeitung des Produktivitätsprozesses	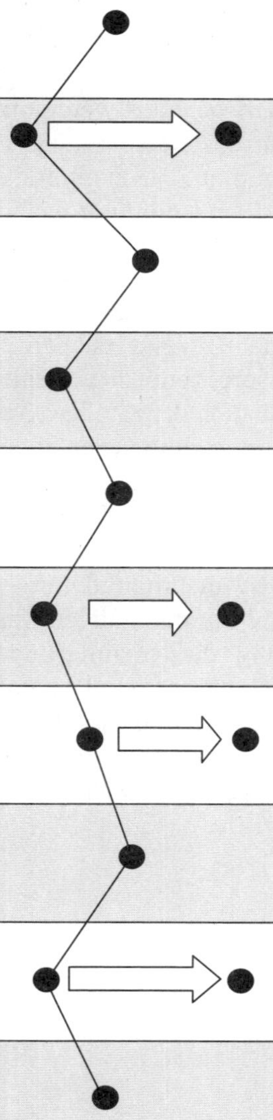	
2. Entwicklung und Verbesserung der methodischen Kompetenz		Produktivitätsmanagement als verbindliches Kompetenzfeld von Führungskräften
3. Entschlossenheit, Präzision und Tempo im Produktivitätsprozess		
4. Verbindlichkeit und Verantwortung in allen Phasen und Methoden		
5. Produktivitätsprozess als »Trichterfunktion« für Hebel-Themen		
6. Fokus auf zwei bis fünf echte Hebel-Themen im Produktivitätsmanagement		viel klarere Konzentration im Produktivitätsprogramm/zwei bis vier Unternehmensthemen
7. mehrdimensionaler Ansatz im Prozess: Kosten, Markt, Führung, Kultur		deutlich mehr Tempo und harte Zeitziele für alle Vorhaben
8. Berücksichtigung von kurz- und langfristigen Wirkungen im Prozess		
9. Mitwirkung und Verantwortung der besten Leute in der Organisation		konsequente »Top-Management-Attention« und entsprechende MbOs für 1. und 2. Ebene
10. gezielte Botschaft durch die personelle Besetzung		

1.2.3 Die Produktivitätsstakeholder führen

Die Erarbeitung und Umsetzung von Produktivitäts- und Ergebnisprogrammen hat eine rationale, sachorientierte Dimension. Diese besteht in der nüchternen Analyse, der Erarbeitung von Zielen und von Umsetzungsplänen. Der Prozess hat aber zusätzlich noch eine soziale, interessensgeleitete Dimension[9], die nicht selten ausgeprägter ist als die rationale. Für die Beteiligten bzw. Interessengruppen hat sich ein Begriff durchgesetzt: Stakeholder. Dies sind Eigentümer, Führungskräfte, Mitarbeiter, Mitarbeitervertreter, Kunden, Lieferanten, Kooperationspartner, Konkurrenten und generell alle internen und externen Betroffenen bzw. Beteiligten in Produktivitätsprogrammen. Es ist völlig unerheblich, ob deren Wahrnehmung und Motive rational oder emotional, real oder eingebildet sind. Wichtig ist nur das Faktum, dass **Interessen** existieren und daher besonders beachtet werden müssen. Das Management von Produktivität hat immer mit einem System zu tun, das agiert, reagiert, sich selbst entwirft und sich zum Gegenstand nimmt. Wenn ein Industrieunternehmen grundsätzlich über Veränderungen in der Wertschöpfung nachdenkt oder Effizienzerhöhung einfordert, dann werden Management, Mitarbeiter und die öffentliche Meinung reagieren. Daher ist in jedem Produktivitätsprogramm die Steuerung der **Stakeholder** ein entscheidender Punkt und in die Produktivitätsstrategie mit aufzunehmen. Wenn eine Versicherung ihre Sparte der Lebensversicherungen nach Kostenführerschaft umbaut, dann führt das zu entsprechendem Systemverhalten der Mitarbeiter, der Personalvertretung und eventuell auch der Kunden. Auch hier darf nichts dem Zufall überlassen werden, weil die Marktstellung, vor allem aber das Image beschädigt werden kann. Aus den genannten Gründen ist Stakeholder-Management immer auch Change-Management[10], weil es um die Veränderungsfähigkeit des Systems geht.

Das **Stakeholder-Management** ist für Produktivitäts- und Ergebnisthemen ein entscheidender Erfolgsfaktor. Es geht um den aktiven Kontakt zu den Interessensgruppen, um die mögliche Einbindung, die Nutzung und die konstruktive Zusammenarbeit für den jeweiligen Produktivitätszweck. Die Stakeholder sind immer vor dem Hintergrund der Betroffenheit, der Meinungsbildung, der Einflussnahme und des Beitrags zur Produktivität[11] zu sehen. Bei der Identifikation und der Steuerung der Stakeholder können einige Kernfragen behilflich sein.

Darstellung

Kernfragen für das Stakeholder-Management

1. Welche Personen oder Personengruppen sind die Produktivitätsstakeholder?
2. Welche Wahrnehmungen, Interessen, Bedürfnisse und Absichten haben diese (bezogen auf das jeweilige Produktivitätsthema)?
3. Wo gibt es Gemeinsamkeiten mit dem Produktivitätsprogramm, wo bestehen Widersprüche, Spannungsfelder...?
4. Wie können die Produktivitätsstakeholder Einfluss nehmen und wo haben sie Macht?
5. Wo können die Stakeholder einen konstruktiven Beitrag leisten?
6. Inwieweit sind die Stakeholder vom Erfolg oder Misserfolg des Vorhabens abhängig?
7. Wo bestehen Koalitionen oder Konkurrenz zwischen Stakeholdern?
8. Wie groß ist der Aufwand (Zeit, Geld, Aufmerksamkeit...) zur Steuerung der Produktivitäts-Stakeholder?
9. Sind Interessen, Bedürfnisse, Absichten, Beiträge ... auch Stakeholdern bewusst?
10. Wer kümmert sich um das Management der Stakeholder? Ist dies Teil der Produktivitätsstrategie?

Anhand der Steuerung der Stakeholder kann auch das Thema der **Kommunikation**[12] richtig eingeordnet werden. Wichtig ist, dass nicht die Kommunikation an sich im Mittelpunkt steht, sondern aus dem jeweiligen Management der Produktivitätsstakeholder abgeleitet wird. Als erstes werden die Stakeholder identifiziert. Gerade für zahlengetriebene Mitarbeiter und Führungskräfte eröffnet dies eine neue Sicht eines Produktivitätsprogramms. Zweitens wird festgehalten, welches die Interessen und Möglichkeiten der Einflussnahme auf Stakeholder sind. Offene, ungeschminkte und unmissverständliche Wortwahl ist an dieser Stelle gefordert. Es geht nicht um diplomatisches Schönfärben, sondern um die Darstellung realer Verhältnisse. Drittens sind dann geeignete Maßnahmen festzulegen, in welcher Form die Stakeholder gesteuert werden können. Die Möglichkeiten reichen von Informationsveranstaltungen über Veränderung der Incentivierung bis hin zur Anpassung von Führungsprozessen. Diese Maßnahmen sind dann in die Umsetzungsliste des Produktivitätsprogramms aufzunehmen.

Werkzeug

Produktivitätsstakeholder

Stakeholder	Interessen und Einflussnahme der Stakeholder	Maßnahme zur Steuerung	Termin	Verantw.

Beispiel Logistik-Dienstleister

Produktivitätsstakeholder

Ein Spezialist für internationale Logistikleistungen führt ein Produktivitäts-Steigerungsprogramm durch. Ein Teil des Umsetzungsplans ist die Steuerung der Stakeholder.

Stakeholder	Interessen und Einflussnahme der Stakeholder	Maßnahme zur Steuerung	Termin	Verantw.
1. Mitarbeiter	Interessen: • keine Verschlechterung bei Sozialleistungen • Arbeitsplatz-Sicherheit • Aufstiegsmöglichkeiten Einflussnahme: • aktive Umsetzung der Maßnahmen • Kündigung bei großen räumlichen Veränderungen	• laufende Resultats-Berichte • breite Erarbeitung, v.a. der Maßnahmen • Produktivitätswettbewerbe (Prämierung)	laufend bis 31.12. (dann Adaption)	Mayr
2. Führungskräfte in den NL und Fkt.	Interessen: • Beibehaltung der Autonomie • Verbesserung des Prämiensystems • Arbeitsplatz-Sicherheit • teilweise: keine Veränderung des Gewohnten (Sicherheit) Einflussnahme: • aktive Umsetzung der Maßnahmen • teilweise: Beweis von der Richtigkeit des Alten	• neues Prämien-System • Ausbau der Management-Verantwortung für Produktivitätsmodule • Leitung von Produktivitäts-Modulen	30.04. per sofort per sofort	Wöll Gruber Gruber
3. Mitarbeiter-Vertreter	...	...		
...				

Anmerkungen

1 Vgl. folgenden Klassiker zum rationalen Ansatz: *Miles, L.*, Value Engineering. Wertanalyse, die praktische Methode zur Kostensenkung, München 1967.
2 Siehe die Prozesskomponente in: *Ernst, H., Success Factors of New Product Development, in: International Journal of Management Reviews, 4/2002, S. 1ff.*
3 Vgl. *Blanchard, B.*, Design and Manage to Life Cycle Cost, Portland 1978.
4 Zum handwerklichen Ansatz siehe: *Stöger, R.*, Prozessmanagement, Stuttgart 2009, S. 5.
5 Vgl. *Cuhls, K.*, From Forecasting to Foresight Processes, in: Journal of Forecasting, 22/2003, S. 93ff.
6 Vgl. *Malik, F.*, Management. Das A und O des Handwerks, Frankfurt 2007, S. 276ff.
7 Die Bedeutung der methodischen Kompetenz wird aufgezeigt in: *Stöger, R.*, Strategiekompetenz heißt Methodenkompetenz, in: GDI-Impuls 2/2008, S. 100ff.
8 *Langerack, F./Hultink, E.*, The Impact of New Product Development Acceleration Approaches on Speed and Profitability, in: IEEE Transactions on Engineering Management, 52/2005, S. 30ff. und *Drucker, P.*, Managing for business effectiveness, in: Harvard Business Review, 1963/3, S. 53ff.
9 Vgl. *Satzger, G./Huther, A.*, Informations- und Kommunikationskosten, in: *Fischer, T. (Hrsg.)*, Kosten-Controlling, Stuttgart 2000, S. 479ff.
10 *Calantone, R. et al.*, Learning Orientation, Firm Innovation and Firm Performance, in: Industrial Marketing Management, 31/2002, S. 515ff. und *Andriessen, D.*, Making Sense of Intellectual Capital, Oxford 2004.
11 Siehe den entsprechenden Management-Grundsatz in: *Malik, F.*, Führen Leisten Leben, Frankfurt 2006, S. 98ff. und *Gleich, R.*, Das System des Performance Management, München 2001.
12 Siehe *Sackmann, S.*, Unternehmenskultur, Neuwied 2002.

1.3 Den Systemansatz für Produktivitäts- und Ergebnismanagement nutzen

Produktivitäts- und Ergebnismanagement hat in vielen Organisationen einen rein operativen, kurzfristigen Charakter. Kostensenkung nach pauschalen Prozentwerten oder kleinere Optimierungen in Teilprozessen stehen hierfür paradigmatisch. Demgegenüber braucht Produktivitäts- und Ergebnismanagement auf Dauer eine andere Fundierung. Der **Systemansatz** bzw. die Kybernetik als Lehre von der Steuerung komplexer Systeme bieten dafür eine gute Grundlage[1]. Das Management von Produktivitäten und Ergebnissen schafft die Voraussetzung dafür, dass ein System seine Identität erhalten und einen **Zweck** erfüllen kann. Dieser Zweck kann die Versorgung mit Lebensmitteln, die Ausbildung von Kindern, das Vertreiben von Versicherungsdienstleistungen oder der Betrieb von Schienenfahrwegen sein. Alle Organisation, die diese Zwecke erreichen wollen, benötigen eine solide Produktivitäts- und Ergebnisposition.

1.3.1 Die Bausteine des Systemansatzes identifizieren

Systemansatz und Kybernetik sind keine Wissenschaft für Spezialisten, sondern lassen sich sehr pragmatisch für Managementfragen verwenden. Dafür können die sieben Grundbausteine des ganzheitlichen Denkens nach Ulrich und Probst[2] herangezogen werden. Diese Bausteine bieten eine andere Art, Management generell, aber auch spezifische Fachthemen zu reflektieren, einzuordnen und einen anderen Zugang zu finden. Es ist nicht die nach wie vor herrschende Sichtweise von **Ökonomie** als Frage von Macht, Geltung, Geld, Wachstum, Hierarchie oder kurzfristigem Denken, sondern etwas anderes: Ökonomie im ursprünglichen Sinn zu verstehen als Lehre des Haushalts und des Haushaltens. Dies hat sehr viel mit Langfristigkeit, **Lebensfähigkeit**, Gesundheit, Vertrauen, Generationen und Solidität zu tun. An dieser Stelle zeigt sich auch, dass Ethik, Weltverständnis und Weltanschauung in der Praxis viel näher am täglichen Leben sind, als von vielen vermutet.

Darstellung

Bausteine des ganzheitlichen Denkens

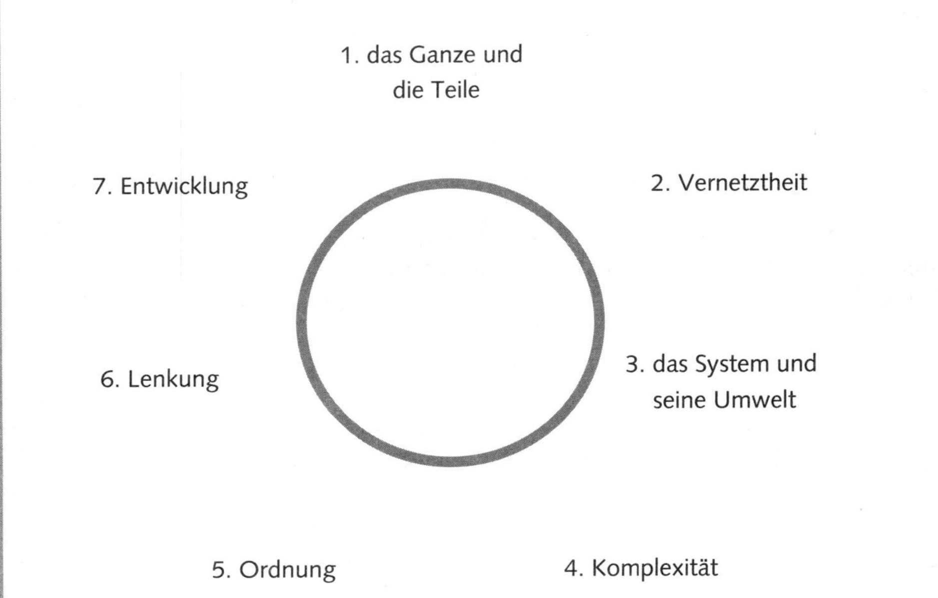

Baustein 1 – Das Ganze und die Teile: Produktivität und Kosten gibt es an sich nicht, sondern sind immer eingebettet in ein System, eine Organisation. Sobald von einem System gesprochen wird, gibt es eine **Ganzheit und Teile**. Die Anknüpfungspunkte für das Produktivitäts- und Ergebnismanagement sind Wertschöpfungsaktivitäten, Funktionen, Prozesse, Kostenarten, die persönliche Arbeitsmethodik usw. Dies sind die Teile, das Ganze ist das Unternehmen und vor allem der Zweck am Kunden, den das Unternehmen zu erfüllen hat. Eine methodische Herausforderung besteht in der Klärung der richtigen Dimension, der richtigen Instrumente und der richtigen Flughöhe für das Produktivitäts- und Ergebnismanagement. Eine zu globale Betrachtung führt zu Oberflächlichkeit, eine zu feingliedrige Detaillierung verliert den Blick für das Resultat. Eine weitere Anwendung ist die Frage nach den einzelnen Schritten im Vorgehen. Analyse, Bewertung, Gestaltung und Umsetzung sind ebenfalls einzelne Teile, die nur in Kombination ein sinnvolles Ganzes ergeben. Wenn die Ausarbeitung bei der Analyse stehen bleibt, ist dies genauso unvollständig wie eine Gestaltung ohne eine saubere Beurteilung der Ausgangslage. Jedes Produktivitäts- und Ergebnisprogramm muss eingebettet sein in die Strategie einer Organisation und konkretisiert werden über die Führung konsequent bis hin zu den einzelnen Mitarbeitern. Jede Führungsaufgabe ist in diesem Sinn ein Zusammenfügen von Teilen: von einzelnen Tätigkeiten zu strukturierten Abläufen, von Teilleistungen zu einem Ganzen für den Kunden, von einzelnen Mitarbeitern zu einem schlagkräftigen Team, von Abteilungen zu Organisationen. Hinzu kommt die Einbettung des **Unternehmens** in ein größeres Ganzes, nämlich den Markt und die Gesellschaft[3].

Das Management der Produktivität und der Ergebnisse ist ein Ganzes aus verschiedenen Teilen. Die Summe der Teile kann mehr, gleich, weniger oder anders sein als das Ganze. Pauschal davon zu sprechen, dass die Summe der Teile mehr sei als das Ganze, ist falsch. Sowohl die Ganzheit als auch die Teile und deren Zusammensetzung verändern sich im Zeitablauf. Detailkenntnis und Analyse sind natürlich wichtig, entscheidend bleibt aber das grundlegende **Verstehen** des Unternehmensganzen, seiner Anbindung an einen Kunden, seine Steuerung und Weiterentwicklung. Produktivitäts- und Ergebnismanagement ist daher nie in Opposition oder Gegenüberstellung zu Marktthemen zu verstehen, sondern als Voraussetzung und Folge.

Baustein 2 – Vernetztheit: Produktivitäts- und Ergebnismanagement findet nicht isoliert statt, sondern in **Vernetztheit**. Von einem System kann sinnvoller Weise erst dann gesprochen werden, wenn einzelne Elemente vernetzt sind und somit ein Ganzes bilden. Nicht die Bauelemente an sich sind wesentlich, sondern die Beziehungsdimension zwischen diesen. Einzelne Produktivitätsuntersuchungen sind – isoliert gesehen – wichtig im Sinn von Analyse und Konstruktion. Die volle Wirkung entsteht erst durch das Vernetzen der einzelnen Teilinformationen, durch Information, Verantwortung und Steuerung. All das sind Vernetzungselemente. Management ist in dieser Hinsicht nichts anderes als Lenken von Vernetzung in verschiedenen Dimensionen: Mensch und Organisation, unterjährig und mehrjährig, innen und außen, heute und morgen, operativ und strategisch. Zum Prinzip der Vernetzung gehört auch, die Produktivitäts- und Ergebnisthemen in einen Zusammenhang mit der Strategie, der Struktur und der Kultur einer Organisation zu stellen. Die Verbindung mit den Geschäftsfeldstrategien, das Anknüpfen an die relativen Qualitätsanforderungen seitens des Kunden und an die Wertkette sind konkrete Umsetzungsschritte des Bausteines »Vernetzung«. Ein weiterer Anwendungsfall ist der **Führungskreislauf**[4] bezüglich des Entscheidens, des Ingangsetzens und des Kontrollierens. Über Feedback wird Vernetzung hergestellt und aufrecht erhalten. Ohne Feedback bleibt jede Maßnahme isoliert und das System verliert Information, vor allem die Sicht auf sich selbst.

Das Management von Produktivität und Ergebnis ist primär eine Vernetzung von Markt und Ressourcen. Entsprechend liegt der Zweck von Produktivitäts- und Ergebnismanagement in der Herstellung und im Aufrechterhalten dieses Kreislaufes. Dazu gehört das Denken in Zirkularität. Beziehungen sind nicht linear, die Kreisläufe nicht willkürlich in einen Anfang und ein Ende zu zerlegen. Handeln in vernetzten Systemen bedeutet immer Eingriff und Reaktion einzelner Systemelemente oder des ganzen Systems. Professionelles Produktivitäts- und Ergebnismanagement akzeptiert

Vernetzungsprinzipien und versucht, diese im Sinn der **Entwicklung des Systems** zu nutzen. Aus diesem Grund kann es beispielsweise notwendig sein, die strategische Positionierung zu klären, bevor mit Kostensenkung begonnen wird. Wird das nicht gemacht, besteht die Gefahr, dass zukünftige Erfolgspotenziale abgeschnitten werden.

Baustein 3 – Das System und seine Umwelt: Ein System existiert nicht isoliert, es ist immer Teil eines größeren Systems. Die Lebensfähigkeit einer Organisation kann sich nur im Austausch, im »**Stoffwechsel**«[5] mit seinem umgebenden System entwickeln. Die Dynamik von Märkten, technologische, soziale und makroökonomische Entwicklungen beeinflussen die Ausgestaltung von Produktivität und Ergebnis entscheidend mit. Das bedeutet aber auch, dass die Systemgrenzen prinzipiell offen und gestaltbar sind. Die Strategie legt fest, in welchen Geschäften ein Unternehmen tätig ist, welche Leistungen an welche Kunden vertrieben werden und welche Erfolgspotenziale daher aufzubauen bzw. zu erhalten sind. Letztlich steht die Frage im Vordergrund, wofür der Kunde wirklich bezahlt und worin der Beitrag der Organisation besteht. Produktivitäts- und Ergebnismanagement stellt sicher, dass die Organisation diesen Zweck und diesen Austausch ökonomisch vollziehen kann. Zweck und Leistung definieren so das **System und seine Umwelt**. Im Leitbild und in der Strategie werden Zweck für den Kunden und Kundennutzen festgelegt und operationalisiert. Über die Wertkette wird definiert, wie der Organismus »Unternehmen« seinen Stoffwechsel strukturiert und welche Konsequenzen das für die Produktivität hat.

Das System »Unternehmen« mit seiner Umwelt muss in einen Austausch treten können, damit es lebensfähig bleibt. Dabei kann es aus Produktivitätsgründen sinnvoll sein, die **Systemgrenzen** nach innen oder nach außen zu verschieben. Wird die Grenze nach außen gesetzt, liegt Insourcing vor, d. h. dass das System etwas selbst vollbringt, was bislang eine Organisation außen geleistet hat. Im Fall der Verschiebung der Grenze nach innen wird von Outsourcing gesprochen. Beides ist an sich nicht gut oder schlecht, sondern muss situativ bewertet werden. Vor diesem Hintergrund wird die Produktivität einer Organisation maßgeblich davon beeinflusst, wo Systemgrenzen gezogen werden.

Baustein 4 – Komplexität: Unter Komplexität wird die Anzahl der Zustände verstanden, die ein System annehmen kann[6]. **Komplexität** kommt von außen auf eine Organisation zu, etwa über sich verändernde Märkte, Geschäftssysteme und Technologien. Komplexitätstreiber gibt es aber auch in einer Organisation selber, etwa durch Variantenvermehrung oder durch fehlende Zielsysteme. Generell gilt, dass Erhöhung oder Verminderung von Komplexität direkt Auswirkungen auf die Produktivitäts- bzw. Ergebnisposition hat. Klar zu unterscheiden sind die Begriffe »komplex« und »kompliziert«. Ein Produktionssteuerungsprozess kann sehr kompliziert sein, beispielsweise im Sinn der anspruchsvollen DV-technischen Darstellung. Es erfordert zwar Zeit und Erfahrung, um einen solchen Prozess zu beherrschen, an sich ist er aber nicht komplex, weil sich die einzelnen Elemente und deren Beziehungen nicht verändern. Die Managementaufgabe besteht in der sauberen Strukturierung, der wasserdichten informationstechnischen Abbildung und der Schulung der betroffenen Mitarbeiter. Hingegen ist etwa ein Innovationsprozess eines Dienstleistungsunternehmens sehr komplex, weil sich die Akteure, die Inputs, die Themenfelder und Vernetzungen laufend verändern können. Die Beispiele zeigen auf, dass die Beherrschung und Nutzung von Komplexität de facto auch immer eine Vorgabe für das Produktivitäts- und Ergebnismanagement sind. Die notwendige Komplexität definiert die **erforderliche Produktivität**.

Das Management von Produktivität und Ergebnis ist vor dem Hintergrund des Systemansatzes ein Werkzeug zur **Komplexitätsverstärkung oder -dämpfung**. Die Komplexität kann getrieben werden durch die Produkt- oder Sortimentsbreite, zusätzliche Vertriebskanäle oder Aufteilung funktionaler Verantwortung auf mehrere Personen. Das Dämpfen der Komplexität erfolgt etwa durch die Steuerung der Projekte und Innovationen, die Spezialisierung in Funktionen, das Einbauen systematischer Müllabfuhr, Verwendung einheitlicher Kostenrechnungs-Methoden, gemeinsame Spielregeln und gemeinsame Sprache. Das Treiben oder Dämpfen von Komplexität an sich ist wertfrei zu sehen. Es hängt von den Marktgegebenheiten ab, wie die Komplexität gestaltet wird. In Phasen des Marktwachstums muss häufig die Komplexität der eigenen Organisation erhöht werden, um mit den Anforderungen des Marktes Schritt zu halten. In Sättigungs- oder Rückgangsphasen ist es notwendig, die Komplexität zu dämpfen, um auf Größeneffekte zu kommen. Das Produktivitäts- und Ergebnismanagement berührt damit eine der Grundfragen des Systemansatzes – »Wie kann Komplexität gesteuert werden?«

Baustein 5 – Ordnung: Sobald einzelne Elemente zu einem Ganzen vernetzt sind und ein solches System in einer Umwelt lebensfähig sein und Komplexität beherrschen will, entsteht ein Ordnungsprinzip. An dieser Stelle wird häufig ein Gegensatz von Ordnung und Freiheit hergestellt, welcher de facto aber nicht existiert. **Freiheit** des Gestaltens und Ordnung in der Steuerung gehören im Systemansatz zusammen. Wenn schon über Unterschiede gesprochen wird, dann ist es sinnvoller über richtige und falsche Ordnung und über richtige und falsche Freiheit zu diskutieren. Durch **Ordnung** entstehen Orientierung, Überblick, Eingrenzung, Zusammenhang[7]. Dieses Prinzip ist Voraussetzung für Kommunikation, Sinn, gemeinsames Verständnis und zielorientiertes Handeln. Das Arbeiten mit Methoden und Instrumenten ist nichts anderes als das Herstellen von Ordnung in einem System. Dies leisten unter anderem Werkzeuge wie die Wertschöpfungskette, die Prozessgestaltung oder das Funktionendiagramm. Wenn etwa Vertriebsprozesse produktiver gestaltet werden sollen, dann bedeutet dies einen Ordnungsschritt von heute in die Zukunft. Dieses Ordnen hat eine dämpfende und eine treibende Auswirkung auf die Komplexität. Gedämpft werden Aktionen, die außerhalb der normativen und strategischen Vorgaben liegen, die zur Verzettelung oder zu vermehrter Administration führen. Die Produktivitätssteigerung funktioniert als Treiber, indem zum Beispiel der Vertriebsfokus auf neue Erfolgspotenziale gelenkt wird, neue Verantwortlichkeiten für Key Accounts oder für neue Regionen, Branchen usw. geschaffen werden.

Das Management von Produktivität und Ergebnis ist zugleich das In-Frage-stellen der bisherigen Ordnung und das Gestalten einer neuen Ordnung. Es führt zu neuen Mustern, zu neuen Regelungen, zu neuen Prinzipien. Gerade durch die **Strukturierung** von Zielen, Aufgaben, Kompetenzen, Verantwortlichkeiten und Ressourcen entsteht eine wesentliche Voraussetzung für Ordnung in einer Organisation. Ein Produktivitäts- und Ergebnisprogramm ist daher die inhaltliche und methodische Kompetenz zur Schaffung, Aufrechterhaltung und Weiterentwicklung von Ordnung in einem System und zwischen dem System und seiner Umwelt. Ordnung ist die Ausgangslage, das Ziel und die Tätigkeit selbst.

Baustein 6 – Lenkung: Damit eine Organisation produktiv sein und vor allem bleiben kann, braucht es professionelles Management. Führung hat eine direkte und eine indirekte Komponente. Direkt erfolgt **Lenkung** im Sinne des Führungskreislaufes. Die Ausgangslage wird beurteilt, Produktivitätsziele werden festgelegt, entsprechende Mittel bzw. Maßnahmen ausgearbeitet und anschließend umgesetzt. Die Zielerreichung wird geprüft und kann dann wiederum zu einer Anpassung der Ziele führen. Indirekt geschieht Lenkung, indem nicht in jeden einzelnen Schritt eingegriffen, sondern die Produktivitätssteigerung in systemischer Hinsicht justiert wird. Ziele werden vorgegeben, ein Messprozess installiert, Aufgaben, Kompetenzen und Verantwortlichkeiten verteilt. Alles andere erfolgt dann im Sinn einer **Selbstorganisation**. Lenkung in dieser Art und Weise bedeutet das Ausrichten auf Ergebnisse und nicht auf Verhaltenssteuerung von Menschen. Der systemische Lenkungsbegriff ist somit grundverschieden von der traditionellen Vorstellung von Führung. Systemisches Lenken betont die indirekte Steuerung über die Orientierung an Resultaten und die Etablierung von Feedback. Es geht um die Schaffung möglichst vieler Voraussetzungen, damit sich Selbstorganisation[8] entwickeln kann, beispielsweise durch Führen mit Zielen, Arbeitsmethodik und Verwendung von Produktivitätswerkzeugen. Dies ist der Kern des englischen Wortes »to control«: regulieren, justieren, steuern, lenken. Gerade in komplexen Märkten werden Organisationen nur mehr dann Chancen haben und umsetzungsstark sein, wenn sie systemisch, d. h. selbstorganisierend, lenken.

Das Management von Produktivität und Ergebnis ist zugleich Vorgang und Resultat von Lenkung. Die einzelnen Methoden des Produktivitäts- und Ergebnismanagements schaffen die Voraussetzung für das Lenken einer Organisation. Vor allem geht es um die **systemische Lenkung** durch indirektes Einwirken auf die Grundkomponenten der Prozesse – Ziele, Beurteilung, Feedback. Branchen- und Unternehmenskenntnis alleine ist für Führung noch zu wenig. Die methodische Kompetenz wird in Zeiten steigender Komplexität immer wichtiger. Produktivitäts- und Ergebnismanagement ist selbst auch Betrachtungs-, Gestaltungs- und Umsetzungsobjekt von Lenkung.

Baustein 7 – Entwicklung: Eine Organisation als System besteht aus Teilen und ist als ein Ganzes vernetzt. Das System befindet sich in Austauschbeziehungen zu einer komplexen Umwelt, braucht Ordnung und Lenkung. Weder die Organisation noch die Umwelt sind statisch. Sie verändern sich beständig. **Entwicklung** ist Voraussetzung für Lebensfähigkeit von Systemen. Produktivitäts- und Ergebnismanagement leistet seinen Beitrag für die Entwicklungsfähigkeit von Organisationen auf sehr unterschiedliche Art und Weise: so etwa die Gestaltung von Wertschöpfung, die Hinterfragung des Bestehenden mit der systematischen Müllabfuhr oder auch die grundlegende Diskussion über das Gewinnerfordernis. Produktivitäts- und Ergebnismanagement lässt sich auch durch die Begriffe »Anpassung« und »Transformation« beschreiben. Gemeint ist das Anpassen der gesamten Wertschöpfung an das Gleichgewicht von innen und außen, von heute und morgen. Nicht ein »survival of the fittest«, sondern ein »survival of the fitting« steht im Vordergrund. **Transformation** bedeutet zum einen die Weiterentwicklung der Organisation an sich, zum anderen die Umwandlung von Ressourcen (Kapital, Arbeit, Wissen, Zeit) in Nutzen für Kunden. Nur so entsteht Lebensfähigkeit einer Organisation und nur so kann der Beitrag von Produktivitäts- und Ergebnismanagement verstanden werden.

Das Management von Produktivität und Ergebnis ist eine wichtige Voraussetzung, um eine Organisation entwicklungsfähig zu halten. Es stellt sicher, dass der »Kreislauf« einer Organisation effizient läuft und dass Stoffwechsel mit der Umwelt funktionieren kann. Dies gilt für die Gegenwart und für die **Zukunft**. Eine hier und heute gute relative Kostenposition im Vertrieb ist ein positives Resultat eines Vertriebseffizienzprogramms, das in der Vergangenheit gestartet wurde. Zugleich besteht die Herausforderung darin, jetzt wiederum die Vertriebsprozesse kritisch zu prüfen und ein neues Effizienzprogramm zu entwickeln. Letztlich ist der Entwicklungsgedanke auch ein Entscheidungskriterium für Maßnahmen: Wird durch Kostensenkung die Entwicklung einer Organisation gefährdet oder erst ermöglicht? Dabei spielt der **Zeithorizont** eine wesentliche Rolle. Kurzfristig können harte und einschneidende Maßnahmen sinnvoll sein, um etwa die Liquidität wieder herzustellen. Langfristig sind ganz andere Diskussionen zu führen und hier bedeutet Produktivität etwas Grundverschiedenes, etwa wenn ein neues Geschäftsmodell zu gestalten ist.

Produktivitäts- und Ergebnismanagement ist keine eindimensionale Aufgabenstellung. Es leistet einen Beitrag für die Sicherung der kurzfristigen Überlebensfähigkeit, wie etwa der Liquidität oder der produktiven Abläufe. Die langfristige Lebensfähigkeit einer Organisation wird ebenso entscheidend durch die Produktivitätsposition definiert, so etwa durch die Ausrichtung aller Prozesse an Qualität, Zeit und Kosten. Die angesprochenen sieben Bausteine bilden die Grundlage eines **systemorientierten Produktivitäts- und Ergebnismanagements**[9]. Dies ist keine akademische Disziplin, als vielmehr eine pragmatische Auffassung von Wissenschaft. Die Kernpunkte lauten: Erfüllung eines Zwecks, Anwendbarkeit für praktische Fragestellungen, Verbindung verschiedener Wissenschaften (Kybernetik, Betriebswirtschaft, Psychologie...), Betonung der Gestaltung (und weniger der Herleitung), Erfassen von Vernetzung, Problemlösungsfähigkeit, Anerkennung von Komplexität und unvollständiger Information. Die angesprochenen sieben Bausteine sind hierfür eine gute Grundlage und eine andere Art, die Themen einzuordnen und zu verstehen[10].

1.3.2 Die Umsatz- und Verzinsungssysteme verbinden

Unternehmungen und Organisationen erfüllen generell einen Zweck, der darin besteht, eine Leistung für Kunden zu erbringen. Die Leistung kann in einem Produkt oder einer Dienstleistung bestehen. Ob die Kunden die Leistung gegen Geld entgegennehmen oder ob die Finanzierung anders, z. B. über die öffentliche Hand, erfolgt, spielt keine Rolle. Wesentlich ist, dass es zwei Perspektiven gibt, die den Kreislauf von Leistung und Geld in Form des **Umsatzsystems** darstellen.

Der **real- bzw. erfolgswirtschaftliche Prozess** beginnt bei Beschaffung von notwendigen Produktionsfaktoren, geht über den eigentlichen Wertschöpfungsprozess hin zur Vermarktung, d. h. zum Absatz von Produkten und Dienstleistungen. In allen Stufen muss Geld in die Hand genommen werden. Die beste F&E kostet, die beste IT kostet und die besten Vertriebsmitarbeiter kosten. Erst durch den Kaufentscheid des Kunden, durch den Umsatz, wird die nächste Phase angestoßen. Der **monetär- bzw. finanzwirtschaftliche Prozess** beginnt mit dem Umsatz, mit der Verbuchung und mit dem Eingang von Geld. Generell kann dieser Zustrom von Geld auch über eine Kapitalerhöhung oder andere Einlagen erfolgen. In jedem Fall verfügt das Unternehmen durch diese Geldbeschaffung über mehr liquide Mittel.

Darstellung

Kreislauf von Leistung und Geld

real- bzw. erfolgswirtschaftlicher Prozess		*monetär- bzw. finanzwirtschaftlicher Prozess*
Absatz von Produkten und Dienstleistungen	⇨	Beschaffung von notwendigem Geld (Geldeingang)
⇧		⇩
Wertschöpfungsprozess (Leistung)		Geldhaltungsprozess
⇧		⇩
Beschaffung von notwendigen Produktionsfaktoren	⇦	Absatz von Geld (Geldausgang)

Der **Kreislauf von Leistung und Geld** zeigt an, dass die linke Seite diejenige der Mittelbindung ist, während auf der rechten (finanzielle) Mittel frei werden. Alles, was auf der linken Seite geschieht, hat einerseits Kosten und Zeit zur Folge. Andererseits ist es eben diese real- bzw. erfolgswirtschaftliche Seite, die den eigentlichen Bezugspunkt von Produktivitäts- und Ergebnismanagement darstellt. Im Kern ist es vor allem die Wertschöpfung, weil nur hier die Leistung direkt und unmittelbar erstellt wird. Das bedeutet nicht, dass die anderen Faktoren eine untergeordnete Rolle spielen. Die Beherrschung der Beschaffung der Produktionsfaktoren und die Vermarktungskompetenz bilden Grundvoraussetzungen für die langfristige Lebensfähigkeit des Geschäftes. Die finanzwirtschaftliche Seite liefert die **Liquidität**, damit Rechnungen bezahlt werden können, die auf der realwirtschaftlichen Seite entstehen. An dieser Stelle wird deutlich, dass der Kapitalismus weniger eine Wirtschaftsform des Gewinnmaximums ist, sondern eine Liquiditätswirtschaft: Derjenige, der Rechnungen bezahlen kann, bleibt im Spiel, alle anderen fallen heraus. Ob oder inwieweit das mit Gewinn vollzogen wird, ist nicht unwichtig, tritt aber zunächst hinter die Liquiditätsfrage zurück.

Die beiden Seiten zeigen an, dass Mittelabfluss und Mittelzufluss immer in einem Gleichgewicht sein müssen[11]. Die **Komplexität auf den Märkten** und intern ist so groß, dass sie die vollständige Aufmerksamkeit des Managements erfordert: neue Märkte entstehen, neue Regionen sind aufzubauen, bisher erfolgreiche Leistungen müssen weiterentwickelt werden, Anforderungen an das Personal verändern sich usw. Daher ist es notwendig, dass zu jedem Zeitpunkt klar ist, wie die Situation auf der finanzwirtschaftlichen Seite aussieht und wo frühzeitig Schritte einzuleiten sind, damit kein **Liquiditätsrisiko** auftritt oder das Unternehmen unterfinanziert ist. Generell sind natürlich auch alle Prozesse der Geldbewirtschaftung direkt Gegenstand von Produktivitätsüberlegungen, etwa die Automatisierung von Transaktionen, die Aussagekraft von Berichten etc. Hier gilt im Prinzip dasselbe, was für die realwirtschaftliche Seite Bedeutung hat.

Das finanzielle **Rechnungswesen** dient dazu, den monetär- bzw. finanzwirtschaftlichen Prozess zu erfassen, zu dokumentieren und zu steuern. Vermögen, Schulden, Liquidität, Rentabilität und Eigentumsverhältnisse sind die entscheidenden Themen. Das betriebliche Rechnungswesen steuert den real- bzw. erfolgswirtschaftlichen Prozess.

Treibendes Motiv für das Wirtschaften sind Schulden und Zinsen[12]. Wenn **Schulden** vorliegen, dann sind die Höhe und der Begleichungszeitraum die maßgeblichen Orientierungsgrößen für das private, unternehmerische oder öffentliche Wirtschaften. Das Verzinsungserfordernis ergibt sich aus einem Begleichungsziel, aus der Tilgung der Schulden. Wenn keine Schulden, sondern disponierbares Kapital vorliegt, dann bestehen im Prinzip drei Möglichkeiten: Die erste besteht im unproduktiven Ruhenlassen. Geld oder Sachwerte werden nicht genutzt und verzinsen sich nicht. Die zweite Möglichkeit besteht darin, Kapital fixverzinslich in Form von Fremdkapital einzubringen. Dies kann in einem Unternehmen oder in einem Finanzinstitut als Fremdkapital auf der Passivseite geschehen. Der **Zins** wird fix oder zumindest sehr kalkulierbar verzinst, was eine Reduktion von Risiko bedeutet, gleichzeitig aber auch eine Deckelung der Höhe. Die dritte Möglichkeit ist das produktive Einbringen von Kapital in Form des Eigenkapitals. Daran ist ein Eigentumstitel gebunden und die nach unten und oben offene Verzinsung des Kapitals. Der Eigentümer hat Interesse auf einen Rückfluss (Return), auf das eingesetzte Investment, d. h. Finanz- bzw. Sachwerte. Inwieweit dieser Return, der Zins, für Ausschüttung an Eigentümer, Führungskräfte, Mitarbeiter oder zur Selbstfinanzierung verwendet wird, ist eine andere Frage und wird weltanschaulich verschieden beantwortet. Der hier vertretene Ansatz geht davon aus, dass als erstes die langfristige Lebensfähigkeit und die Gesundheit der Geschäfte und des Unternehmens im Vordergrund stehen.

Wenn von Produktivität gesprochen wird, dann sind Kosten und Erlöse zu betrachten. Produktive Prozesse oder Nutzung aller Wissensressourcen für den Kundennutzen sind die Voraussetzung dafür, dass Umsätze gemacht werden und damit die notwendige Liquidität in das Unternehmen fließen kann. Dieser Zusammenhang und die Verzinsung werden im sogenannten **ROI-Baum** dargestellt, der erstmalig in den 1920er-Jahren als Dupont-Schema bekannt geworden ist.[13] Der ROI (Return-on-Investment) ist eine Relationsgröße, welche die Verzinsung des eingesetzten Kapitals im Wirtschaftsprozess wiedergibt. Es geht um die Gegenüberstellung einer Gewinngröße vor Zinsen und Steuern (EBIT – Earnings before Interest and Taxes) gegenüber dem eingesetzten betriebsnotwendigen Kapital (Investment). Der EBIT wiederum geht aus dem Umsatz minus eingesetzte Kosten und den Vorleistungen hervor. In der nachfolgenden Darstellung wird die Logik beschrieben. Daraus ergibt sich, dass der ROI-Baum von links nach rechts zu lesen und zu führen ist. Die zentrale Dimension sind die Steuerungsgrößen. Diese beziehen sich auf das Unternehmensganze und haben sowohl interne als auch marktbezogene Größen. Führungsqualität bedeutet, dass die richtigen Resultate aus diesen Steuerungsgrößen entstehen: der entsprechende Umsatz in Verbindung mit einer guten Marktstellung, eine wettbewerbsstarke Kostenposition und eine produktive Nutzung des Umlauf- bzw. Anlagevermögens. Der Ausweis besteht dann im Ergebnis und im Investment, beides zusammen ergibt den Zins in Form des ROI. Weitere Verfeinerungen in Form eines Return on Capital Employed (ROCE) oder des Return on Equity (ROE) sind möglich, verändern aber nichts an der Grundlogik des ROI-Baumes.

Darstellung

ROI-Baum

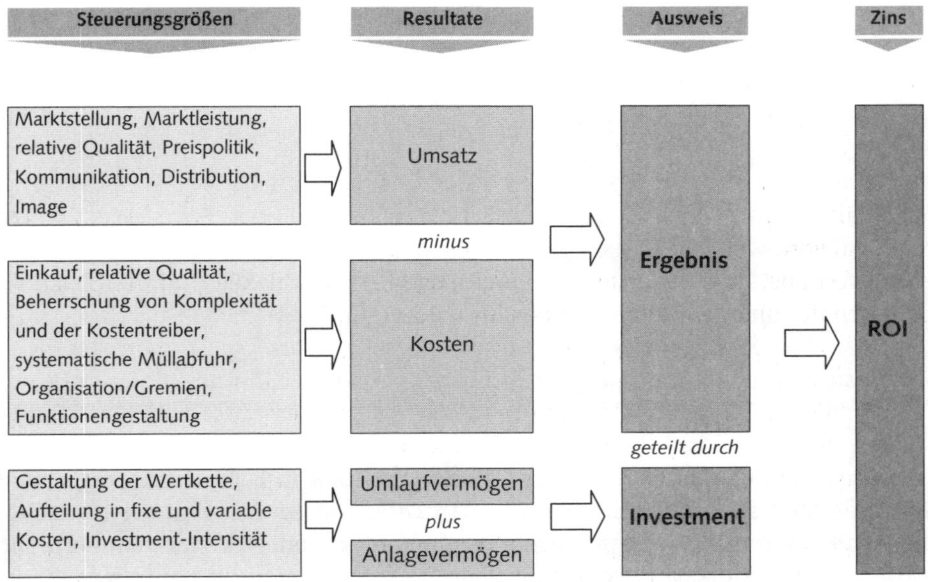

1.3.3 Ein integriertes System der Finanzwirtschaft entwerfen

Produktivitäts- und Ergebnismanagement findet nicht isoliert oder rein zweckrational statt. Es braucht immer auch die Einbettung in die **Unternehmenspolitik**. Generell geht es um die Frage, worin der Zweck des Unternehmens bzw. seiner Geschäfte besteht und welche finanziellen, produktivitätsorientierten und kostenmäßigen Normen für den Fortbestand gelten[14].

Als erstes ist die **finanzielle Stabilität**, die Liquidität, zu steuern, d.h. die Fähigkeit, Rechnungen zu bezahlen, also ihren Zahlungsverpflichtungen nachzukommen. Die beste Strategie und das durchdachteste Produktivitätsprogramm werden nutzlos sein, wenn Liquiditätsschwierigkeiten auftauchen. Die **Zahlungsverpflichtungen** aus den aktuellen und zukünftigen Geschäftsaktivitäten müssen gewährleistet sein. Dabei spielt die Steuerung des Umlaufvermögens eine entsprechend wichtige Rolle, kaufmännische Deckungsverhältnisse sind einzuhalten. Vor dem Hintergrund der finanziellen Stabilität ist der Kapitalismus zuerst ein Wirtschaftssystem der Liquidität: Wer Rechnungen bezahlen kann, fällt unmittelbar nicht aus dem System.

Darstellung

Grundsätze der Finanzwirtschaft (Unternehmenspolitik)

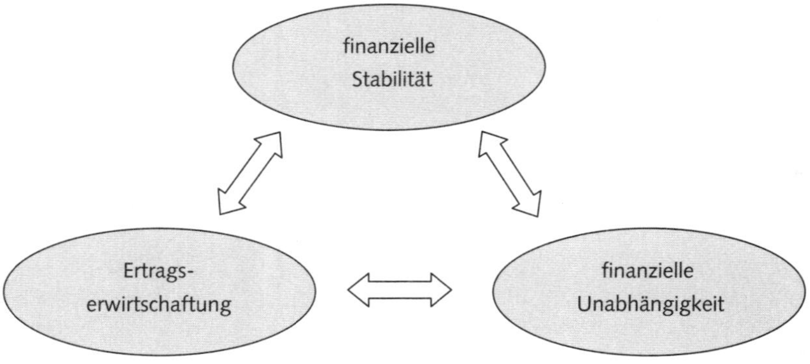

Als zweites geht es um die Vorsteuerung der Liquidität in Form der **Ertragserwirtschaftung**. Hier sind Cashflow, Gewinn, Deckungsbeitrag und generell Wertschöpfung zu nennen, die nicht nur Voraussetzungen der Liquidität sind, sondern auch den Grad der Selbstfinanzierung und der Gewinnausschüttung bestimmen. Durch die Ertragserwirtschaftung werden die Verzinsung des eingesetzten Kapitals und Investitionen in die Zukunft sichergestellt. Das bedeutet, dass Dividende, Rückzahlung von Fremdkapital, Neu- bzw. Rationalisierungsinvestitionen ermöglicht werden. Generell gilt, dass die Ertragsziele aus der **Strategie** ableitbar sind und jeweils in den einzelnen Geschäftsfeldern, Funktionen, Regionen usw. konkretisiert werden.

Der dritte Punkt ist die **finanzielle Unabhängigkeit** des Unternehmens, also die ausreichende Ausstattung mit Eigenkapital. Damit verbleiben alle Entscheidungen und Reports im Unternehmen. Dies wird auch durch gewisse Relationen sichergestellt, etwa Deckungsverhältnisse des Anlage- und eines Teiles des Umlaufvermögens durch Eigenkapital oder die Relation von Eigen- und Fremdkapital. Zu einer gesunden Eigenkapitalbasis gehört auch ein entsprechender Selbstfinanzierungsgrad. Im Kern ist die finanzielle Unabhängigkeit immer das »Herzblut« **unternehmerischen Denken und Handels**. Der Unternehmer ist nur sich, seinen Kunden und seinen Mitarbeitern verantwortlich und nicht unter permanenter Kuratel von Finanziers, insbesondere solchen mit ausgeprägtem und kurzfristigem Shareholder-Value-Verständnis.

Die drei Eckpfeiler der finanziellen Stabilität, der Ertragserwirtschaftung und der finanziellen Unabhängigkeit spannen den unternehmenspolitischen Raum für Produktivitäts- und Ergebnismanagement auf[15]. Mit dem Werkzeug der **Produktivitäts- und Ergebnisleitplanken** können diese festgeschrieben werden.

Werkzeug

Produktivitäts- und Ergebnisleitplanken

	Grundsatz	Quantifizierung
1. finanzielle Stabilität		
2. Ertrags-Erwirtschaftung		
3. finanzielle Unabhängigkeit		

Beispiel Maschinenbau

Produktivitäts- und Ergebnisleitplanken

Ein Hersteller von Werkzeugmaschinen startet ein großes Produktivitäts- und Ergebnisprogramm. Am Beginn des Prozesses werden mit Eigentümern und Top-Management die wichtigsten unternehmenspolitischen Leitplanken diskutiert.

	Grundsatz	Quantifizierung
1. finanzielle Stabilität	1. Wir sind zu jedem Zeitpunkt fähig, unsere Verbindlichkeiten zu begleichen. 2. Dies betrifft sowohl das gegenwärtige Geschäft als auch alle Verpflichtungen für die Zukunft (insbesondere bei der Entwicklung neuer Regionen).	1. Die Liquiditäts-Reserve beträgt 7% des bereinigten Netto-Umsatzes. 2. Diese Reserve ist sofort liquiditätswirksam. 3. Sollte die Reserve verwendet werden, ist sie in einem Jahr wieder aufzubauen.
2. Ertrags-Erwirtschaftung	1. Die aus der Strategie abgeleiteten Vorgaben bzgl. Cashflow, Gewinn und Deckungsbeitrag gelten und sind einzuhalten (SGFs, Funktionen). 2. Die Weiterentwicklung unseres Geschäftes erreichen wir grundsätzlich durch Selbstfinanzierung. 3. Die Ertragserwirtschaftung stellt sicher, dass das eingesetzte Kapital entsprechend verzinst und Zukunfts-, sowie Ratio-Investitionen möglich sind.	1. Die Umsatzrendite in allen Geschäften beträgt 10%. (Start-ups werden nach Marktstellung betrachtet.) 2. Das Eigenkapital wird pro Jahr um 8% verzinst (Gewinn vor Steuern). 3. Die Dividende beträgt maximal 15% des ausgeschütteten Nettogewinns. 4. Die Wirtschaftlichkeit ist in den SGFs »Montan« und »Agrar« wieder herzustellen.
3. finanzielle Unabhängigkeit	1. Wir sind ausreichend mit Eigenkapital ausgestattet und verstärken dies durch den hohen Selbstfinanzierungsgrad. 2. Finanzielle Unabhängigkeit bedeutet, dass Entscheidungen, Verantwortlichkeiten und Berichte nur im Unternehmen liegen.	1. Das Verhältnis von Eigen- zu Fremdkapital liegt bei 80 zu 20.

Anmerkungen

1 Vgl. *Beer. S.*, Diagnosing the system for organizations, Chichester 1985, im Vorwort: »Well, management is – if you will – the profession of regulation, and therefore of effective organization, of which this cybernetics is the science.
2 *Ulrich, H.*, Gesammelte Schriften, Band 3, Bern 2001, S. 29.
3 Vgl. *Malik, F.*, Führen Leisten Leben, Stuttgart 2006, S. 62ff. und die Bedeutung solider, unabhängiger Unternehmen in: *Siegwart, H.*, Kennzahlen für die Unternehmensführung, Bern 1998, S. 124ff.
4 *Ulrich, H.*, Gesammelte Schriften, Band 2, Bern 2001, S. 127.
5 Vgl. *Pfaff, D./Bärtl, O.*, Wertorientierte Unternehmensführung – Ein kritischer Vergleich ausgewählter Konzepte, in: *Gebhardt, G./Pellens, B. (Hrsg.)*, Rechnungswesen und Kapitalmarkt, ZfbF-Sonderheft, 1999/41, S. 85ff. und *Hinterhuber, H.*, Strategische Unternehmensführung, Band 1, Berlin 2004, S. 2.
6 Vgl. *Battenfeld, D.*, Behandlung von Komplexitätskosten in der Kostenrechnung, in: Kostenrechnungspraxis, 2001/3, S. 137ff. und *Malik, F.*, Strategie des Managements komplexer Systeme, Bern 1996, S. 184ff.
7 *Ulrich, H.*, Gesammelte Schriften, Band 3, Bern 2001, S. 67.
8 Vgl. *Malik, F.*, M.o.M.-letter, Malik on Management, Nr. 09/04.
9 Vgl. *Ulrich, H.*, Gesammelte Schriften, Band 5, Bern 2001, S. 459ff., *Brokemper, A.*, Strategieorientiertes Kostenmanagement, München 1998 und *Kaplan, R./Cooper, R.*, Cost and effect. Using integrated cost systems to drive profitability and performance, Boston 1997.
10 Vgl. *Ulrich, H.*, Gesammelte Schriften, Band 2, Bern-Stuttgart-Wien 2001, S. 127.
11 Siehe *Rieder, L./Siegwart, H.*, Neues Brevier des Rechnungswesens, Bern 2001, S. 25.
12 Vgl. *Heinsohn, G.*, Wie kommt es zum Wirtschaften, M.o.M.-letter, Malik on Management, Nr. 06/02 und *Rieder, L./Siegwart, H.*, Neues Brevier des Rechnungswesens, Bern 2001, S. 32ff., 68.
13 Das klassische Schema des »ROI-Baumes« ist vom Chemiekonzern Du Pont de Nemours & Co. entwickelt worden. Vgl. hierzu: *Siegwart, H.*, Kennzahlen für die Unternehmensführung, Bern 1998, S. 31ff. und *Thommen, J.*, Allgemeine Betriebswirtschaftslehre, Zürich 1991, S. 549.
14 Vgl. *Ulrich, H.*, Gesammelte Schriften, Band 1, Bern-Stuttgart-Wien 2001, S. 193ff.
15 Siehe *Siegwart, H.*, Kennzahlen für die Unternehmensführung, Bern 1998, S. 121ff.

2 Effektivität durch strategisches Produktivitäts- und Ergebnismanagement sicherstellen

2.1 Produktivitätssteigerung und Ergebnisverbesserung für Geschäfte nutzen

Produktivität und Ergebnis sind wesentliche Bestimmungsgrößen für den Erfolg von Organisationen, aber nicht deren erstes Ziel. Der Beginn jeder unternehmerischen Tätigkeit ist immer eine konkrete Leistung für einen Kunden[1]. Darin bestehen der eigentliche **Geschäftszweck** und der Anknüpfungspunkt für praktisch alle Managementfragen. Auch für alle Produktivitäts- und Ergebnisthemen ist zunächst die strategische Fundierung zu klären. Erst daraus kann eine richtige Einordnung erfolgen und daraus abgeleitet alle Konsequenzen für das strukturelle und operative Management. Im Kern sind es drei Themen, die den Rahmen abstecken.

2.1.1 Die Lebensfähigkeit von Geschäften unterstützen
2.1.2 Die Marktentwicklungskurve als Bestimmungsgröße kennen
2.1.3 Die Erfahrungskurve als Produktivitätspotenzial nutzen

2.1.1 Die Lebensfähigkeit von Geschäften unterstützen

In den letzten Jahren sind immer wieder Diskussionen aufgetaucht, woran sich die Unternehmensführung zu orientieren hat und welche **Corporate Governance**[2] die richtige ist. Von der Unternehmerorientierung, dem Shareholder-Value bis zum wieder ins Spiel gekommenen Stakeholder-Value reichen die Ansätze. Gemeinsam ist ihnen, dass im Zentrum nur eine Frage steht: Welchem **Interesse** hat das Unternehmen zu dienen? Diese rein nutzengeleitete Diskussion fokussiert auf die Verteilung des Outputs geschäftlicher Tätigkeit. Das Produktivitäts- und Ergebnismanagement hat hierbei rein instrumentellen Charakter und soll sicherstellen, dass beispielsweise möglichst viel an Eigentümer ausgeschüttet werden oder in die Lohnsumme fließen kann.

Produktivitäts- und Ergebnisdiskussionen werden somit zu interessensgeleiteten und letztlich mikropolitischen Veranstaltungen, die eines völlig in den Hintergrund treten lassen, nämlich die Frage nach der **langfristigen Lebensfähigkeit von Geschäften**. Das ist die einzig dauerhafte und vernünftige Orientierung[3]. Es sind sechs Schlüsselgrößen, die diese Lebensfähigkeit beeinflussen und die unabhängig von Branche oder Größe der Organisation gelten. Als erstes ist die Marktstellung zu nennen, zweitens die Innovationsleistung als Fähigkeit, künftige Erfolgspotenziale zu verwirklichen.

Drittens geht es um die Produktivitäten des Geldes, der Arbeit, des Wissens und der Zeit. Der vierte Faktor ist die Attraktivität für gute Leute, der fünfte fokussiert auf die Liquidität und der sechste auf das Gewinn-Erfordernis[4]. Entgegen landläufiger Meinung ist das Ziel einer Strategie nicht der Gewinn von Geld, sondern der Gewinn von **Zeit**. Gemeint ist, ob ein Unternehmen rechtzeitig neue Entwicklungen erkennt, rechtzeitig für die Zukunft entscheidet und rechtzeitig Resultate herbeiführt. Gewöhnliche Fehler gehören zum Wesen des Wirtschaftens. Sie sind zwar mit Rückschlägen, Opfern und Enttäuschungen verbunden, gehen aber nicht an die Existenzgrundlage einer Organisation. Strategische Fehler tun das immer, weil meistens keine Zeit mehr besteht gegenzusteuern. Wenn überhaupt, dann kann nur mit Kostensenkung, Massenentlassungen, Aufgabe von Geschäftsfeldern, Verlust von Selbständigkeit oder Hereinnahme von Beteiligungen (Banken) reagiert werden. Was eine solche Situation verursacht hat, war nicht der Mangel an Geld, sondern das Fehlen von Zeit. Der Gewinn von Geld ist nicht Ursache, sondern Folge einer guten Strategie. Mit operativen Daten, wie etwa Cashflow, Ebit etc., lassen sich keine strategischen Entscheide treffen. Es ist schierer Unsinn zu sagen »Heute haben wir eine ausgezeichnete Rendite, also stimmt unsere Strategie.« Gewinne können noch gemacht und alle Kriterien der Finanzanalysen erfüllt werden, obwohl das Geschäft strategisch sehr krank ist. Umgekehrt sind erfolgreiche Strategien oft über Jahre hinweg mit der Verschlechterung von operativen Zahlen verbunden. Keine echte Innovation wäre je realisiert worden, wenn von Anfang an die Zahlen des Rechnungswesens dominiert hätten. Medici, Fugger, Siemens, Edison, Ibuka, Duttweiler oder Gates – sie alle hätten innerhalb kurzer Zeit aufgegeben, wenn sie nach den heutigen Mechanismen der Börsen beurteilt worden wären. Die großen Innovatoren und Strategen der Wirtschaftsgeschichte haben auf Kunden und Märkte geschaut – und nicht auf den Börsenkurs oder in Berichte von Analysten.

Für die Produktivitäts- und Ergebnisposition hat dies zwei Konsequenzen. Erstens sind sie häufig aus operativer Sicht ein Blick in den **Rückspiegel** und nicht geeignet, künftige, strategische Fragen zu entscheiden. Sie können natürlich über einen längerfristigen, historischen Zeitraum gewisse Muster erkennen lassen. In Zeiten raschen Wandels kann dies allerdings trügerisch sein. Zweitens ist aus strategischer Sicht die Frage zu stellen, welche **strategische Produktivitäts- und Ergebnisposition**[5] notwendig ist, um die langfristige Lebensfähigkeit sicherzustellen.

Darstellung

Schlüsselgrößen für die Lebensfähigkeit eines Geschäftes

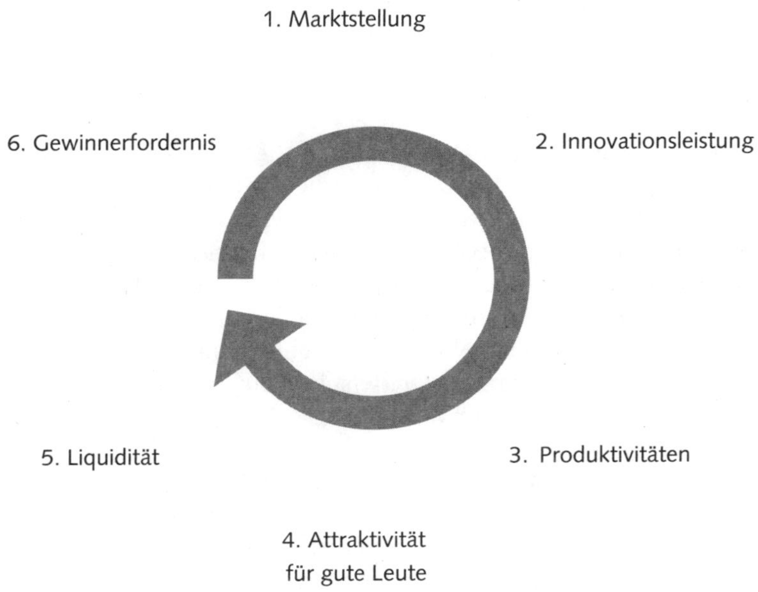

Die Schlüsselgrößen beginnen bewusst nicht mit einer Profitabilitätsgröße, sondern mit dem Geschäft hier und heute, mit der **Marktstellung**. Es geht um die Performance, die Leistung für einen Kunden, d. h. um den Marktanteil oder den **Kundennutzen** als Kombination aus relativem Qualitäts- und Preisvorteil. Der Kundenutzen erfolgt konsequent nach den Qualitätsansprüchen des Kunden im Sinn kaufentscheidender Kriterien. Letztlich fällt nur durch den Kaufentscheid die Beurteilung einer Organisation und einer Strategie. Eine Strategie muss eine klare Einschätzung der heutigen Erfolgspotenziale für die Marktstellung liefern und diese auch über konkrete Maßnahmen umsetzbar machen. Aus dem Kundennutzen wird die **Produktivitäts- und Ergebnisposition** abgeleitet. Sie ist maßgeblich davon bestimmt, wofür der Kunde eine Rechnung bezahlt.

Als Zweites geht es um das zu liefernde Neue, um die **Innovationsleistung** einer Organisation. Einerseits sind dies die Ausgestaltung künftiger Leistungen und der Aufbau der dafür nötigen Kompetenzen. Andererseits geht es um die Art und Weise, wie das Geschäft in seinen Wertschöpfungsaktivitäten betrieben werden soll. Stichworte sind die Fragen von Sourcing (In-, Outsourcing), Veränderungen im Geschäftsmodell oder Kooperationen. Die Anstöße für Innovation in Richtung neuer Geschäftsfelder, neuer Produkte oder Dienstleistungen müssen selbstverständlich aus der Strategie kommen. Gerade die Ausgestaltung des Neuen hat Konsequenzen für die Produktivitäts- und Ergebnisposition. Im Zentrum steht der Beitrag zum Aufbau **künftiger Erfolgspotenziale**.

Die dritte Schlüsselgröße sind die **Produktivitäten**. Bewusst wird in der Mehrzahl gesprochen. Mit der Produktivität des eingesetzten Kapitals ist u.a. die Investment-Intensität gemeint, d.h. das Verhältnis von investiertem Kapital zu erzielter Wertschöpfung (Umsatz minus Vorleistung). Letztlich geht es um die Frage, wie sich das eingesetzte Geld verzinst. Die Produktivität der Arbeit wird etwa als Umsatz, Wertschöpfung oder Anzahl Transaktionen pro Vollzeit-Arbeitskraft gemessen. Die Produktivität des Wissens und die Produktivität der Zeit sind in Praxis und Wissenschaft noch nicht befriedigend erschlossen. Anhaltspunkte können beispielsweise sein: Fähigkeit und Zeit zum Markt, zur Produktentwicklung, zur Generierung neuer Lösungen usw. In der dritten Schlüsselgröße spiegeln sich daher alle für das Geschäft notwendigen Produktivitätsgrößen[6] wider.

Viertens geht es um die **Attraktivität für gute Leute**. Marktstellung, Innovationsleistung und Produktivitäten sind zunächst abstrakte Größen, werden aber nur wirksam, wenn sie von kompetenten Mitarbeitern und Führungskräften umgesetzt werden. Mit der Attraktivität ist gemeint, in welcher Art und Weise eine Organisation für gute Leute ein interessantes und vor allem sinnerfülltes Tätigkeitsfeld darstellt. Was gute Leute üblicherweise suchen, ist die Möglichkeit zur **Leistung**, klare Aufgaben, Kompetenzen und Verantwortlichkeiten (AKV). Der generell wichtigste Wettbewerbsfaktor sind kompetente, umsetzungsstarke Führungskräfte. Das Sprichwort, viele Unternehmen seien nicht »underfinanced but undermanaged« gehört in diese Kategorie. Jedes Produktivitäts- und Ergebnisprogramm muss sich daran messen lassen, inwieweit die Attraktivität für gute Leute erhöht oder im Gegenteil gemindert wird.

Die vier genannten Schlüsselgrößen sind wichtige Orientierungspunkte. Sie können aber nur dann wirksam werden, wenn eine Organisation zahlungsfähig ist und bleibt. Die fünfte Schlüsselgröße ist daher die **Liquidität**, die Fähigkeit, Zahlungsverpflichtungen zu begleichen. Die Fälligkeit hängt vom Charakter der jeweiligen Schuld ab, die Zahlungsfähigkeit vom Charakter des Geschäftes. Die Liquidität muss sicherstellen, dass die Suche, der Aufbau und der Erhalt von Erfolgspotenzialen finanziell möglich sind. Produktivitäts- und Ergebnismanagement müssen sicherstellen, dass die Finanzierung eines Geschäftes aus sich selbst, aus anderen Geschäften oder durch fremde Kapitalgeber erfolgen kann. Im Sinn der autonomen unternehmerischen Entscheidungsfreiheit ist die **Eigenfinanzierung** immer vorzuziehen[7].

Die sechste Schlüsselgröße ist der Gewinn bzw. das **Gewinn-Erfordernis**. In vielen Fällen wird die Gewinnmaximierung als erster Orientierungspunkt von Unternehmen angesehen und dies landläufig als Kern des Kapitalismus bezeichnet. Diese Anschauung ist grundfalsch, weil das **Gewinnmaximum** eine unpräzise und nicht operationalisierbare Größe darstellt. Es gibt keine Strategie, keine Mittelfristplanung, keine Bilanz und keine Rendite-Erwartung der Welt, in der definiert ist, wie hoch das Maximum sein soll. Viel besser ist es, von einem Gewinnminimum zu sprechen. Es geht um die Frage, wie viel Gewinn im Minimum erzielt werden muss, damit das Geschäft langfristig finanzierbar bleibt und Verbindlichkeiten beglichen werden können. Es ist der Gewinn, den eine Organisation benötigt, um das heutige und künftige Geschäft finanzieren zu können[8].

Strategie bedeutet die Ausrichtung an der langfristigen Lebensfähigkeit von Geschäften und nicht an der kurzfristigen Maximierung von Geldgrößen. Es ist einfach, den Gewinn über eine gewisse Zeitdauer zu maximieren. Ein nach Gesichtspunkten des **Shareholder Value** geführtes Unternehmen mit kurzfristigen Managerverträgen auf Gewinnbonus ist in beständiger Versuchung, die Gegenwart in Form des Gewinnes zu maximieren und darüber hinaus nichts in die Zukunft zu investieren. Produktivität bedeutet hier eindimensionales Kostensenken, die Optimierung der Gegenwart auf »Kosten« der Zukunft. Die echte unternehmerische Leistung besteht aber im nachhaltigen Ausbalancieren der sechs Schlüsselgrößen in Gegenwart und Zukunft[9]. Diese Grundlogik strukturiert die Diskussion über die richtige Produktivitäts- und Ergebnisposition.

Darstellung (1)

Anforderungen für die Produktivitäts- und Ergebnisposition	
Schlüsselgröße	**Vorgaben und Anforderungen**
1. Marktstellung	1. Abgrenzung des strategisch relevanten Marktes: Marktpotenzial, Marktvolumen, Marktwachstum, Lebenszyklus, absoluter bzw. relativer Marktanteil 2. Spielregeln im heutigen Geschäft, Marktkapazitäten und Wettbewerbsintensität 3. relative Qualitätsvorteile bei produktbezogenen, dienstleistungsbezogenen und imagebezogenen Merkmalen 4. relativer Preis (inkl. beeinflussende Elemente wie Rabatte, Skonti...) 5. Kenntnis der relevanten Kundengruppen, Vielfalt der Kundengruppen 6. Verhandlungs- und generell Wettbewerbsmacht von Kunden bzw. Lieferanten 7. Konkurrenz im heutigen Geschäft und deren Wettbewerbsvorteile 8. Bedeutung der Kostenposition für Qualität und Pricing in diesem Geschäft 9. Umsätze, Deckungsbeiträge, Varianten, Sortimentstiefe für die wichtigsten aktuellen Leistungen 10. Anzahl und Qualität der Vertriebskanäle bzw. Handelsstufen
2. Innovationsleistung	1. Spielregeln im künftigen Geschäft (Wettbewerb, Substitution...) 2. Bedeutung der Produktivitätsposition für das künftige Geschäft 3. Kenntnis des lösungsunabhängigen Kundenanliegens und des künftigen Kundennutzens 4. Veränderung im Kundennutzen beim relativen Preis und in der relativen Qualität (jeweils aus Kundensicht) 5. Kenntnis der relevanten künftigen Kundengruppen 6. neue Leistungen (Produkte oder Dienstleistungen) und neue Geschäftsmodelle 7. Konkurrenz im künftigen Geschäft und deren Wettbewerbsvorteile 8. Innovationsrate, bisherige Floprate 9. Professionalität und Erfahrung im Innovations- und Projektmanagement (Ausnutzen der Erfahrungskurve...) 10. Abstimmung von Entwicklung, Leistungserstellung und Vertrieb
3. Produktivitäten	1. Investment-Intensität (eingesetztes Investment zu Wertschöpfung) bzw. Kapitalbindung generell 2. relative Kostenposition (Kostenarten im Verhältnis zum Wettbewerber) insgesamt und pro Wertstufe (bzw. Prozess) 3. Steuerung der Komplexität in Sortiment und in den Vertriebswegen 4. Modularisierung bzw. Standardisierung von Leistungen und Leistungserbringung 5. Personalproduktivität bzw. Kapazitätsauslastung 6. Nutzung von Größendegression (geringere Stückkosten durch Verteilung der Fixkosten auf mehr Absatz bzw. Umsatz) 7. Automatisierungsgrad/Einsatz von technischen und DV-gestützten Verfahren im Akquisitions-, Leistungserstellungs-, Vertriebs- und Abrechnungsprozess 8. nicht direkt wertschöpfende Aktivitäten (Wartezeiten, Kontrollen) 9. Lerneffekte in den Prozessen (durch Wiederholung, Routine) versus »alles immer neu erfinden« 10. generell: Produktivitätskultur in der Organisation

Darstellung (2)

Anforderungen für die Produktivitäts- und Ergebnisposition	
Schlüsselgröße	**Vorgaben und Anforderungen**
4. Attraktivität für gute Leute	1. Definition »gute Leute für uns«/Orientierung an Resultaten und Stärken 2. Anforderungen an gute Leute in unserem Geschäft generell 3. Fluktuation bei guten Leuten und deren Gründe 4. Konsequenz der Organisation im Umgang mit guten und schlechten Leuten (Beurteilung, Entwicklung, Entlohnung…) 5. Möglichkeit zur echten Leistungserbringung, Selbstentwicklung und Selbstmotivation 6. Zielfestlegung, Messung der Performance, Kommunikation und Beurteilung der Resultate 7. Verlässlichkeit/Vertrauen im und ins Unternehmen 8. Klarheit über den quantitativen und qualitativen Beschaffungs- und Entwicklungsbedarf bei guten Leuten 9. systematische Personal- und Führungskräfteentwicklung 10. Wirkung von Produktivitäts- und Ergebnisprogrammen auf gute Leute
5. Liquidität	1. Klarheit über Höhe, Takt und Risiko der finanziellen Verpflichtungen 2. Zahlungsverpflichtungen gegenüber Lieferanten, Lizenzgebern, Mitarbeitern, Staat, Versicherungen… 3. Unternehmenspolitik bzgl. Stundungen, Rabatten, Skonti, Zahlungszielen, Forderungen… 4. Entwicklung: Bar- bzw. Kassenliquidität (»Liquidität 1. Stufe«) 5. Verlauf des Geldflusses über das Geschäftsjahr: Schwankungen bzgl. Saison, Branche… 6. Finanzierbarkeit des Geschäftes aus sich selbst, aus anderen Geschäften oder Fremdfinanzierung (Banken, Börsen) 7. Entwicklung der Preise bzw. der Preisdisziplin 8. Entwicklung der Brutto- im Verhältnis zu den Nettoumsätzen: typische Erlösschmälerungen und deren Ursachen 9. Entwicklung der variablen Kosten (DB I) und der Fixkosten (DB II) 10. Professionalität des internen Cash-Managements, der Rechnungsstellung, des Mahnwesens
6. Profitabilität	1. Klarheit über die Kosten des heutigen Geschäftes 2. Klarheit über die Kosten des künftigen Geschäftes (Rücklagen für das Unternehmen, kalkulatorische Kosten) 3. Entwicklung von: ROI (Gesamtkapitalverzinsung), ROS (Umsatzrendite), Kapitalumschlag 4. Anforderungen seitens Personal (z. B. Personalfürsorgestiftung), Banken, Aktionäre und Staat 5. Klärung der externen Berichterstattungs-/Publizitätspflicht 6. Entwicklung: finanzielle Stabilität/Eigenfinanzierungsgrad (Eigenkapital-Quote) 7. Entwicklung des Verschuldungsgrads 8. Klarheit, Wahrheit und Vollständigkeit von: Kosten-, Leistungs-, Erlös-, Ergebnisrechnung 9. Bereinigung der GuV bzw. der Bilanz um nicht betriebsnotwendige Elemente 10. Mehrjahresvergleiche, klare Kontierungs- und Bewertungsregeln

2.1.2 Die Marktentwicklungskurve als Bestimmungsgröße kennen

Die Produktivitäts- und Ergebnisposition ist nicht nur bezogen auf das eigene Leistungsvermögen zu beurteilen, sondern auch hinsichtlich der Marktentwicklung. Produktivität und Ergebnis sind relativ bezüglich zweier Dimensionen. Als erstes sind sie relativ zur Zeit zu sehen und als Relationsgröße von Input und Output. Dies ist die rein innenbezogene Betrachtung. Als zweites müssen Produktivität und Ergebnis in Relation zum Umfeld, zum Markt und zum Wettbewerb betrachtet werden. Die Vielfalt aller Bezugsgrößen kann mit der **Marktentwicklungskurve** einfach dargestellt werden, ohne dass Information verloren geht.

Die Grundidee der Marktentwicklungskurve folgt im Wesentlichen dem **Lebenszyklus**[10]. Jede Organisation ist eingebettet in eine spezifische Wettbewerbsdynamik einer Branche und die daraus geltenden **Spielregeln des Geschäftes**. Die Logik kann sowohl für einzelne Marktleistungen angewendet werden als auch für Geschäfte, Unternehmen und Branchen. Die Anforderungen an Produktivität und Ergebnis sind in jeder Phase unterschiedlich zu sehen und dementsprechend anders zu führen. Der typische Verlauf folgt drei Phasen.

Darstellung

Marktentwicklungskurve

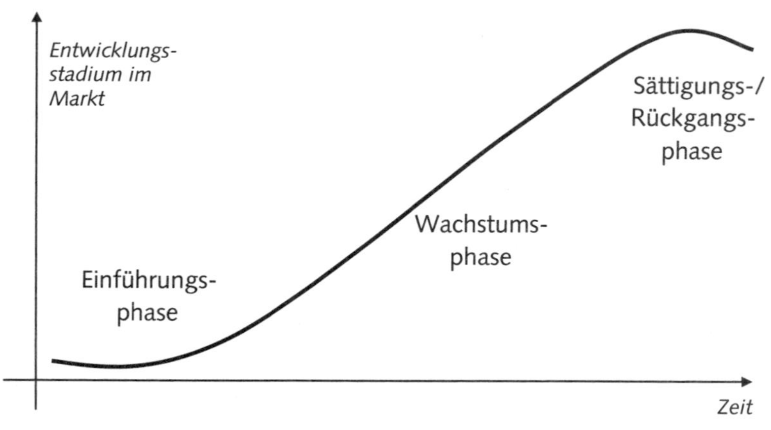

Die **Einführungsphase** ist dadurch gekennzeichnet, dass sich Geschäfte formieren, die Zahl der Konkurrenten und daher das Wettbewerbsniveau gering sind. In dieser Phase besteht ein gewisses Maß an **Unsicherheit**, weil nicht klar ist, ob sich ein Markt überhaupt etablieren kann. Vieles ist noch nicht abschätzbar, etwa ob sich einzelne Leistungen durchsetzen, Kunden oder Wettbewerber halten. Verlässliche Erfahrungswerte liegen im Normalfall nicht vor, daher ist die Marktbearbeitung unsystematisch. Anforderungen an das Produktivitäts- und Ergebnismanagement bestehen in der Bereitstellung von genügend liquiden Mitteln für Investitionen, in der Schaffung von Kundennutzen, in der Vorsteuerung einer guten Marktstellung und im Tempo bei der Umsetzung.

Darstellung

Anforderungen an das Produktivitäts- und Ergebnismanagement

Phase	Charakteristik	Anforderungen
Einführung	• unklare Spielregeln und Muster im Wettbewerb • relativ wenige Wettbewerber • Unterschiede im Kundennutzen	• genügend liquide Mittel für Investitionen • Aufbau von Kundennutzen und Marktstellung • Tempo in der Umsetzung
Wachstum	• Qualitätsmarkt • Intensivierung des Wettbewerbs • klare Spielregeln und Muster im Wettbewerb	• Sicherstellung Finanzierung • Aufbau und Halten einer guten Marktstellung • Vorbereitung auf die Sättigungsphase (Erfahrungskurve, Kosten)
Sättigung/Rückgang	• Preismarkt • Herausfallen von Wettbewerbern • steigende Bedeutung von Kosten und Marke	• Ausschöpfen der Erfahrungskurve/Produktivität • Verteidigen der Marktstellung • Beherrschung von Komplexität/Sortimenten

Die **Wachstumsphase** charakterisiert sich dadurch, dass Kunden und deren Verhalten bekannt und die Konkurrenten identifiziert sind. Die Spielregeln des Wettbewerbes haben sich etabliert, Qualitätsniveaus sind aus Kundensicht unterscheidbar und daher ein **Qualitätsmarkt** vorhanden. Normalerweise ziehen wachsende Märkte auch Wettbewerber an, was zu einer Intensivierung des Konkurrenzniveaus führt. Bereits in dieser Phase fallen aber auch schon einzelne Konkurrenten aus dem Markt. Anforderungen an das Produktivitäts- und Ergebnismanagement sind weiterhin die Sicherstellung der finanziell gesunden Basis und der Aufbau bzw. das Halten einer guten Marktstellung. In dieser Phase ist alles zu unternehmen, um auf die Sättigungsphase vorbereitet zu sein. Das bedeutet, alle Potenziale der Erfahrungskurve zu nutzen und kostenmäßig alles auf den Prüfstand zu stellen, was nicht direkt zum Kundennutzen und zur Marktstellung beiträgt. In der Wachstumsphase entscheidet sich, welche Wettbewerber für die Sättigungs- und Rückgangsphase, d.h. für die Substitution gerüstet sind.

Die Marktentwicklungskurve verläuft nicht linear unbegrenzt nach oben, sondern kommt typischerweise in eine **Sättigungs- und Rückgangsphase**. Dies ist nicht Ausdruck einer Krise, sondern Bestätigung der Leistungskraft und Innovation einer Volkswirtschaft – allerdings aus der Vergangenheit. Für die Produktivitäts- und Ergebnisthematik hat dies mehrere Konsequenzen.

Die erste Schlussfolgerung besteht in der einfachen Tatsache, dass in dieser Phase Preise enorm unter Druck kommen, weil das Qualitätsniveau des Marktes zwar auf einem an sich hohen Niveau liegt, aber eben vergleichbar geworden ist. In dieser Situation wird auch von einem **Preismarkt** gesprochen. Dies bedeutet, dass frühzeitig die Kostenposition so gestaltet werden muss, dass Preiskämpfe ausgestanden werden können. Die Marge und folglich der Gewinn können nur mehr auf der Kostenseite sichergestellt werden. Der Kostendruck wird zusätzlich verschärft durch Überkapazitäten im Investment (Anlagen, Umlaufvermögen), durch nicht ausgelastete Personalressourcen (insbesondere im Dienstleistungsbereich) und durch das Nicht-Erreichen des geplanten Break-even aufgrund rückgängiger Umsätze und der ungünstigen Kostenstruktur.

Zweitens – und als Folge des ersten Punktes – wird der **Wettbewerbsdruck** intensiver. Am Beginn der Sättigungsphase[11] sinkt die Anzahl von Konkurrenten noch eher zaghaft, mit der Zeit aber deutlich. Wettbewerber fallen aus den Märkten, weil es nicht gelungen ist, entsprechend Marktstellung und Kostenposition aufzubauen. Zusätzlich wird der Druck zu Kooperationen, Allianzen, Fusionen größer. Vor allem große Unternehmen verlassen periphäre Geschäftsfelder und konzentrieren sich auf das Kerngeschäft[12]. Dieses Kerngeschäft ist aus Sicht der Wettbewerbsdynamik genau jenes, in dem es gelungen ist, durch gute Marktstellung und Kostenposition überlebensfähig zu sein. Die Marktanteile der drei bis fünf größten Wettbewerber sind kumuliert viel höher als in den vorherigen Phasen. Dies erklärt sich aus der Konsolidierung im Wettbewerb. Dem Wettbewerbsdruck kann nur dann entgangen werden, wenn es gelingt, eine solide Kostenposition, eine verteidigungsfähige Marktstellung und eine starke Marke aufzubauen. Gerade das Thema der Marke spielt eine immer größere Rolle. Wenn Unterschiede auf technischer und dienstleistungsbezogener Seite nicht mehr vorhanden sind, sind Unternehmen gezwungen, sich über Bilder und Vorstellungswelten abzuheben. Nachdem der Aufbau einer Marke viel Zeit und Geld beansprucht, wird eine frühzeitige, gute Positionierung auf diesem Feld zu einem echten Vorteil im Wettbewerb.

Die dritte Schlussfolgerung hat mit **Komplexitätsbeherrschung** zu tun. Durch Intensivierung des Wettbewerbs und durch den einhergehenden Preismarkt versuchen viele Unternehmen, die Produktgruppen, Sortimente und Varianten auszuweiten. Wenn irgendwo noch Deckungsbeiträge zu holen sind, werden zusätzliche Angebote kreiert. Die Konsequenzen für die Kostenposition sind meistens dramatisch, beispielsweise durch die Folgekosten über Garantie- bzw. Leistungsverpflichtungen, Verkomplizierung der Vermarktung, Aufwandsteigerung im Service usw. Gleichzeitig beginnt eine beinahe schon verzweifelte Suche nach Innovationen. Dies endet häufig im Optimieren und Maximieren derselben Lösungen ohne echte Steigerung des wahrgenommenen Kundennutzens. Die Umsatzwirkung bleibt meistens marginal, die Ergebniswirkung fast immer negativ, wenn alle Folgekosten einbezogen werden.

Darstellung

Substitutionskurve (S-Kurve)

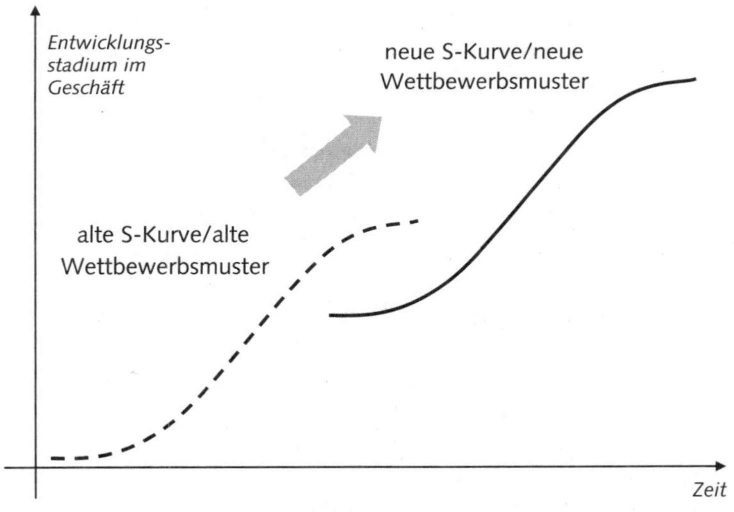

Die Marktentwicklungskurve endet nicht plötzlich oder läuft unendlich auf unterschiedlichem Niveau weiter. Sehr häufig werden Produkte, Dienstleistungen, Technologien oder Geschäftsmodelle von neuen Lösungen verdrängt. Dieser Effekt der Ersetzung eines alten durch ein neues Geschäft ist Kern der **Substitution**. Prominente historische Beispiele sind der Ersatz handschriftlicher Vervielfältigung durch den Buchdruck, Ersatz manueller Kraft durch kalorische Kraft, Ablösung der Fortbewegung über Pferde durch das Automobil usw. Die Substitution funktioniert in heutiger Zeit viel schneller und oftmals weniger spektakulär als die historischen Beispiele zeigen: Die Ablösung der mechanischen über die elektromechanische Schreibmaschine bis hin zum Personal Computer zeigt die Revolution im Schreiben, Speichern,

Abrufen, Wiedergeben. Die Kinderbetreuung erfolgt nicht mehr ausschließlich über familiäre Strukturen, sondern zunehmend über öffentliche oder private Organisationen. Skier werden heute zu einem sehr großen Teil nicht mehr als Eigentum gekauft, sondern vermietet. Pensionssysteme funktionieren nicht mehr nur über staatliche Umlagewege, sondern vermehrt über Zusatzsicherung via Kapitalmarkt oder Immobilien. Diese bewusst völlig unterschiedlichen Beispiele sollen die Verschiedenartigkeit von Substitution aufzeigen.

Alle genannten Beispiele haben die Gemeinsamkeit, dass sie in einer **Substitutionskurve** dargestellt werden können. Jede Substitution bedeutet in sich den Start einer neuen Lebenszyklus-Kurve und die Notwendigkeit der systematischen Diskussion, wann wieder eine Substitution anstehen wird. Es gibt keine dauerhaften Geschäfte und Lösungen. Auch ist im Zeitpunkt der Ablösung einer Kurve durch eine andere der Fokus auf Marktanteil und Kostenposition nicht mehr sinnvoll: Der letzte Hufschmied hatte hundert Prozent des Geschäftes und die beste Produktivität, bevor er vom Automobil substituiert wurde. Die Folge war die Automobil-Kurve für Mobilitätslösungen. Kutschen gibt es nach wie vor, aber für ein völlig anderes Kundenanliegen: nicht mehr Distanzüberwindung, sondern nostalgischer Zeitvertreib. Dieses Beispiel zeigt zum einen auf, dass Ablöseprozesse oftmals nicht nur einen Folgemarkt auslösen, sondern mehrere. Zum zweiten wird demonstriert, dass sich Märkte in unterschiedliche **Segmente** entwickeln, etwa in Sportwagen der unterschiedlichen Klassen, in Nutzfahrzeuge, Kombis usw. In jedem dieser Segmente entsteht eine Marktentwicklungskurve und folglich wiederum Substitution.

Jede Diskussion über Produktivität und Ergebnis muss mit der strategischen Frage beginnen, in welchen Geschäften sich eine Organisation befindet und in welchem Stadium der Marktentwicklung bzw. Substitution diese Geschäfte sind. Nur so können Bestandsaufnahmen, Fragen und Lösungen von Produktivität erarbeitet und richtig eingeordnet werden. Es gibt hier keine mathematische Exaktheit oder Experten, auf die derartige Fragen delegiert werden können. Wichtig sind die selbstkritische Diskussion und die Ableitung entsprechender Schlussfolgerungen.

2.1.3 Die Erfahrungskurve als Produktivitätspotenzial nutzen

Produktivität wird erreicht und der Einsatz von Kosten erfolgt im Zusammenhang mit Wissen, Lernen, »Gespür«, »Bauchgefühl«, d. h. generell im Kontext von Erfahrung. Die sogenannte **Erfahrungskurve**[13] ist eine Methodik und letztlich auch eine Einstellung, Produktivität als etwas zu sehen, das permanent verbessert werden kann und in starker Abhängigkeit von **Lerneffekten** ist. Die Grundlage für die Erfahrungskurve liegt in der Rüstungs- und Transportmittelproduktion der USA im Zweiten Weltkrieg. Damals wurde eine erstaunliche Wirkung entdeckt: Mit steigendem Output einer Losgröße (Panzer, Frachtschiffe...) sanken die Stückkosten der eigenen

Wertschöpfung. In späteren Jahren wurden zahlreiche empirische Untersuchungen gemacht, die alle zu ähnlichen Resultaten kamen und sich als Erfahrungskurve zusammenfassen lassen: Mit jeder Verdoppelung der kumulierten Menge ergibt sich ein Kostensenkungspotenzial der eigenen Wertschöpfung von zwanzig bis dreißig Prozent.

Eine interessante historische Studie zur Aufhebung der Erfahrungskurve wurde in den fünfziger Jahren von C. Parkinson erstellt, der das nach ihm benannte **Parkinson-Gesetz** formulierte. Es besagt, dass das Anwachsen von Organisationen in keinem Zusammenhang mit Aufgaben, Arbeitsanfall, Leistung usw. steht, sondern aus sich selbst getrieben ist. Anhand von mehreren Beispielen wird dies untermauert. So wuchs die Zahl der Beamtenschaft in der Britischen Admiralität zwischen 1914 und 1928 um rund 80%, obwohl die Zahl der in Dienst gestellten Großkampfschiffe um rund 70% zurückging. Ein anderer, legendärer Fall bezieht sich auf das Britische Kolonialministerium: 1935 war diese Behörde mit schlanken 327 Mitarbeiter beschäftigt, obwohl das Kolonialreich zu diesem Zeitpunkt seine größte Ausdehnung erfuhr. 1957 waren es 1991 Beschäftigte – zu einem Zeitpunkt, als die meisten Kolonien bereits in die Unabhängigkeit entlassen waren. Parkinson hat empirisch erhoben, dass jede Organisation aus sich selbst heraus um rund 6% jährlich personell wächst – unabhängig von Aufgaben und Zweck. Dies wird insbesondere auch gesteigert durch die Zunahme von Ausschüssen, Arbeitskreisen, Projekten..., etwas, das Parkinson »**Komitologie**« nennt. Das Parkinson-Gesetz gilt immer dann, wenn nicht gegengesteuert wird. Es beschreibt drastisch Effekte, die jeder Erfahrungskurve entgegenlaufen. Beiliegend sind originale Textpassagen aus dem Werk von Parkinson wiedergegeben[14].

Historisches Beispiel zur Aufhebung der Erfahrungskurve: Parkinsons Gesetz

»Arbeit lässt sich wie Gummi dehnen, um die Zeit auszufüllen, die für sie zur Verfügung steht. (...) Kurz und gut, eine Arbeit, die einen geschäftigen Mann nicht länger als insgesamt drei Minuten beansprucht, kann bei andersgearteten Personen das Gefühl völliger Erschöpfung nach einem Tagewerk voller Zweifel, Angst und Mühen hinterlassen. Geht man davon aus, dass sich Arbeit (besonders Schreibarbeit) durchaus elastisch gegenüber der Zeit verhält, dann wird sichtbar, dass geringe oder gar keine Beziehung zwischen einem bestimmten Arbeitspensum und der Zahl der Angestellten, die das Pensum erledigen sollen, besteht. Mangel an echter Tätigkeit muss nicht notwendig Müssiggang genannt werden; Mangel an Beschäftigung offenbart sich nicht immer in auffälligem Nichtstun. Vielmehr schwillt eine Arbeit an und gewinnt sowohl an Bedeutung als an Schwierigkeiten, je mehr Zeit man auf sie verwenden darf. Obwohl dies heute allgemein bekannt ist, hat man noch nicht die notwendigen Folgerungen daraus gezogen. (...)

> Das ständige Wachsen der Beamten und Angestelltenzahlen vollzieht sich nach Parkinsons Gesetz – und es vollzieht sich, gleich ob die Arbeit zunimmt, abnimmt oder ganz verschwindet. Die Bedeutung von Parkinsons Gesetz liegt in der Tatsache, dass es ein Gesetz des Wachstums ist und dass es sich auf eine sorgfältige Analyse all jener Kräfte stützt, welche das Wachstum bestimmen. (…)
> Es handelt sich (…) um zwei ursächliche Triebkräfte, Motive oder Tendenzen. Man kann sie in zwei kurze Lehrsätze zusammenfassen, welche fast wie Axiome wirken: (1) ›Jeder Beamte oder Angestellte wünscht die Zahl seiner Untergebenen, nicht aber die Zahl seiner Rivalen, zu vergrößern‹, und (2) ›Beamte oder Angestellte schaffen sich gegenseitig Arbeit‹.
> Der Lebenslauf eines Ausschusses (Anm.: auch Arbeitsgruppe, Projekt) ist so wesentlich für unsere Kenntnis von Tagesfragen, dass es geradezu überrascht, wie wenig Aufmerksamkeit man bisher der Wissenschaft zollte, die sich Komitologie oder Ausschusslehre nennt. Der erste und oberste Lehrsatz dieser Wissenschaft lautet, dass ein Ausschuss organischer, nicht mechanischer Natur ist: keine Konstruktion, eher eine Pflanze. Der echte Ausschuss (Anm.: auch Arbeitsgruppe, Projekt) gräbt seine Wurzeln tief in die Erde und wächst. Er grünt, blüht, welkt und stirbt dahin, während er seinen Samen in die Gegend streut, aus dem neue kleine Ausschüsse sprießen und aufblühen.
> Während unserer ganzen Untersuchung über die sogenannte reine oder absolute Personalvermehrung deuteten die Ergebnisse auf eine jährliche Zuwachsrate von rund 5.75 Prozent hin (…) ohne Rücksicht auf die Variationen der Arbeitsmenge (…), die erledigt werden muss.«

Nicht zufällig wird die Erfahrungskurve auch **Lernkurve** genannt. Aus einem Produktivitätssteigerungspotenzial aus Mengeneffekten lassen sich mehrere Schlussfolgerungen ableiten: Erstens steht nicht die absolute jährliche Mengenleistung im Fokus, sondern die Kumulation, d.h. die Summe des Ausstoßes über die Zeit. Ein hoher Marktanteil ist daher ein guter Indikator für vorhandene Erfahrungspotenziale. **Erfahrungseffekte** sind somit am Beginn eines Zyklus groß und flachen sich dann aufgrund der Kumulationswirkung ab. Zweitens ist eine gewisse Kontinuität der Leistung erforderlich, um Erfahrungseffekte zu heben. Ob es sich dabei um Frachtschiffe, Therapien, Software-Module, Touristenführungen, Antriebsstränge, Gottesdienste, Kreditverträge oder Seminare handelt, ist unerheblich. Wichtig ist die Möglichkeit, Erfahrung zu sammeln und aus dem Gelernten entsprechende Schlüsse für die Produktivität zu ziehen. Drittens geht es um die inflationsbereinigten Kosten der eigenen Wertschöpfung und nicht um diejenigen der Lieferanten. Viertens handelt es sich immer um Potenziale, nie um Automatismen. Das Management muss diese Potenziale erst heben, nachdem sich diese nie von alleine einstellen. Gerade hier wird der Unterschied zwischen kompetenter und inkompetenter Führung am deutlichsten.

Es geht bei der Ermittlung der Erfahrungskurve nicht um ein Kalkulationsinstrument, das präzise Werte liefern soll, sondern um eine grobe Standortbestimmung und um das Aufzeigen von **Produktivitätspotenzialen** in Bandbreiten. Es ist weniger eine kostenrechnerische Leistung, als vielmehr eine selbstkritische Betrachtung und ein Bekenntnis zur Produktivitätssteigerung. Im dargestellten Werkzeug und Beispiel wird eine einfache Methode vorgestellt, eine Berechnung und die Nutzung der Erfahrungskurve vorzunehmen. Der erste Schritt besteht in der Auswahl der Leistung (Produkt, Dienstleistung). Damit das Verfahren funktioniert, muss diese Leistung über den Zeitablauf im Großen und Ganzen konstant bleiben. Kleinere Veränderungen, etwa im Design oder der Funktionalität, können akzeptiert werden, deutliche Veränderungen in der Leistung führen zu einer neuen Erfahrungskurve. Schritt zwei sind die Bestimmung der Jahre, die Erfassung der Jahres- und der kumulierten Menge und der Ausweis der Verdoppelungszeit. Als drittes werden die Stückkosten der eigenen **Wertschöpfung** im Ist und anschließend mit den Potenzialen bei zwanzig und dreißig Prozent dargestellt. Die eigentliche Führungsarbeit ist im vierten Schritt gefordert. Gefragt sind die Identifikation der wichtigsten Kostentreiber pro Wertschöpfungs-Stufe, die Ermittlung des Potenzials in Wertschöpfungskosten pro Stück und Ansatzpunkte zur Hebung derselben. Diese werden anschließend in die Produktivitätsstrategie aufgenommen.

Naturgemäß gibt es Grenzen der Methodik bzw. Grenzen der Erfahrungskurve generell. Diese liegen vor allem dort, wo Kontinuität in der Leistung selbst oder in der Leistungserstellung fehlt. Die Erfahrungskurve setzt eine gewisse Vergleichbarkeit über die Zeit voraus. Jede echte Leistungs- oder Verfahrensinnovation beendet eine alte und lässt eine neue Erfahrungskurve beginnen. Allerdings existieren auch in diesen Fällen nach wie vor gewisse Effekte. So verändern sich Softwarelösungen rasend schnell und scheinen nicht geeignet für eine Prüfung durch die Erfahrungskurve. Die grundlegenden Prozesse der Spezifikation, der Modularisierung und der Applikation sind aber oftmals dieselben. Mit Hilfe der Erfahrungskurve können auch hier Produktivitätspotenziale geortet und gehoben werden. Der Schlüssel für **Erfahrungseffekte** sind Prozesse bzw. Geschäftsmodelle. Erfahrung und Lernen sind nichts anderes als die Anwendung von Erkenntnissen aus der Vergangenheit in die Leistungserstellung der Gegenwart und Zukunft. Dies kann sich auf die Nutzbar-Machung von Wissen beziehen, auf die optimierte Anordnung von Fertigungsstraßen, auf die Vertriebsabläufe bei Versicherungsprodukten oder auf die Versorgung von Patienten in Tageskliniken. Immer stehen die Abläufe und die darin verdichteten Geschäfte auf dem Prüfstand. Jeder Prozess verursacht Kapital-, Personal- oder Sachkosten. Diese Kosten sind Werteinsatz zur Leistungserstellung und fließen über die Wertschöpfungskosten in die Kalkulation ein. Die Erfahrungskurve ist vor diesem Hintergrund der permanente Zwang, bestehende Leistungen zu optimieren, die Prozesse zu hinterfragen und alle Potenziale der Produktivität zu heben[15]. Daher gilt die Erfahrungskurve prinzipiell für alle Branchen bzw. alle Unternehmensgrößen und nicht – wie oft behauptet – nur für die Industrie[16]. Die Weigerung, sich mit Erfahrungs- bzw. Lerneffekten auseinanderzusetzen ist ein klar negativer Befund über die Qualität der Führung.

Werkzeug

Erfahrungskurve

1. Ermittlung der Erfahrungskurve

Jahr	jährliche Menge	kumulierte Menge	kumulierte Verdoppelung	Wertschöpf. Kosten IST	Erfahrungseffekt (bzgl. Jahr 1)	
					20%	30%

2. Umsetzung der Erfahrungskurve zur Produktivitätssteigerung

Wertschöpfungs-Stufe/Prozess	Kostentreiber	Potenzial WS-Kosten pro Stück	Ansatzpunkte zur Hebung von Produktivitätseffekten

Beispiel Küchenhersteller

Erfahrungskurve

Ein Küchenhersteller führt ein umfassendes Produktivitätsprogramm durch. Dabei wird die Erfahrungskurve eingesetzt. Die Erhebung erfolgt nach einem einfachen Verfahren und bezieht sich auf die Wertschöpfungskosten pro Einheit. Die Ansatzpunkte zur Hebung von Produktivitätseffekten fließen in die Produktivitätsstrategie ein.

1. Ermittlung der Erfahrungskurve

Jahr	jährliche Menge	kumulierte Menge	kumulierte Verdoppelung	Wertschöpf. Kosten IST	Erfahrungseffekt (bzgl. Jahr 1)	
					20%	30%
1	6 500	6 500		120		
2	7 000	13 500	X	102	96	84
3	6 800	20 300		95		
4	6 700	27 000	X	86	77	57
5	7 200	34 200		80		
6	7 900	42 100		75		
7	7 100	49 200		73		
8	7 500	56 700	X	69	62	40
…	…					

2. Umsetzung der Erfahrungskurve zur Produktivitätssteigerung

Wertschöpfungs-Stufe/Prozess	Kostentreiber	Potenzial WS-Kosten pro Stück	Ansatzpunkte zur Hebung von Produktivitätseffekten
Produktion	fehlende Modularität	3 bis 5	Modulbau für alle Sortimente Durchsetzung der Modularität bei allen Lieferanten Modularisierung für Ecken/Kantentypen
Vertrieb	Sortiments-Vielfalt	5 bis 7	systematische Müllabfuhr und Sortimentsbegrenzung (z. B. über Rabatt-Anreize) definierte Varianten der Stärke, Kanten, Farben…
Logistik	…		

Anmerkungen

1 Der grundsätzliche Geschäftszweck findet sich in: *Drucker, P.*, Sinnvoll wirtschaften. Notwendigkeit und Kunst, die Zukunft zu meistern, Düsseldorf 1997, S. 148ff. und 301ff.
2 Siehe *Malik, F.*, Unternehmenspolitik, Frankfurt 2008, S. 45ff.
3 Vgl. *Gälweiler, A.*, Strategische Unternehmensführung, Frankfurt 2005 und *Malik, F.*, malik on management m.o.m.®-letter, Nr. 1995/01, Das Cockpit des Managers, S. 4ff.
4 *Malik, F.*, Strategie, Frankfurt 2011, S. 97ff.
5 Siehe die strategische Produktivitätsposition in: *Hammer, M.*, Der Weg zum supereffizienten Unternehmen, in: Harvard Business Manager, 2002/2, S. 40ff.
6 Vgl. *Mussnig, W.*, Dynamisches Zielkostenmanagement, in: Controlling, 2001/3, S. 139ff. und *Coenenberg, A.*, Kostenrechnung und Kostenanalyse, Stuttgart 2007.
7 Zur Eigenfinanzierung und finanziellen Unabhängigkeit siehe: *Siegwart, H.*, Kennzahlen für die Unternehmensführung, Bern 1998, S. 124ff.
8 Vgl. *Rieder, L./Siegwart, H.*, Neues Brevier des Rechnungswesens, Bern 2001, S. 84f.
9 Vgl. *Malik, F.*, malik on management m.o.m.®-letter, Nr. 1998/01, Strategische Irreführung durch operative Daten, S. 6ff.
10 Vgl. *Höcherl, I.*, Das S-Kurven-Konzept im Technologiemanagement, Frankfurt 2000 und den »Klassiker« *Schumpeter, J.*, Business Cycles - A Theoretical, Historical and Statistical Analysis of the Capitalist Process, New York 1939.
11 *Thommen, J.*, Allgemeine Betriebswirtschaftslehre, Zürich 1991, S. 169 und *Arnaout, A.*, Anwendungsstand des Target Costing in deutschen Großunternehmen, in: Controlling 2001/6, S. 289ff.
12 Vgl. *Hamel, G./Prahalad, C.*, The core competence and the corporation, in: Harvard Business Review Vol. 68, Nr. 3., S. 79ff.; vgl. *Hinterhuber, H. et al.*, Kundenzufriedenheit durch Kernkompetenzen, München 1997, S. 147ff.; vgl. *Osterloh, M./Frost, J.*, Prozessmanagement als Kernkompetenz, Wiesbaden 2000.
13 Eine ausführliche Darstellung der Erfahrungskurve findet sich in: *Hax, A./Majluf, N.*, Strategisches Management, Frankfurt/New York 1991, Kap. 6 und *Bokranz, R./Landau, K.*, Produktivitätsmanagement von Arbeitssystemen, Stuttgart 2006, S. 258ff.
14 *Parkinson, C.*, Parkinsons Gesetz, Düsseldorf 1957, S. 13ff, S. 46.
15 Vgl. *Müller-Stewens, G./Lechner, C.*, Strategisches Management, Stuttgart 2003, S. 263ff. und *Conley, P.*, Experience Curves as a Planning Tool, in: IEEESpectrum 1970/6.
16 Zur Produktivitätsorientierung als Prinzip siehe *Drucker, P.*, Managing for business effectiveness, in: Harvard Business Review, 1963/3, S. 53ff.

2.2 Ein Produktivitätsleitbild und Produktivitätsszenarien entwickeln

Strategisches Produktivitäts- und Ergebnismanagement sind keine ausschließlich rational-analytische Festlegung, sondern beruht auf einem normativen Unterbau. Bevor eine Positionsbestimmung, eine Produktivitätsstrategie und die Umsetzung erfolgen können, muss Klarheit hinsichtlich normativer Vorgaben bestehen. Die **Strategie** legt grundsätzlich fest, was auf Produktivitätsseite zu leisten ist, damit eine Organisation lebensfähig ist und bleibt. Es geht um die Definition der Effektivität, des Richtigen. Dies bezieht sich einerseits auf die Schlüsselgrößen für die Lebensfähigkeit von Geschäften, andererseits auf deren normativen Unterbau. Dies ist in Form von einem Produktivitätsleitbild festzuhalten, daraus dann das Gewinn-Erfordernis zu klären und schließlich die Produktivitätsszenarien zu entwickeln.

2.2.1 Das Produktivitätsleitbild erarbeiten

Produktivitäts- und Ergebnismanagement leiten sich aus der Lebensfähigkeit von Geschäften ab. Eine sinnvolle Positionierung ist hier erst dann möglich, wenn gewisse **normative Eckpunkte** geklärt sind. Diese stehen häufig mit dem eigentlichen Geschäftszweck in Zusammenhang und müssen mit der Strategie der jeweiligen Organisation zusammenpassen. Eine existenzielle Rechtfertigung[1] liegt immer vor der Zahlenwelt und verweist auf einen konkreten Nutzen für Kunden. Es geht immer um Kernaussagen zum Kunden, zum relevanten Markt, zu den wichtigsten Leistungen, zu Schlüsselfähigkeiten usw. Am Beginn steht der Beitrag der Produktivität für all das, wofür der Kunde bereit ist, eine Rechnung zu bezahlen. **Unternehmenspolitische Grundaussagen** sind in diesem Fall erforderlich.

Jedes Produktivitäts- und Ergebnisprogramm braucht einen Rahmen für Analyse, Gestaltung, Positionierung und Umsetzung. Ein solcher Rahmen ist kein Kreativitätshemmnis, sondern schafft erst die Voraussetzung dafür, dass zielgerichtet Ideen diskutiert, konkrete Vorschläge entwickelt und Entscheidungen getroffen werden können. Damit im Management von **Wirksamkeit** gesprochen werden kann, braucht es Leitplanken bzw. eine klare Vorgabe. Das Wissen um diesen Rahmen ist kein Denkverbot. Vorschläge, die darüber hinausgehen, müssen einfach sehr gut argumentiert sein. Hat eine Organisation beispielsweise entschieden, gewisse Prozesse und Funktionen im Haus zu behalten, so kann diese **Leitplanke** in einer gut argumentierten Analyse und Strategie verändert werden. Ein anderer Fall wäre das Qualitäts- bzw. Preisniveau bei Schlüsselprodukten, das durchaus auch zur Disposition stehen kann.

Das **Produktivitätsleitbild**[2] liefert den normativen Dreh- und Angelpunkt. Es wird aufgezeigt, was normativ vorstellbar ist, aber auch, was ausgeschlossen werden kann. Erfahrungsgemäß ist die negative Abgrenzung viel schwieriger, führt aber zu deutlich mehr Transparenz. Alle Aussagen müssen klar und verständlich geschrieben sein. Zu vermeiden sind Allgemeinplätze (»zukunftsfähig«), Anglizismen (»process oriented value drivers«) oder Fremdwörter (»synergetische Partizipation«). **Verständlichkeit** ist eine wesentliche Voraussetzung für Umsetzung. Dazu gehört auch, dass alle Aussagen präzise, umsetzbar und überprüfbar formuliert sein müssen. Die Gliederung der einzelnen Aussagen ist in der Praxis sehr unterschiedlich. Möglich sind etwa Kernaussagen entlang einer Wertschöpfungskette, anhand der Schlüsselgrößen oder einer Organisationsstruktur. Egal, wie die Gliederung aussieht, müssen drei Fragen beantwortet werden: Ausgangslage (»Wo stehen wir heute?«), Zielvorstellungen bzw. Themenspeicher (»Was wollen wir künftig?«) und eine negative Abgrenzung (»Was wollen wir künftig nicht?«).

Nachdem sehr grundsätzliche Fragen angesprochen werden, müssen im **Erarbeitungsprozess des Produktivitätsleitbildes** alle Verantwortlichen einbezogen sein. Entsprechend verbindlich ist auch die Dokumentation. In sehr vielen Fällen hat es sich bewährt, zu Beginn mit allen Entscheidungsträgern Einzelinterviews zu führen und diese dann anonymisiert zusammenzufassen. **Entscheidungsträger** können Eigentümer (-vertreter), Top-Manager, ausgewählte Führungskräfte, Belegschaftsvertreter oder Kooperationspartner sein. Der Mix muss spezifisch für jede Organisation festgelegt werden. Anschließend werden die Aussagen in einem gemeinsamen Workshop diskutiert und festgehalten. Dies führt zu einem gegenseitigen Abgleich der Meinungen und auch zu einer gemeinsamen Sicht der relevanten Produktivitätsfragen. Das Resultat sollte nicht mehr als zwei bis fünf Seiten umfassen. In einem solchen Prozess entstehen fast automatisch auch schon erste Szenarien bzw. Ideen für Maßnahmen. Bewährt hat sich die Spielregel, dass die Vorschläge festgehalten, aber noch nicht diskutiert oder gar bewertet werden. Dafür stehen die nachfolgenden Phasen zur Verfügung.

Die Erarbeitung des Produktivitätsleitbildes erfordert nicht nur inhaltliche Kompetenz, sondern auch **methodische Fähigkeiten**. Vielen Führungskräften ist dies nicht bewusst oder sie glauben, dass der Prozess von alleine funktioniert, wenn die Inhalte gut sind. Wenn das Produktivitätsleitbild vorliegt, können Szenarien und nachfolgend auch eine Produktivitätsstrategie erarbeitet werden. Allen Beteiligten ist transparent aufgezeigt, wie die Entscheidungsträger denken und wo die leitenden Vorstellungen liegen. Auch dient dies als Schutz für die Umsetzer, weil niemand im Nachhinein ein Produktivitäts- bzw. Ergebnisprogramm unterlaufen kann: Alle Entscheidungsträger waren bei Diskussion und Festlegung des Leitbildes dabei und mussten sich klar und deutlich äußern. Selbstverständlich können im weiteren Prozess oder auch in der Umsetzung gewisse Festlegungen hinterfragt und verändert werden. Dies geschieht wiederum mit denjenigen, welche das Leitbild erarbeitet haben, damit keine Missverständnisse oder Irritationen entstehen. Das Produktivitätsleitbild kann als Einleitung oder auch als Anhang in die **Produktivitätsstrategie**[3] aufgenommen werden. Dadurch herrscht Klarheit über die normative Ausgangslage und es kann unmittelbar geprüft werden, ob die wesentlichen Punkte des Leitbildes auch in der Strategie adressiert sind.

Mit dem Produktivitätsleitbild wird auch ein gutes Stück **Unternehmenskultur** dargestellt. Die maßgeblichen Personen zeigen anhand des Produktivitätsthemas auf, wie sie denken, welche Vorstellungen sie diesbezüglich entwickeln, was sie wollen und was sie ablehnen. Daran spiegelt sich auch das **Führungsverständnis**. Wenn ein umfassendes Leitbild für das Unternehmen bzw. Geschäftsfelder vorliegt, so kann dies einerseits als Quelle für das Produktivitätsleitbild dienen. Andererseits kann dieses in das Gesamtleitbild integriert werden. Somit wird ein größerer Bogen gespannt und klar dokumentiert, dass die Produktivität in einem gesamthaften Rahmen zu betrachten ist. Isoliertes Produktivitätsverständnis führt zu nicht vernetzten Maßnahmen, zu Insellösungen und letztlich zu Systemwidersprüchen.

Werkzeug

Produktivitätsleitbild		
Thema:		
1. Wo stehen wir heute?	**2. Was wollen wir künftig? (Themenspeicher)**	**3. Was wollen wir künftig nicht?**

Beispiel Klinikum

Produktivitätsleitbild

Ein Universitätsklinikum erarbeitet vor dem Start einer Produktivitätsstrategie ein entsprechendes Produktivitätsleitbild. Die einzelnen Themenfelder werden nach den wichtigsten Funktionen gegliedert. Im Beispiel geht es um die Funktion »03. Hausverwaltung und Hauskantine«.

Thema:	**Funktion 03. Hausverwaltung und Hauskantine**	
1. Wo stehen wir heute?	**2. Was wollen wir künftig? (Themenspeicher)**	**3. Was wollen wir künftig nicht?**
1. umständliche Zeiterfassungs- und Warenwirtschaftssysteme 2. zu viel »händische« Arbeit in den Systemen 3. relativ schlanke Warenwirtschaft 4. keine Angebote der Hauskantine für Pausen/dezentrale Verpflegung 5. keine einheitlichen Arbeitsverträge, zu viel administrative Personal-Arbeit 6. kein Überblick/keine verlässlichen Zahlen/Produktivitätswerte in der technischen Hausverwaltung (Bsp. Wegeführung) 7. fehlendes Best-Practice in Standard-Prozessen (Bsp. Transport-Zeiten…) 8. fehlende gemeinsame Kultur in der Hausverwaltung/Hauskantine	1. Einführung von automatisierten Programmen/Datenbank-Lösungen für Zeiterfassung und Warenwirtschaft 2. Prüfung und ggf. Angebote für dezentrale Verpflegung der mobilen Einheiten (Senkung unproduktiver Zeiten) 3. Herstellung einheitlicher Arbeitsverträge 4. Einführung von Basis-Produktivitätskennzahlen in der techn. Hausverwaltung 5. Produktivitätsprüfung und Verbesserung in den Standard-Prozessen (Bsp. Transport-Dienstleistungen, Lagerhaltung…) 6. gemeinsame Kultur-Entwicklung mit entsprechend »sportiven« Elementen (Produktivitätszirkel…)	1. weiterhin: Image und teilweise selbstverschuldetes Bild von »Beamten-Mentalität« 2. nicht abgestimmte statistische Auswertungen über die Hausverwaltungsprozesse 3. Ausweitung des bestehenden stationären Kantinen-Angebotes 4. Übernahme weiterer administrativer Tätigkeiten der Abteilungen (ohne vorherigen Beschluss bzw. ohne Refundierung)

2.2.2 Mit dem Gewinnbedarfsbudget das Gewinnminimum bestimmen

Sinn und Zweck einer Organisation ist nicht das Erreichen von Zahlen oder Geld, sondern das Stiften eines Nutzens für Kunden. Eine vernünftige Zahlenbasis, die sich in Liquidität und **Profitabilität** ausdrückt, sind notwendige Bedingungen, damit dieser Zweck am Kunden[4] erreicht werden kann. Dieses Prinzip gilt unabhängig davon, ob die Organisation im freien Wettbewerb steht oder eine sogenannte Non-Profit-Organisation ist, wie etwa Vereine, Nicht-Regierungsorganisationen oder Verwaltungsbehörden. Die gängige Unterscheidung in For- und Non-Profit ist aus diesem Grund falsch bzw. irreführend, weil sie insbesondere in NPOs zu unwirtschaftlichem Handeln verleiten kann. Jede Organisation dieser Welt hat zu haushalten, muss Rechnungen bezahlen und für eine solide Finanzierung sorgen. Davon völlig unberührt ist die Frage der **Gewinnverwendung**. Ob ein Überschuss reinvestiert oder ausgeschüttet wird, hängt vom Einzelfall ab. Der betriebswirtschaftliche Fokus liegt immer in der Frage, wie etwas erwirtschaftet wird, wie die Bedingungen hierfür sein müssen und was dies für die Führung heißt. Volkswirtschaftlich ist die Gewinnverwendung interessant, etwa ob dies zu einer Erhöhung der Spar-, Konsum- oder Investitionsquote führt.

In Literatur und Praxis wird das **Gewinnmaximum** gerne als der eigentliche Sinn der Marktwirtschaft und jeder Organisation dargestellt. Diese Orientierungsgröße ist hochproblematisch, weil sie erstens völlig unpräzise ist. Kein Mensch dieser Welt kann ein Maximum definieren. Zweitens führt sie zu einer Fehlsteuerung, insbesondere dann, wenn der Zeithorizont kurzfristig angesetzt wird. Nichts ist einfacher, als über einen gewissen Zeitraum die Kosten nach unten zu drücken, nichts in neue Leistungen zu investieren, keine Personalentwicklung durchzuführen usw. Die Zahlenwelt – GuV, Bilanz – wird kurzfristig besser, die langfristige Entwicklung, der **Gesundheitszustand der Organisation**, wird langfristig schlechter. Echtes unternehmerisches Handeln bedeutet vor diesem Hintergrund, Märkte, Menschen und Zahlen auszubalancieren[5].

Damit eine realistische Orientierung möglich wird, muss die Logik des Gewinnmaximums umgekehrt werden. Es geht um die Frage, welches **Gewinnminimum** notwendig ist, damit eine Organisation langfristig lebensfähig bleibt und somit in Neues bzw. in Menschen investieren kann. Der Gewinn hat eine Funktion, nämlich **Lebensfähigkeit** sicherzustellen[6]. Dazu gehören vor allem die Marktstellung, die Innovationsfähigkeit, die Produktivitäten und die Attraktivität für gute Leute. Das Prinzip bedeutet natürlich nicht, möglichst wenig Gewinn zu machen, sondern den Gewinn so realistisch anzugeben, dass er seine Funktionen erreichen kann. Dies ist gleichzeitig der Kern der Überlegungen für das Gewinnbedarfsbudget.

Grundsätzlich gibt es für vorhandenes **Geldkapital** zwei Möglichkeiten der Veranlagung. Die erste ist das unternehmerische Investment, die zweite die Veranlagung ohne unternehmerische Absicht auf Finanz- und Kapitalmärkten. Das betriebsnotwendige Vermögen kann marktüblich verzinst werden – unter Einbezug von allfälligen Risikopositionen. Für eine vollständige Betrachtung ist ein **Gewinnbedarfsbudget**[7] erforderlich. Es geht um die Kernfrage nach den finanziellen Anforderungen an das in eine Organisation investierte Vermögen. Diese Anforderungen kommen von verschiedener Seite: Eigen- bzw. Fremdkapitalgeber wollen Dividende bzw. Zinserträge, das Personal hat neben seinen vertraglich zugesicherten Auszahlungen noch Ansprüche aus Belegschaftsboni oder Personalfürsorgestiftungen, der Staat verlangt Gewinnsteuern und sonstige gesellschaftliche Gruppen erhalten Spenden bzw. Zuwendungen (Corporate Social Responsibility). Einige Anforderungen sind vorgegeben, andere können frei vom Management getroffen werden.

Das Gewinnbedarfsbudget ist eine Orientierung für die mehrstufige **Deckungsbeitragsrechnung**[8]. Diese zeigt an, ob der errechnete Wert realistisch ist. Zugleich kann rechnerisch ein ROI ausgewiesen werden, indem der Gewinnbedarf zum betriebsnotwendigen Vermögen in Beziehung gesetzt wird. Dies bedeutet, dass dies die **Verzinsung des eingesetzten Kapitals** darstellen muss. Das Gewinnbedarfsbudget ist kein offiziell auszuweisender Report, sondern dient der Führung zu einer realistischen Darstellung des Gewinnminimums.

Werkzeug

Gewinnbedarfsbudget		
Jahr/Erstellung		
Betriebsnotwendiges Vermögen		
Anforderungen	**Erläuterung**	**Zahlenwert**
Eigenkapitalgeber		
Fremdkapitalgeber		
Rücklagen		
Personal		
CSR (Corporate Social Responsibility)		
Staat		
Gewinnbedarf	Summe der Anforderungen	
Steuerbarer Gewinn		
Reingewinn		
ROI (Return-on-Investment)	Gewinnbedarf zu betriebsnotwendigem Vermögen	

Beispiel Roh- und Grundstoffindustrie

Gewinnbedarfsbudget

Ein Unternehmen aus der Bauzulieferindustrie (Kies, Schotter...) erstellt ein Gewinnbedarfsbudget. Die einzelnen Positionen sind Erfahrungswerte aus der Vergangenheit und haben bislang gut funktioniert.

Jahr/Erstellung		201x/Behrens
Betriebsnotwendiges Vermögen		40 Mio.
Anforderungen	**Erläuterung**	**Zahlenwert**
Eigenkapitalgeber	8% Dividende auf 30 Mio.	2,4 Mio.
Fremdkapitalgeber	durchschnittlich 6% auf 10 Mio.	0,6 Mio.
Rücklagen	Zuführung zu Reserven (Erfahrungswert)	1,9 Mio.
Personal	Personalfürsorgestiftung (Dotierung aus Gewinn)	0,8 Mio.
CSR (Corporate Social Responsibility)	Spenden	0,2 Mio.
Staat	gewinnabhängige Steuern: 20%	1,1 Mio.
Gewinnbedarf	Summe der Anforderungen	7,0 Mio.
Steuerbarer Gewinn		5,5 Mio.
Reingewinn	steuerbarer Gewinn minus 20% Steuern	4,4 Mio.
ROI (Return-on-Investment)	Gewinnbedarf zu betriebsnotwendigem Vermögen	17,5%

2.2.3 Die Produktivitätsszenarien entwerfen

Aus den quantitativen Bestandsaufnahmen und aus dem Produktivitätsleitbild lassen sich Zustände beschreiben, bewerten und erste Ideen skizzieren. Damit eine Produktivitäts-Strategie entstehen kann, müssen vorgängig Szenarien ausgeleuchtet und verschiedene Produktivitäts- und Ergebnisvarianten erarbeitet werden[9]. Aus der Fülle von Kreativitätstechniken haben sich einige **Ideengeneratoren** herauskristallisiert, mit denen zielgerichtet Szenarien und Themenspeicher entwickelt werden können. Jede dieser Methoden ist mit anderen kombinierbar und kann mit grundlegenden Instrumenten wie etwa der Wertkette verknüpft werden. Ob anspruchsvolle Methoden, wie etwa die Szenario-Technik[10], oder simple Vorgehensweisen, wie etwa das Brainstorming, zum Einsatz kommen, hängt von der zu lösenden Herausforderung ab und von der spezifischen Situation in der Organisation. Generell liegt das Ziel darin, die Varietät eines Themas oder einer Problemstellung zu steigern, nachdem eine große Gefahr besteht, sich mit der erstbesten oder einer bislang gewohnten Lösung zufriedenzugeben.[11] Kybernetisch gesprochen braucht es am Beginn immer diese Steigerung von **Varietät**, weil nur so eine umfassende Basis für die Diskussion und das Entscheiden vorliegt. Wenn dieser Kognitionstrichter schon von Anfang an verengt wird, kann keine solide Lösung erarbeitet werden. Gerade bei Produktivitätsthemen ist die Gefahr sehr groß, sich zu rasch auf die erstbeste Idee zu konzentrieren bzw. nur auf das, was unmittelbar quantifiziert werden kann. Dies mag schnell zu Maßnahmen führen, verstellt aber den Blick, grundsätzliche Fragen, etwa nach einer Prozessverbesserung, aufzuwerfen. Gerade dort liegen aber die Hebel für eine noch größere Produktivitätssteigerung.

Die **Auswahl von Methoden** hat mit Erfahrung und Führungsverantwortung zu tun. Aus den einzelnen Verfahren kann jeweils eine eigene Wissenschaft und hochgradiges Spezialistentum gemacht werden. In der Praxis ist das gefährlich, weil dann die Methode im Vordergrund steht und nicht das Resultat. Bei der Auswahl und bei der Beurteilung der Leistungsfähigkeit von Methoden sind folgende Fragen zu stellen.

- Erstens: Hilft die Methode bei der systematischen Diskussion, bei der Sammlung, Auswertung und Dokumentation?
- Zweitens: Können nicht nur viele, sondern auch gute Alternativen dargestellt werden?
- Drittens: Nützt die Methode bei der Entscheidung und beim Commitment für die Umsetzung?

Anhand von diesen Kriterien wird auch klar, dass für viele Fragestellungen keine komplizierten Verfahren oder »schwere Geschütze« aufgefahren werden müssen. Viel wichtiger sind eine strukturierte Diskussionsführung und Führungskräfte, die klare Entscheidungen treffen und zu diesen dann stehen[12]. Eine Stunde mehr an Diskussion über **Methoden** rechnet sich am Ende eines Erarbeitungsprozesses mehrfach.

Darstellung

Ideengeneratoren für Produktivitätsszenarien

Methode	Charakteristik und Anwendung
1. Produktivitätsmethoden	• Einsatz von z. B. Produktivitätsleitbild, Erfahrungskurve, Wertkette, systematische Müllabfuhr… • Aufbereitung gemäß der jeweiligen Anleitung
2. Interviews	• Einzel- oder Gruppeninterviews zu einer vorstrukturierten (oder teilweise freien) Fragestellung • Zusammenfassung der Ergebnisse als Vorstrukturierung einer weiteren Methode zur Ideengenerierung
3. Sammeln bestehender Unterlagen bzw. Erkenntnisse	• Sammlung von Input aus den unterschiedlichsten Quellen: Besuche, Gespräche, Sitzungen, Tagungen, externe Experten, Verbände, Messen, Internet/Literatur, Marktforschung… • Erstellung eines Themenspeichers als Basis für eine weiterführende Methode
4. Brainstorming	• Sammlung von Input zu einem abgegrenzten Thema in Gruppen- oder Einzelarbeit • keine Beurteilung der Beiträge während des Sammelns, Clusterung am Ende des Verfahrens
5. Brainwriting/Methode 635	• Entwicklung von drei Ideen von sechs Teilnehmern mit anschließendem fünffachen Durchlauf untereinander • Zusammenfassung der Ergebnisse in Form einfacher Listen, konsolidierter Cluster oder eines Wirkungsgefüges
6. Delphi-Technik	• mehrstufige Befragung von Experten (oder bewusst Nicht-Experten) mit gegenseitigem Austausch der Resultate und einer entsprechenden Verfeinerung • Darstellung von verschiedenen Alternativen zur Ausgangsfrage
7. Morphologischer Kasten	• Konkretisierung eines Themas anhand von zwei Dimensionen in einer Matrix (z. B. Lösungsvarianten und Produkte/Dienstleistungen) • Kombination der beiden Dimensionen in Form von bereits bestehenden, vor allem aber neuen Lösungen
8. Simulation	• Ausarbeitung von Hypothesen (Situationen, Störungen, Treibern) anhand von klar abgegrenzten Kriterien und Ausprägungen auf Basis einer klaren Fragestellung • Darstellung von mindestens zwei Alternativen (inkl. ergänzender Plausibilisierung bzw. Konkretisierung)

Die Herausforderung bei der Entwicklung von Produktivitätsszenarien besteht einerseits darin, in entsprechend kurzer Zeit Themen zu finden. Dies ist die kreative Seite des Prozesses und der einfachere Teil, weil es nur um **Kreativität** geht. Andererseits müssen Vorschläge immer auch konkretisiert werden, um den Bezug zur **Umsetzung** herzustellen.[13] Echte Profis und verantwortliche Führungskräfte sind genau an dieser Stelle zu erkennen, wo sie aus einer Eingebung etwas Beurteilbares und letztlich Entscheidbares machen. Eine wichtige Voraussetzung für die Umsetzung wird bereits in diesem frühen Stadium gelegt. Dies hat den Vorteil, dass ein gewisser Zwang für realisierbare Szenarien besteht und später in der Umsetzung auf einer Vorarbeit aufgesetzt werden kann.

Das Produktivitätsszenario fasst auf ein bis drei Seiten Ausgangslage, Ziele, Maßnahmen und Mittel zusammen. In der Praxis werden Szenarien oft zur Beschreibung und für einen Ausblick des Marktumfeldes verwendet, ohne den Bezug zur Umsetzung herzustellen. Im Produktivitätsszenario geht es immer auch um die Konkretisierung. Die **Struktur eines Produktivitätsszenarios**[14] orientiert sich an dieser Logik. Am Beginn steht die jeweilige Ausgangslage bzw. die Einschätzung der künftigen Entwicklung. Hier geht es um eine Bewertung der aktuellen Situation und um eine Einschätzung der weiteren Entwicklung, falls nicht gegengesteuert wird. Als Zweites werden die Ziele skizziert. Diese sind in Resultatform darzustellen, sodass die gewünschte Wirkung klar ersichtlich ist. Zwingend zu vermeiden sind Allgemeinplätze, Anglizismen oder das Abtauchen in die Detailebene. Die Ziele sind drittens in ein Zahlencockpit zu gießen. Die Struktur der Zahlen sollte sich an bestehenden und bewährten Reports ausrichten, in jedem Fall aber die wichtigsten Aussagen zu Kostenarten, Deckungsbeiträgen usw. beinhalten. Viertens sind die wichtigsten Maßnahmen und fünftens die wichtigsten Mittel zur Umsetzung anzugeben. Das Resultat sind fünf bis zehn Schlüsselmaßnahmen und die daraus folgenden Erfordernisse für die Ressourcen. Damit entsteht der Zwang, die Sache nicht nur global darzustellen, sondern auch bis in die Realisierung hinein zu übersetzen. An dieser Stelle geht es auch noch nicht um das sofortige Loslegen, sondern um eine Basis für die Bewertung des Szenarios. Nur so können Entscheidungen getroffen werden. Im sechsten und siebten Schritt geht es um die Einschätzung der strategischen Bedeutung und des Risikos. Dadurch wird klar, dass jedes Produktivitätsszenario eine strategische Verankerung benötigt. Das Risiko bezieht sich v.a. auf Markt- und Umsetzungsrisiken. Die Ausarbeitungen und die Einschätzungen liefern die Grundlagen für die **Management-Entscheidung**. Dies ist der letzte und zusammenfassende Schritt. Damit ist das Verfahren transparent, vergleichbar und gerecht. Im Falle des Zurückstellens kann die Unterlage als Wiedervorlage dienen.

Werkzeug

Produktivitätsszenario	
Szenario	
Datum/Erstellung	
1. Ausgangslage und Einschätzung der künftigen Entwicklung	
2. Ziele	
3. Zahlencockpit	
4. Maßnahmen zur Umsetzung	
5. Mittel zur Umsetzung	
6. Einschätzung: strategische Bedeutung	Gesamtaussage:
7. Einschätzung: Risiko	Gesamtaussage:
8. Management-Entscheidung	

Beispiel Versicherung (1)

Produktivitätsszenario

Im Rahmen einer Kostensenkungsinitiative erarbeitet eine Versicherung verschiedene Produktivitätsszenarien. Ziel ist es, für den Vorstand eine Entscheidungsunterlage zu liefern und eine Grundlage für die nachfolgende Umsetzung zu haben. Im Beispiel wird das Szenario »04. Prozess-Optimierung« dargestellt.

Szenario (1)	**04. Prozess-Optimierung**
Datum/Erstellung	28.01.201x/Gollner
1. Ausgangslage und Einschätzung der künftigen Entwicklung	• »anspruchsvolle« Prozesslandschaft: Dokumentations-Erfordernisse, IT-mäßige Unterlegung, Schulungsaufwand • geringe Transferwirkung in die Praxis: wenig Anwendung, keine Nutzung Produktivitätspotenziale, keine aktive Auseinandersetzung mit Prozessen • überflüssige jährliche Kosten in administrativen Prozessen: ca. 2 Mio. Euro (Training, IT-Kosten, Redundanzen…) • zu erwartende jährliche Aufwandssteigerung bei Geschäftsprozessen generell: 10% p.a. (ca. 8 Mio. Euro)
2. Ziele	• Einfrieren der jährlichen Aufwandssteigerung in den wichtigsten administrativen Prozessen: Personal, IT, QM, Facility Management • Neugestaltung und Kostensenkung bei folgenden Geschäftsprozessen: Akquisition, Auftragsanlage, Schadensmeldung, Schadensabwicklung und Kundenpflege • »Ausmisten« der Prozesslandschaft im Sinn der echten Anwendung und Nutzung der Produktivitätshebel
3. Zahlencockpit	• Kostendeckelung bei administrativen Prozessen: 14 Mio. Euro • Vermeidung jährliche Steigerung bei administrativen Prozessen: 2 Mio. Euro • Kostenwirkung durch Neugestaltung ausgewählter, erfolgskritischer Geschäftsprozesse: 3,5 Mio. Euro (Basis Ausgangsjahr) plus »Abwehr« jährlicher Kostensteigerung von ca. 4 bis 5 Mio. Euro • zur Vertiefung des Zahlenwerks: siehe Detailausarbeitungen

Beispiel Versicherung (2)

Produktivitätsszenario	
Szenario (2)	**04. Prozess-Optimierung**
Datum/Erstellung	28.01.201x/Gollner
4. Maßnahmen zur Umsetzung	• Prozessoptimierung »Freezing« bei ausgewählten indirekten Wertschöpfungsstufen (Personaladministration, IT, QM, Facility-Management) • Process Reengineering bei folgenden Geschäftsprozessen: Akquisition, Schadensabwicklung und Kundenpflege • Prozessüberarbeitung bei folgenden Geschäftsprozessen: Auftrags-Anlage, Schadensmeldung • Trainingskonzept und Start der ersten Trainingsrunde bzgl. »Nutzung von Erfahrungseffekten in den Prozessen« • Hinterlegung der Produktivitätsziele in den Zielvereinbarungen
5. Mittel zur Umsetzung	• Prozessoptimierung »Freezing«: ca. 200.000 Euro • Process Reengineering (Geschäftsprozesse: Akquisition, Schadensabwicklung und Kundenpflege): 100.000 Euro • Prozessüberarbeitung (Geschäftsprozesse: Auftragsanlage, Schadensmeldung): 70.000 Euro • Training: 20.000 Euro
6. Einschätzung: strateg. Bedeutung	• Gesamtaussage: sehr hoch • Vorbereitung auf künftigen Preiskampf bzw. Voraussetzungen zum Halten der aktuellen Produktmargen • kulturell: Etablierung einer Kultur des Kostenbewusstseins • bei einzelnen Prozessen Nachziehen auf durchschnittliches Produktivitätsniveau der Branche
7. Einschätzung: Risiko	• Gesamtaussage: niedrig bis mittel • Umsetzung: teilweise kulturelle Widerstände • noch relativ wenig Führungserfahrung in Produktivitätssteigerung
8. Management-Entscheidung	• Das Szenario wird soweit akzeptiert und geht in die Umsetzung (entsprechend Umsetzungsprozess). • Momentan wird zurückgestellt: »Prozessüberarbeitung bei folgenden Geschäftsprozessen: Auftragsanlage, Schadensmeldung«. Die nächste Entscheidung fällt beim Steuerungsausschuss I.

Produktivitätsszenarien können isoliert für sich beschrieben und bewertet werden. Ganz generell, zumindest aber ab einer größeren Anzahl empfiehlt es sich, eine gesamthafte Darstellung und **Bewertung der Produktivitätsszenarien** zu erstellen. Zunächst werden alle Szenarien mit Bezeichnung und Einschätzung der strategischen Bedeutung und des Risikos übernommen. Kriterien der strategischen Bedeutung sind etwa der Beitrag zur Marktstellung (Umsatz, Preisspielräume, Kundennutzen) und zur Innovationsleistung, Entsprechung des Leitbildes, positiver Einfluss auf Liquidität und Profitabilität. Unter Risiko wird etwa verstanden, inwieweit die Erfolgswahrscheinlichkeit positiv oder negativ beeinflusst ist, die Dauer bis zur Umsetzung, die Zahl erfahrener Umsetzer, vorhandenes Know-how und die Reaktion im Markt.

Auf dieser Grundlage kann nun ein **Portfolio der Produktivitätsszenarien**[15] anhand der beiden Dimensionen der strategischen Bedeutung und des Risikos erstellt werden. Idealtypisch sind solche Produktivitätsszenarien zu wählen, die eine sehr hohe strategische Bedeutung und ein sehr niedriges Risiko beinhalten. Die in der Praxis meisten Szenarien befinden sich in den Feldern von hoher strategischer Bedeutung und hohem Risiko bzw. von niedriger strategischer Bedeutung und niedrigem Risiko. Produktivitätsszenarien mit niedriger strategischer Bedeutung und hohem Risiko sind zu vernachlässigen. Die definitive Auswahl ist keine Frage von Tools, mathematischer Darstellung oder eines automatisierten Vorgehens, sondern bedarf der individuellen Prüfung und Bewertung jedes einzelnen Szenarios. Das Portfolio kann eine erste Einschätzung geben, aber die definitive Entscheidung nicht abnehmen.

Mit der Management-Entscheidung ist klar, welche Szenarien als definitive Stoßrichtung in die **Produktivitätsstrategie** übernommen werden. In dieser Phase geht es um die Detaillierung und Konkretisierung dieser Stoßrichtungen in Form einer Strategie. Zusätzlich wird dokumentiert, welche Szenarien zurückzustellen oder zu verwerfen sind. Eine Zusammenfassung soll in knapper Form erfolgen und fünf Seiten nicht übersteigen. Detaillierte Informationen können als Anhang ergänzt werden. Beiliegend findet sich ein konkretes Beispiel aus einem mittelständischen, gewerblich geprägten Unternehmen, in dem die dargestellten Schritte nachvollziehbar gemacht sind.

Werkzeug (1)

Zusammenfassung Produktivitätsszenarien

1. Bewertung der Produktivitätsszenarien

Produktivitätsszenario	strategische Bedeutung	Risiko
1.		
2.		
3.		
4.		
5.		
6.		
7.		
8.		
9.		
10.		

Werkzeug (2)

Zusammenfassung Produktivitätsszenarien

2. Portfolio der Produktivitätsszenarien

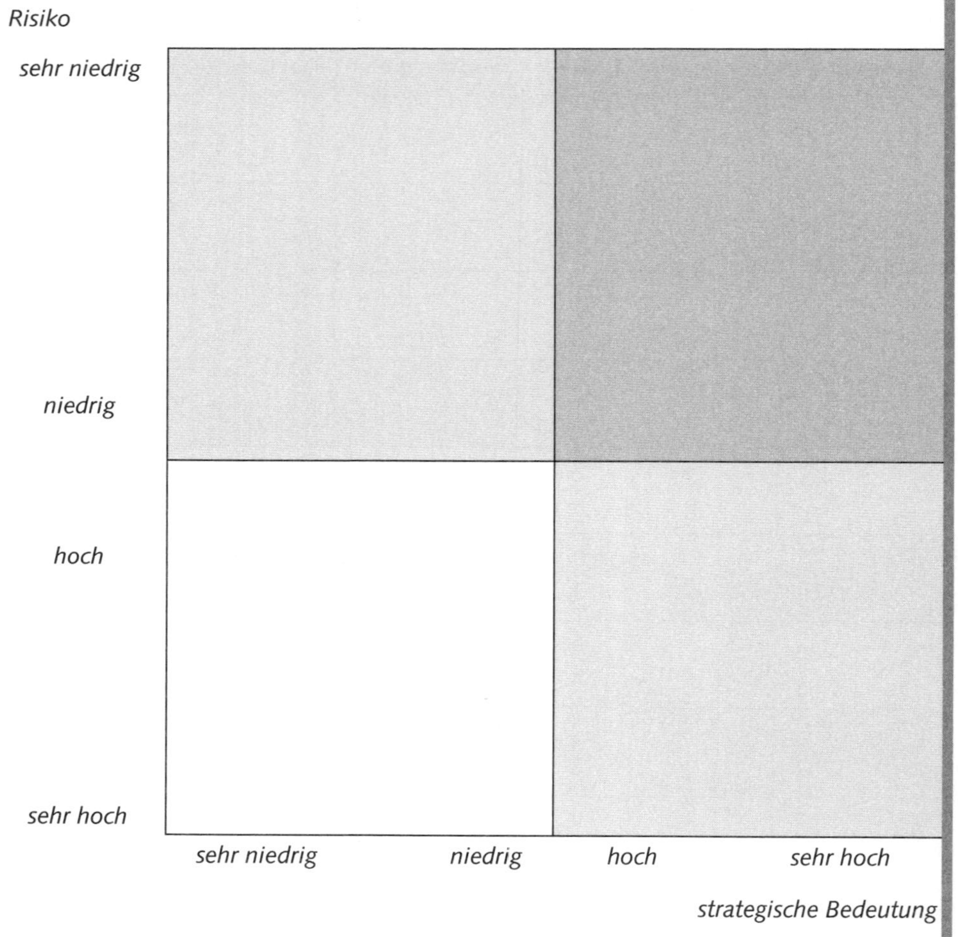

Erläuterung der Kriterien:

strategische Bedeutung	Beitrag zur Marktstellung (Umsatz, Preisspielräume, Kundennutzen) und zur Innovationsleistung, Entsprechung des Leitbildes, positiver Einfluss auf Liquidität und Profitabilität
Risiko	Erfolgswahrscheinlichkeit, Dauer bis zur Umsetzung, erfahrene Umsetzer, vorhandenes Know-how, Reaktion im Markt

Werkzeug (3)

Zusammenfassung Produktivitätsszenarien
3. Entscheidungen zu den Produktivitätsszenarien
Management-Entscheidung

Beispiel Anlagenbau (1)

Zusammenfassung Produktivitätsszenarien

Ein weltweit tätiger Anlagenbauer von Industrie- und Großgewerbe-Objekten führt ein Produktivitätssteigerungsprogramm durch. Die verschiedenen Produktivitätsszenarien liegen vor und werden systematisch entschieden.

1. Bewertung der Produktivitätsszenarien

Produktivitätsszenario	strategische Bedeutung	Risiko
1. Forcierung Eigenfertigung von statischen Schlüsselkomponenten	niedrig	hoch
2. Neuausrichtung Abwicklungsprozesse für unterschiedliche Auftragskategorien	hoch	niedrig
3. Kostensenkung Regie-Montage	hoch	sehr niedrig
4. Komplettumstellung Reklamationsprozess	niedrig	niedrig
5. Neuausrichtung Logistik/Optimierung Lieferperformance	sehr hoch	hoch
6. Streichung Kleinstaufträge mit negativem DB2	hoch	niedrig
7. Einführung Nachkalkulation über alle Leistungsarten	niedrig	sehr niedrig
8. Kostensenkung Materialkosten/Neustrukturierung Einkauf	sehr hoch	sehr hoch
9. Umorganisation Instandhaltung	niedrig	niedrig
10. Forcierungsprogramm Energie-Effizienz	sehr niedrig	sehr niedrig

Beispiel Anlagenbau (2)

Zusammenfassung Produktivitätsszenarien

2. Portfolio der Produktivitätsszenarien

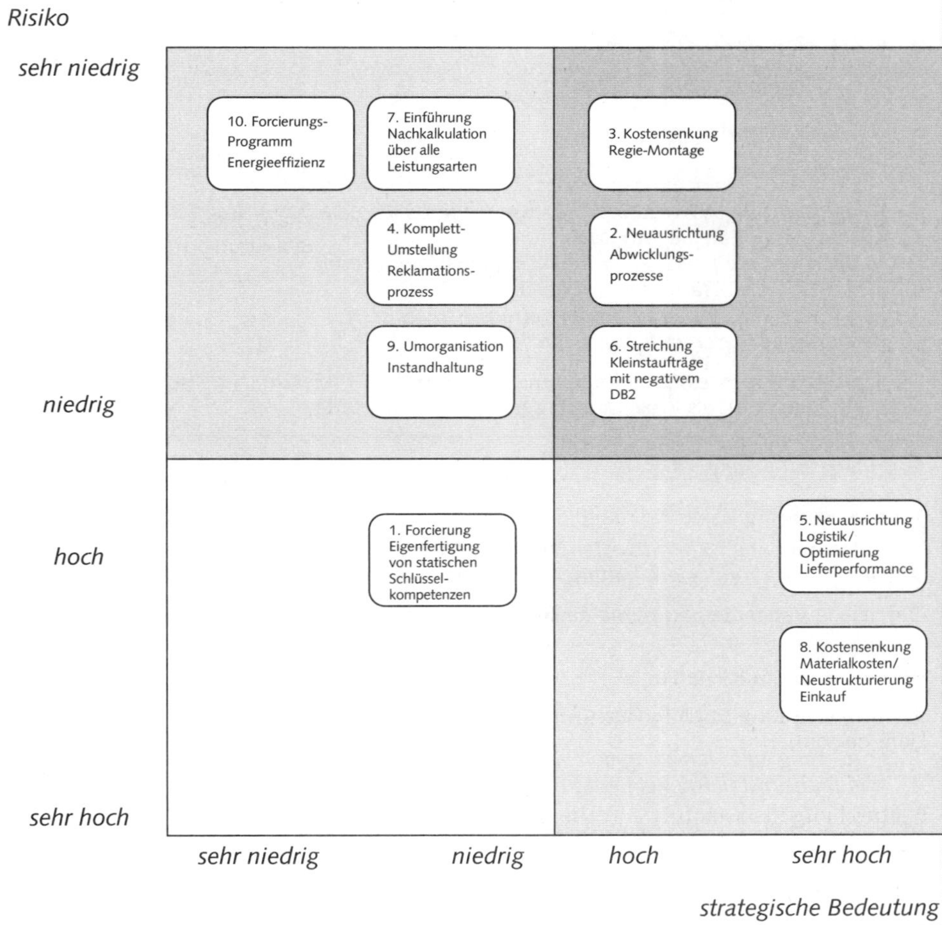

Erläuterung der Kriterien:

strategische Bedeutung	Beitrag zur Marktstellung (Umsatz, Preisspielräume, Kundennutzen) und zur Innovationsleistung, Entsprechung des Leitbildes, positiver Einfluss auf Liquidität und Profitabilität
Risiko	Erfolgswahrscheinlichkeit, Dauer bis zur Umsetzung, erfahrene Umsetzer, vorhandenes Know-how, Reaktion im Markt

Beispiel Anlagenbau (3)

Zusammenfassung Produktivitätsszenarien

3. Entscheidungen zu den Produktivitätsszenarien

Management-Entscheidung

Beschluss A: Umsetzung

Die GL entscheidet, dass folgende Produktivitätsszenarien unmittelbar umgesetzt werden:

2. *Neuausrichtung Abwicklungsprozesse für unterschiedliche Auftragskategorien*
3. *Kostensenkung Regie-Montage*
5. *Neuausrichtung Logistik/Optimierung Lieferperformance*
6. *Streichung Kleinstaufträge mit negativem DB2*
7. *Einführung Nachkalkulation über alle Leistungsarten*
10. *Forcierungsprogramm Energie-Effizienz*

Der Umsetzungsprozess läuft im Rahmen des Standard-Projektmanagements. Je ein GL-Mitglied übernimmt als Projektauftraggeber Verantwortung.

Beschluss B: Prüfung

Gesondert geprüft werden folgende Szenarien:

8. *Kostensenkung Materialkosten/Neustrukturierung Einkauf*
9. *Umorganisation Instandhaltung*

Der Wiedervorlagetermin ist die nächste GL-Sitzung (gem. Sitzungskalender).

Beschluss C: Zurückstellen

Zurückgestellt werden folgende Szenarien:

1. *Forcierung Eigenfertigung von statischen Schlüsselkomponenten*
4. *Komplettumstellung Reklamationsprozess*

Bei der nächsten GL-Sitzung wird über einen Wiedervorlagetermin entschieden.

Anmerkungen

1 Vgl. die Business Mission vgl. *Luhmann, N.*, Soziale Systeme, Frankfurt 1984; *Willke, H.*, Systemtheorie I: Eine Einführung in die Grundprobleme der Theorie sozialer Systeme, Stuttgart 1993.
2 Eckpunkte der Business Mission werden dargestellt in: *Drucker, P.*, Managing the Non-Profit Organization, New York 1990, S. 7.
3 Vgl. *Porter, M.*, Nur Strategie sichert auf Dauer hohe Erträge, in: Harvard Business Manager, 1997/3, S. 42ff.
4 Der grundlegende Unternehmenszweck zur Stiftung von Kundennutzen findet sich in: *Drucker, P.*, Sinnvoll wirtschaften. Notwendigkeit und Kunst, die Zukunft zu meistern, Düsseldorf 1997, S. 148ff.
5 Siehe *Ansoff, I. et al.*, From Strategic Planning to Strategic Management, New York 1976, S. 1ff.
6 Zur Funktion des Gewinns siehe: *Malik, F.*, Strategie, Frankfurt 2011, S. 45ff.
7 *Rieder, L./Siegwart, H.*, Neues Brevier des Rechnungswesens, Bern 2001, S. 107ff.
8 Vgl. *Rieder, L./Siegwart, H.*, Neues Brevier des Rechnungswesens, Bern 2001, S. 153ff.
9 Zu den Varianten siehe: *Stöger, R.*, Prozessmanagement, Stuttgart 2011, S. 149.
10 Vgl. zur Szenariotechnik: *Van der Heijden, K.*, Scenarios: The art of strategic conversation, New York 1996.
11 *Krause, F., et al.*, Innovationspotenziale in der Produktentstehung, in: Industrie Management, 17/2001, S. 14ff.
12 Vgl. *Franz, K./Kajüter, P. (Hrsg.)*, Kostenmanagement, Stuttgart 2002.
13 Vgl. *Dellmann, K.*, Von der Kostenrechnung zum Kostenmanagement, in: *Dellmann, K.*, Neuere Entwicklungen im Kostenmanagement, Bern 1994, S. 15ff.
14 Zum Thema Szenario in der Kosten- und Leistungsrechnung siehe folgende grundlegenden Werke: *Jorasz, W.*, Kosten- und Leistungsrechnung, Stuttgart 2009 und *Schildbach, T./Homburg, C.*, Kosten- und Leistungsrechnung, Stuttgart 2008.
15 Zur Portfolio-Methodik vgl. *Hinterhuber, H.*, Strategische Unternehmensführung, Band 1, Berlin 2004, S. 127.

2.3 Die Produktivitätsstrategie und die funktionalen Beiträge bestimmen

Kern einer langfristigen Ausrichtung und der Umsetzung ist eine robuste **Produktivitätsstrategie**. Dies schafft die entsprechende Verantwortlichkeit und setzt auch den Rahmen für alle weiteren Produktivitätsüberlegungen, etwa in Richtung Struktur oder Produktivitätssysteme. Resultat einer umgesetzten Produktivitätsstrategie ist eine deutliche **Ergebnisverbesserung**. Dazu ist es als erstes erforderlich, dass die Produktivitätsposition von Geschäften und Leistungen eingeschätzt wird. Auf dieser Grundlage und mittels der Produktivitätsszenarien kann anschließend eine Produktivitätsstrategie erarbeitet werden. Daraus sind dann direkt die Beiträge von Funktionen und von Prozessen zur Umsetzung abzuleiten.

2.3.1 Die Produktivitätsposition von Geschäften und Leistungen beurteilen

Die **Beurteilung der Produktivitätsposition** ist notwendig, um eine Einschätzung der Ausgangslage und eine Diskussionsbasis für eine Produktivitätsstrategie zu gewinnen. Dabei liegt immer ein Spannungsfeld vor zwischen Präzision bzw. Vollständigkeit auf der einen Seite und Zusammenfassung bzw. Überblick auf der anderen.[1] Für die Sammlung und Interpretation von Informationen braucht es Methoden. Diese sollen gleichzeitig helfen, Entscheidungen zu strukturieren und eine möglichst sachliche Grundlage zu liefern. **Produktivitätsportfolios** können einen solchen Beitrag leisten. Im Wesentlichen werden zwei Arten von solchen Portfolios unterschieden: konkurrenzorientierte und marktorientierte.[2]

Im **konkurrenzorientierten Produktivitätsportfolio** wird die eigene Produktivität relativ zu Wettbewerbern gesetzt. Klarerweise können hier sehr viele Dimensionen eingebracht werden. Das in der Praxis tauglichste bewertet drei Dimensionen. Die erste ist die relative Kostenposition. Im Wesentlichen geht es um Vor- oder Nachteile in den erfolgskritischen Kostenarten, um die Beherrschung von Kostentreibern, um die Investment-Intensität und um die Umsetzungsstärke, wenn Kostenpotenziale umgesetzt werden müssen. Die Beurteilung erfolgt in Bezug auf den relevanten heutigen oder künftigen Wettbewerb. Es können die einzelnen besten Konkurrenten oder ein Durchschnitt verwendet werden. Dies ist situativ zu klären. Die zweite Dimension betrifft die relative Qualitätsposition. Es geht um die Einschätzung aller kaufentscheidenden Kriterien aus Kundensicht, d.h. Leistungsfaktoren, die das Produkt oder die Dienstleistung selbst betreffen, des Weiteren alle Leistungen des Service und das Image. Auch hier gibt es keine absolute, sondern nur eine relative Aussage zum Wettbewerb. In der dritten Dimension wird der absolute Marktanteil der betrachteten Wettbewerber dargestellt. Gemessen wird der Umsatz in Relation zum Marktvolumen, d.h. zu den Umsätzen aller Konkurrenten. Über einen längeren Zeitraum betrachtet ist der Marktanteil natürlich ein Resultat aus einer guten Produktivitäts- und Qualitätsposition. Dies belegt auch die empirische Strategieforschung **PIMS**[3].

Das konkurrenzorientierte Produktivitätsportfolio stellt die **Kostenposition** nicht isoliert dar, sondern setzt sie in einen größeren Zusammenhang. Damit wird ersichtlich, dass eine bloße Kostenführerschaft auf Dauer nicht reicht und im Minimum mit einem hohen absoluten Marktanteil einhergehen muss. Auf der anderen Seite kann eine Kostenposition auch durchschnittlich sein, wenn es gelingt, in der Qualitätsposition und resultierend im Marktanteil einen Vorteil zu erreichen. Diese Zusammenhänge zeigen einmal mehr, dass Produktivität sinnvollerweise aus der **Logik des Wettbewerbs** heraus bestimmt ist und nur bedingt absolut gilt.

Werkzeug

Konkurrenzorientiertes Produktivitätsportfolio

1. Einschätzung der Konkurrenten

	rel. Kostenposition	*rel. Qualitätsposition*	*abs. Marktanteil*
Konkurrent: A			
Konkurrent: B			
Konkurrent: C			
Konkurrent: WIR			
Skalierung	++ … deutlich besser + … leicht besser – … leicht schlechter –– … deutlich schlechter	++ … deutlich besser + … leicht besser – … leicht schlechter –– … deutlich schlechter	Kreisgröße entspricht dem Brutto-Umsatz und daher in Relation dem absoluten Marktanteil

2. Konkurrenzorientiertes Produktivitätsportfolio

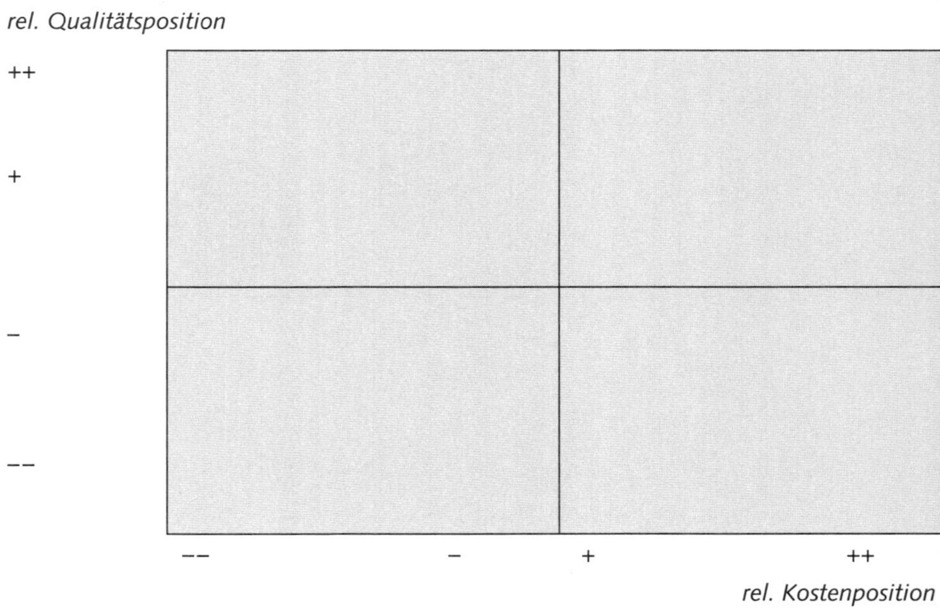

Beispiel Elektroindustrie

Konkurrenzorientiertes Produktivitätsportfolio

Ein vor allem in Mitteleuropa agierender Spezialist für elektronische Komponenten erstellt ein Produktivitätsportfolio und führt dazu alle bereits im Unternehmen vorhandenen Informationen zusammen. Konkurrent B hat in den letzten Jahren deutlich in der Qualität und im Marktanteil aufgeholt und ist zum stärksten Wettbewerber geworden.

1. Einschätzung der Konkurrenten

	rel. Kostenposition	*rel. Qualitätsposition*	*abs. Marktanteil*
Konkurrent: A	++	––	5%
Konkurrent: B	–	+	18%
Konkurrent: C	–	–	10%
Konkurrent: WIR	+	+	24%
Skalierung	++ … deutlich besser + … leicht besser – … leicht schlechter –– … deutlich schlechter	++ … deutlich besser + … leicht besser – … leicht schlechter –– … deutlich schlechter	Kreisgröße entspricht dem Brutto-Umsatz und daher in Relation dem absoluten Marktanteil

2. Konkurrenzorientiertes Produktivitätsportfolio

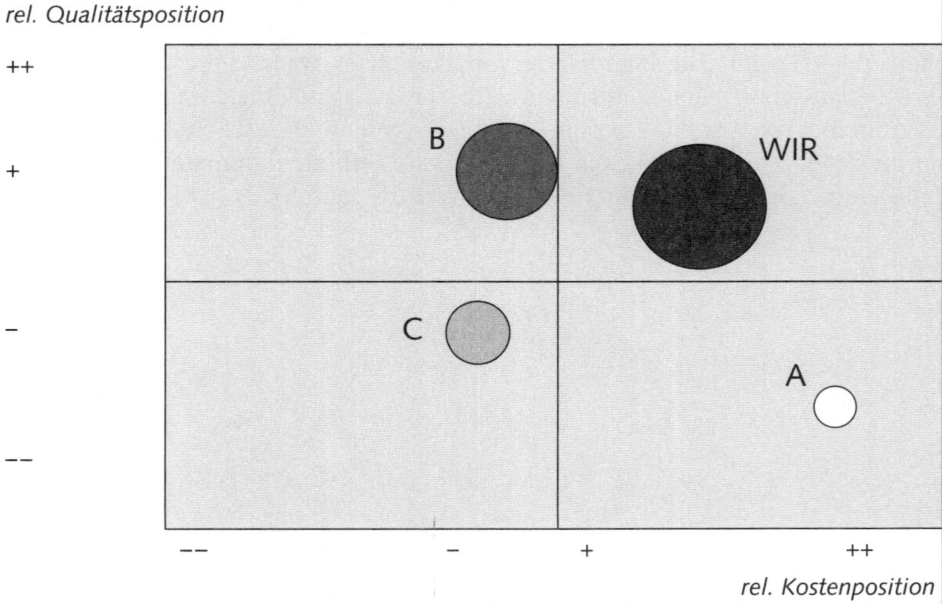

Das **marktorientierte Produktivitätsportfolio** geht einen Schritt weiter und beurteilt die Situation und die Entwicklung für einzelne Produkte, Dienstleistungen, Geschäftsmodelle bzw. Technologien.[4] Zunächst werden die relativen Kostenvorteile eingeschätzt. Konkret geht es um die relativen Kostenvorteile und um die Vermeidung von Komplexitätskosten im eigenen Unternehmen bzw. beim Kunden. Zusätzlich kann noch die Umsetzungsfähigkeit einbezogen werden, d.h. das Heben vorhandener Produktivitätspotenziale. Als Zweites erfolgt die Einschätzung der Attraktivität des Umfelds für Produktivitätsvorteile. Zu prüfen ist die Preis- und damit Kostensensibilität des Marktes, die Phase im Lebenszyklus des Marktes, das generelle Preisniveau und die Wettbewerbsintensität. Drittens geht es um die Einschätzung, welche Aussicht auf das Gewinnen zusätzlicher Marktanteile besteht. Die einzelnen Leistungen einer Organisation werden in diesem Portfolio gegenübergestellt und damit wiederum eine Gesamtaussage getroffen. So kann es etwa sein, dass zwar Kostenvorteile bestehen, aber durch die schlechten Aussichten des Umfelds und niedrigerer Erwartung zusätzlicher Marktanteile andere Strategien notwendig sind, wie etwa das Innovieren oder Suchen nach neuen Segmenten. Auch im marktorientierten Produktivitätsportfolio gilt, dass in den meisten Fällen eine grobe Bewertung genügt, wenn das Ergebnis plausibel ist. Fehlen exakte Angaben, so sind Hypothesen bzw. Annahmen notwendig.

Portfolios gehören seit Jahrzehnten zu den Klassikern der Literatur. Demgemäß gibt es sehr unterschiedliche Meinungen dieser Methodik.[5] Kritisiert wird, dass es zu Scheingenauigkeit führt, das Denken bzw. Erfahrung durch Mathematik ersetzt, zu Manipulation verleitet und generell zu einer akademischen Spielwiese verkommen ist. Selbstverständlich gibt es diese Phänomene, allerdings verstellen sie die entscheidenden Fragen zur Beurteilung von Portfolios: Wenn diese die Komplexität des Geschäftes darstellen können, eine Entscheidungshilfe bieten und Diskussionen strukturieren, dann rechtfertigt dies nach wie vor den Einsatz.[6] Auch hier gilt wieder, dass jede Führungskraft ein Minimum an **Methodenkompetenz** braucht, um Managementaufgaben in einer komplexen Welt zu meistern.

Werkzeug

Marktorientiertes Produktivitätsportfolio

1. Einschätzung der Konkurrenz

	rel. Kostenvorteile	*Attraktivität des Umfelds*	*Aussicht auf Marktanteile*
Leistung:			
Leistung:			
Leistung:			
Leistung:			
Leistung:			
Skalierung	++ ... deutlich besser + ... leicht besser – ... leicht schlechter –– ... deutlich schlechter	++ ... sehr gut + ... gut – ... schlecht –– ... sehr schlecht	Kreisgröße entspricht der Einschätzung künftiger Marktanteile

2. Marktorientiertes Produktivitätsportfolio

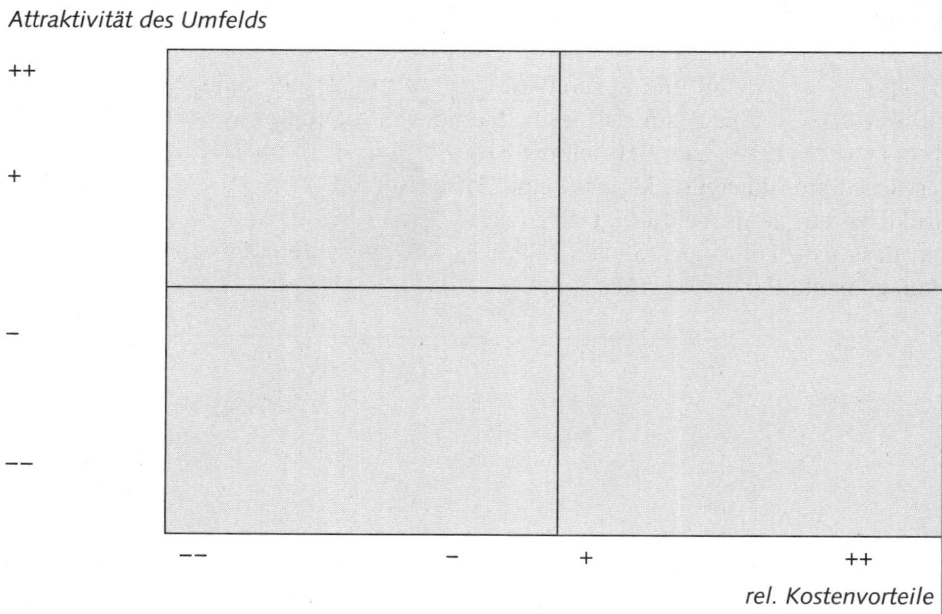

Beispiel Bank

Marktorientiertes Produktivitätsportfolio

Eine Bank untersucht seine wichtigsten Dienstleistungen vor dem Hintergrund der Produktivität. DL 1 hat trotz geringer Attraktivität des Umfelds (Sättigung) hohe Aussichten auf Marktanteile und ist diesbezüglich besser positioniert als DL 3. DL 2 profitiert von der Attraktivität des Umfelds, muss aber auf der Kostenseite noch etwas tun.

1. Einschätzung der Konkurrenz

	rel. Kostenvorteile	*Attraktivität des Umfelds*	*Aussicht auf Marktanteile*
Produkt: DL 1	++	––	hoch
Produkt: DL 2	+	++	mittel
Produkt: DL 3	–	–	mittel bis gering
Skalierung	++ … deutlich besser + … leicht besser – … leicht schlechter –– … deutlich schlechter	++ … sehr gut + … gut – … schlecht –– … sehr schlecht	Kreisgröße entspricht der Einschätzung künftiger Marktanteile

2. Marktorientiertes Produktivitätsportfolio

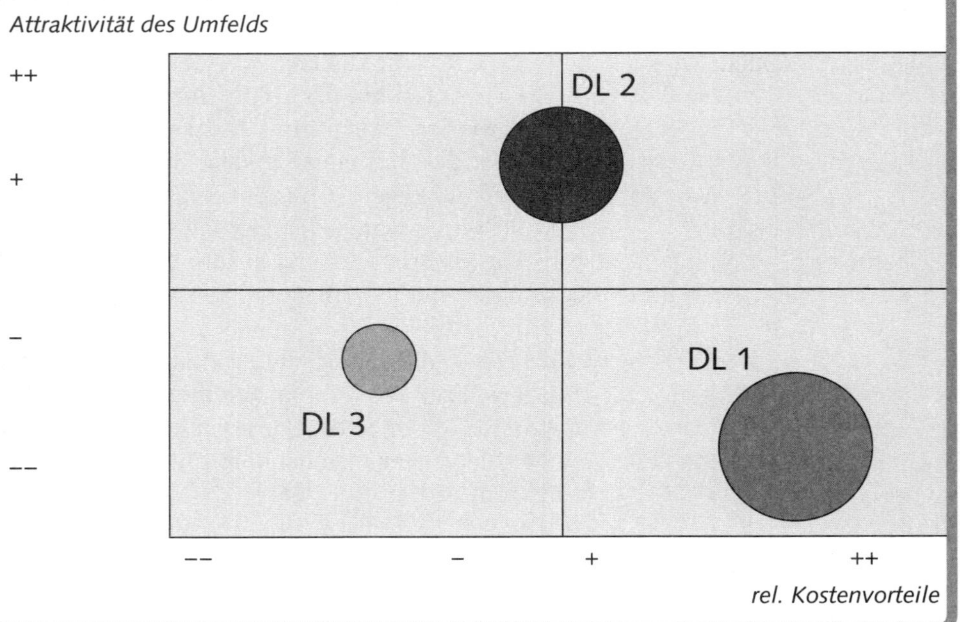

2.3.2 Eine solide Produktivitätsstrategie entwickeln

Liegen die Beurteilung der Ausgangslage, die Produktivitätsposition und alle relevanten Produktivitätsszenarien vor, dann sind diese in Form einer **Produktivitätsstrategie** zusammenzufassen. Diese leistet einen Beitrag für die langfristige Lebensfähigkeit von Geschäften und damit zur Operationalisierung des Geschäftsauftrages.[7] Der Kern besteht in den entschiedenen Produktivitätsszenarien, die ausgestaltet werden und in den Zusammenhang eines größeren Ganzen gestellt sind. Dabei geht es um eine grobe Quantifizierung, um die funktionalen Konsequenzen und um Ressourcen und Maßnahmen. Nachdem praktisch jede Produktivitätsmaßnahme in eine bestehende Organisation, d. h. in einen operativen Rhythmus, eingebettet ist, sollte geklärt werden, was die einzelnen Funktionen bzw. Prozesse für die dauerhafte Umsetzung zu leisten haben. Dies ist dann auch Gegenstand der Funktionalstrategie bzw. des Prozessauftrags für die Produktivität. Das Management hat abschließend alle erarbeiteten Vorschläge zu bestätigen oder – mit entsprechender Begründung – eine weitere Detaillierung einzufordern. Nachdem die Entscheidungsträger in den kompletten Erarbeitungsprozess einbezogen waren, dürften an dieser Stelle keine großen Überraschungen auftauchen. Eine Produktivitätsstrategie ist eine wichtige Grundlage für Zielvereinbarungen, aber auch für die operative Gesamtsteuerung und für die Unternehmensaufsicht. Damit ist die Produktivitätsstrategie gleichzeitig auch ein Werkzeug zur **Ergebnisverbesserung**.

Jede Bekundung und jedes Bekenntnis für einen Produktivitätsprozess bleibt ohne Folgen, wenn es nicht gelingt, alle Ideen und Vorschläge in einer entsprechenden Strategie zu bündeln. Ausgehend von der Produktivitätsstrategie muss auch die Frage nach der Weiterentwicklung der Organisation, nach **Führungssystemen** und nach der Personalentwicklung gestellt werden. Wenn etwa Prozessoptimierungen auf Dauer verankert werden sollen, so ist dies mit einem entsprechenden Training der Führungskräfte zu flankieren und mit allfälligen Bonusregelungen zu ergänzen. Der **Erarbeitungsprozess einer Produktivitätsstrategie** ist methodisch nicht besonders schwierig,[8] allerdings bezüglich der Prozesssteuerung anspruchsvoll. Nachfolgend werden die wichtigsten Punkte vorgestellt und mit einem Beispiel verdeutlicht.

Im ersten Kapitel der Produktivitätsstrategie geht es um die **Produktivitätsbausteine**. Diese bilden die Kernthemen des jeweiligen Produktivitätsprogramms und leiten die gesamte Strategie. Zu einem großen Teil kommen die Bausteine aus den **Produktivitätsszenarien**, es sind aber andere Quellen genauso denkbar. Die Produktivitätsbausteine werden in jeweils drei bis fünf zentralen Eckpunkten konkretisiert und bilden eine Antwort auf die Produktivitätstreiber für das Geschäft. Bei der Formulierung der Bausteine ist darauf zu achten, dass sie konkret, umsetzungsorientiert, widerspruchsfrei und verständlich sind.[9]

Zweitens sind die **Produktivitätstreiber für das Geschäft** aufzulisten. Dies fasst die Ausgangslage nochmals zusammen und liefert die marktseitige Begründung für die Produktivitätsstrategie. Pro Treiber sind die möglichen Auswirkungen zu beschreiben. Sie stellen auch ein wichtiges Thema im **Produktivitätscontrolling** dar. Wenn es große Veränderungen bei einzelnen Treibern gibt, dann muss die Produktivitätsstrategie angepasst und womöglich sogar komplett neu erarbeitet werden.

Im dritten Teil werden die **Produktivitätseckwerte** ermittelt. Es geht um die wichtigsten quantitativen Effekte aus den Produktivitätsbausteinen, etwa das Ausmaß in der Kosteneinsparung (jährlich oder einmalig), alle Formen der Produktivitätssteigerung (Qualität, Zeit, Menge), eine positive Wirkung auf Umsatz, Image usw. Struktur und Tiefe sind in der Praxis individuell sehr unterschiedlich und orientieren sich an der gängigen Logik in der Kostenrechnung bzw. der Kalkulation.[10] Die Quantifizierung ist eine Mehrjahresbetrachtung und sollte einen Horizont von zwei bis fünf Jahren umfassen. Damit werden Langfristigkeit und letztlich auch Spürbarkeit deutlich.

Das vierte Kapitel stellt die **Beiträge der Funktionen und Prozesse** zur Umsetzung der Produktivitätsstrategie dar. Die Funktionen richten sich nach der Wertschöpfungslogik, die Prozesse nach der (zeitlichen) Prozesslogik. Welche Darstellung gewählt wird, ist zweitrangig. Viel wichtiger ist, die Umsetzungsschritte klar auszuweisen. Durch die Umsetzung der Produktivitätspotenziale wird üblicherweise auch eine wichtige Grundlage für die strategische Positionierung[11] gelegt. Dies ist Basis sowohl der Maßnahmen als auch der notwendigen Ressourcen. Diese Beiträge schaffen die Verbindung der Themen Produktivität und **Organisation**. Das eine bleibt ohne das andere unvollständig.

Fünftens werden die bisherigen Inhalte in Form der **Umsetzung der Produktivitätsstrategie** übersetzt. Dies betrifft zwei Themen: **Maßnahmen** werden vor allem aus den Produktivitäts-Bausteinen und den Beiträgen der Funktionen bzw. Prozesse abgeleitet und sind die Verbindung zwischen der Strategie und der einzelnen Person. Die Ressourcen ergeben sich ebenso aus den bisherigen Ausführungen. Es mag paradox erscheinen, dass etwa im Rahmen eines Kostensenkungsprogramms auch Kosten produziert werden. Dies kann aber dann notwendig werden, wenn etwa ein optimierter Prozess mit neuer Systemtechnologie ausgestattet oder die Mannschaft geschult werden muss. Nur so gelingt eine realistische Einschätzung und kann eine Basis für die gesamthafte Budgetierung geschaffen werden.

Der letzte Teil in der Produktivitätsstrategie ist der **Umsetzungsauftrag**. Hier werden der Beschluss und der eigentliche Auftrag festgehalten und durch die Unterzeichnung des Auftraggebers und des Umsetzungsverantwortlichen formell bestätigt. Damit entstehen Verbindlichkeit, **Verantwortung** und die entsprechende Legitimität nach innen und nach außen. Im Erarbeitungsprozess und im Umsetzungsauftrag zeigt sich darüber hinaus auch die Qualität des Managements. Je solider die Strategie erarbeitet wurde, umso einfacher fällt die Umsetzung. Sie wird damit ein wesentliches Führungs-, Planungs- und Strukturierungsinstrument[12] für die Produktivität eines Geschäftes bzw. eines Unternehmens.

Darstellung

Aufbau einer Produktivitätsstrategie

Kapitel	**Inhalte**
1. Produktivitätsbausteine	• Kernthemen des Produktivitätsprogramms • Darstellung jedes Bausteines in jeweils drei bis fünf zentralen Eckpunkten
2. Produktivitätstreiber für das Geschäft	• Erarbeitung der wichtigsten Produktivitätstreiber für das Geschäft und damit Darstellung der zugrunde liegenden Transformation • Konkretisierung der Auswirkungen pro Treiber
3. Produktivitätseckwerte	• Quantifizierung der Produktivitätsbausteine hinsichtlich: Kosteneinsparung (jährlich oder einmalig), Produktivitätssteigerung (Qualität, Zeit, Menge), Umsatz-Wirkung… • Bezugsdauer: zwei bis fünf Jahre
4. Beiträge der Funktionen und Prozesse	• Darstellung der Beiträge aller Funktionen und Prozesse zur Umsetzung der Produktivitätsstrategie • Schaffung der Grundlagen für die Umsetzungsmaßnahmen
5. Umsetzung der Produktivitätsstrategie: Maßnahmen und Ressourcen	• Festlegung der Umsetzungsmaßnahmen und der dazu notwendigen Ressourcen zur Realisierung der Produktivitäts-Bausteine • notwendiger Input für Zielvereinbarungen und Ressourcenpläne
6. Umsetzungsauftrag	• Formulierung des Umsetzungsauftrags für die Produktivitätsstrategie (Beschlusslage und eigentlicher Auftrag) • Unterschriftenzeile für Auftraggeber bzw. Umsetzungsverantwortlichen

Werkzeug (1)

Produktivitätsstrategie

1. Produktivitätsbausteine

Baustein	Kernthemen
1.	
2.	
3.	
4.	
5.	

2. Produktivitätstreiber für das Geschäft

Produktivitätstreiber	Auswirkung
1.	
2.	
3.	
4.	
5.	
6.	

Werkzeug (2)

Produktivitätsstrategie

3. Produktivitätseckwerte

Baustein	Produktivitätseckwerte
1.	
2.	
3.	
4.	
5.	

4. Beiträge der Funktionen und Prozesse

Funktion/Prozess	Beitrag zur Produktivität
1.	
2.	
3.	
4.	
5.	
6.	

Werkzeug (3)

Produktivitätsstrategie

5. Umsetzung der Produktivitätsstrategie: Maßnahmen und Ressourcen

Nr.	Maßnahme	Termin	Verantw.	Status
1.				
2.				
3.				
4.				
5.				

Nr.	Ressourcen	Kosten in Euro
1.		
2.		
3.		
4.		
5.		

6. Umsetzungsauftrag

Auftraggeber der Produktivitätsstrategie	Verantwortlich für die Umsetzung
Datum: Unterschrift:	Datum: Unterschrift:

Beispiel Handel (1)

Produktivitätsstrategie

Ein Handelsunternehmen erarbeitet eine Produktivitätsstrategie, in der Sortimente, Prozesse und Funktionen auf den Prüfstand gestellt werden. Ziel ist die Absicherung der Wettbewerbsfähigkeit für die nächsten zwei bis vier Jahre.

1. Produktivitätsbausteine

Baustein	Kernthemen
1. Neuausrichtung Einkaufsprozesse	• Neustrukturierung Beschaffungsprozesse, v.a. Lieferantenkonzentration • Produktivitätssteigerung Category Management (CM)
2. Prozessoptimierung Logistik	• kontinuierliche Steigerung der Logistik-Produktivität • Neugestaltung aller Full-Service-Prozesse
3. Sortimentsbereinigung	• nationales Sortiment: Auslistung Produkte mit negativem DB2, Bereinigung regionale Sortimente (MoPro) • Auslistungsprogramm: Trockensortiment, Non-Food
4. Neuausrichtung Tiefkühl-Produkte	• Bereinigung Langsamdreher • Neugestaltung: Bevorratung, Mengenbündelung
5. …	• …

2. Produktivitätstreiber für das Geschäft

Produktivitätstreiber	Auswirkung
1. Komplexität in der Sortimentsbewirtschaftung	• überproportional steigende Kosten in der Sortiments-Steuerung und Sortiments-Bewirtschaftung • Nicht-Beherrschen des Sortiments durch Vertrieb
2. Ausdifferenzierung des Marktes	• noch stärkere Differenzierung in Massen-/ Discount-Segmente und Spezialisten-Segmente • v.a. steigender Preisdruck
3. …	• …

Beispiel Handel (2)

Produktivitätsstrategie	
3. Produktivitätseckwerte	
Baustein	**Produktivitätseckwerte**
1. Neuausrichtung Einkaufsprozesse	• Konzentration A-Lieferanten auf 20, B-Lieferanten auf 50 • Steigerung der durch CM abgedeckten Umsätze auf 250 Mio. (mit denselben »Bordmitteln«)
2. Prozessoptimierung Logistik	• Steigerung der Produktivität um ca. 7% p.a. • Steigerung Lieferfähigkeit Full-Service-Prozesse um 10%
3. Sortimentsbereinigung	• Auslistung nationales Sortiment: mind. 200 Artikel • Auslistung Trockensortiment, Non-Food: ca. 300 Artikel
4. Neuausrichtung Tiefkühl-Produkte	• Auslistung Langsamdreher: mind. 100 Artikel • Einkaufsvorteil Mengenbündelung: 2 bis 4% Volumen
5. …	…
4. Beiträge der Funktionen und Prozesse	
1. Systeme/IT	• Neuanbindung der A- und B-Lieferanten durch IT-gestützte CM-Prozesse • durchgängige Anbindung aller Läger an LogNet
2. Einkauf	• Realisierung Konzentrationsprogramm bzgl. A- und B-Lieferanten • Ausbau (»mehr Umsatzfähigkeit«) und Prozess-Sicherheit im CM
3. Logistik/Warenwirtschaft	• Umsetzung des Produktivitätsziels von 7% p.a. in allen Lägern, Standorten und relevanten Logistikeinheiten • Prozessverbesserung Full-Service-Prozesse (Steigerung Lieferfähigkeit um 10%)
4. …	…

Beispiel Handel (3)

Produktivitätsstrategie

5. Umsetzung der Produktivitätsstrategie: Maßnahmen und Ressourcen

Nr.	Maßnahme	Termin	Verantw.	Status
1.	Neuanbindung der A- und B-Lieferanten	30.04.0x	Meier	
2.	Adaption aller CM-Prozesse auf Systemfähigkeit	30.06.0x	Bahr	
3.	Umsetzung Konzentration A-Lieferanten	31.08.0x	Kerner	
4.	Umgestaltung Full-Service-Prozesse	31.12.0x	Rehmer	
5.	...			

Nr.	Ressourcen	Kosten in Euro
1.	Programmierung der IT-Anbindung für CM-Prozesse	120.000 Euro einmalig
2.	Anbindung der Läger an LogNet	40.000 Euro einmalig 10.000 Euro jährlich
3.	Ausbildungsprogramm für Produktivität für die Ebenen 2 und 3	50.000 Euro einmalig (über 14 Monate)
4.	...	

6. Umsetzungsauftrag

Die vorliegende Produktivitätsstrategie wurde am 24.02.201x in der Geschäftsführung beschlossen. Sie wird gemäß Maßnahmen- und Ressourcenplan umgesetzt. Jährlich finden dreimal Sitzungen zur Standortbestimmung und Weiterentwicklung der Produktivitätsstrategie statt. Mit den folgenden Unterschriften unterzeichnen der Auftraggeber und der Auftragnehmer die Produktivitätsstrategie.

Auftraggeber der Produktivitätsstrategie	Verantwortlich für die Umsetzung
Datum: Unterschrift:	Datum: Unterschrift:

2.3.3 Die Produktivitäts- und Ergebnisbeiträge der Funktionen klären

Eine solide Produktivitäts- bzw. Ergebnisposition setzt sich nicht von alleine um, sondern durch konkrete Personen in Organisationen.[13] Der jeweilige Produktivitätsansatz kann nur über Funktionen bzw. Prozesse realisiert werden. Es geht um den Management-Grundsatz zum **Beitrag für das Ganze**[14], der beschreibt, worin die Herausforderung besteht: Funktionen bzw. Prozesse so auszurichten, dass sie die jeweilige Produktivitätsstrategie umsetzungsfähig machen. An dieser Stelle werden Strategie, Funktion und Person verbunden. Jedes **Change-Management** muss diese Elemente berücksichtigen, um wirksam werden zu können.

Die Umsetzung erfolgt über einen **Produktivitätsauftrag für Funktionen**[15]. Die Logik ist einfach gestaltet. Zunächst werden die für diese Funktion relevanten Produktivitätsschwerpunkte des Unternehmens dargestellt. Die jeweilige Funktion bildet somit das Ganze ab und suboptimiert nicht eigene Interessen. Zweitens werden daraus die einzelnen Produktivitätsaufträge für die Funktion dargestellt. In professionell erarbeiteten Produktivitätsstrategien sollten diese ersten beiden Punkte bereits vorliegen. Fehlen sie, so sind sie gesondert zu entwickeln und mit dem Gesamtverantwortlichen abzustimmen. Drittens werden Konsequenzen für die Aufbau- bzw. Ablauforganisation festgehalten und das Reporting geklärt. Veränderungen in der Organisation können prinzipiell immer zum Thema werden, allerdings sollte hier kein Aktionismus stattfinden. Bewährt hat sich auch, das Reporting über die Resultate der Funktion kritisch zu prüfen. Im Minimum wird über den Fortschritt bei der Umsetzung des Produktivitätsprogramms berichtet. Damit entstehen Transparenz und ein gesunder Druck für Ergebnisse. Der vierte Punkt sind die Maßnahmen zur Umsetzung. Damit wird die Verknüpfung zwischen den Zielen, den Mitteln und der persönlichen Ebene im Sinn der Umsetzung hergestellt. Die Maßnahmen sind deswegen auch in die Zielvereinbarungen der Mitarbeiter und Führungskräfte der Funktion einzubauen. Fünftens und abschließend werden aus den bisherigen Inhalten die notwendigen Ressourcen abgeleitet (Personalressourcen, Sachressourcen, Finanzmittel, Ressourcen für Schulung, DV). Es geht um eine grobe Darstellung der von der Produktivitätsstrategie ausgelösten **Kosten** für die Funktion. Auch hier mag es paradox klingen, aber es sind oftmals Kosten notwendig, um die Produktivität zu erhöhen und Ergebnisse zu verbessern.

Der Produktivitätsauftrag für Funktionen ist nicht alternativ, sondern ergänzend zu einer Produktivitätsstrategie zu sehen. Er ist ein Umsetzungs- bzw. Steuerungsinstrument und liefert die Grundlage für die Durchdringung der Organisation mit den **Produktivitätszielen**.

Werkzeug

Produktivitätsauftrag für Funktionen

verantwortlich/Datum	
Genehmigung/Datum	

1. für diese Funktion relevante Produktivitätsschwerpunkte des Unternehmens

2. Produktivitätsaufträge an diese Funktion

3. Konsequenzen für Organisation und Reporting

4. Maßnahmen

Nr.	*Aufgabe*	*Termin*	*Verantw.*	*Status*
1.				
2.				
3.				

5. Mittel

Ressourcen (p.a.)	*Kosten in Euro*
1.	
2.	
3.	

Beispiel Forstwirtschaftsbetrieb

Produktivitätsauftrag für Funktionen

Ein großes forstwirtschaftliches Unternehmen optimiert im Zug einer Teilprivatisierung seine Produktivität. Nach Verabschiedung der Produktivitätsstrategie werden für die wichtigsten Funktionen einzelne Produktivitätsaufträge erarbeitet.

Produktivitätsauftrag für Funktion	**Logistik**
verantwortlich/Datum	Bauer/31.03.201x
Genehmigung/Datum	Müller/31.03.201x

1. für diese Funktion relevante Produktivitätsschwerpunkte des Unternehmens

- Zusammenführung der Logistik gemäß Unternehmensschwerpunkt
- Outsourcing-Programm für alle Nicht-Kernprozesse
- Einführung von Führen mit Zielen

2. Produktivitätsaufträge an diese Funktion

- Zusammenlegung und Neuausrichtung aller logistischen Aktivitäten
- Outsourcing des kompletten Fuhrparks
- Einführung von Führen mit Zielen: Schwerpunkt Produktivität für die Logistik

3. Konsequenzen für Organisation und Reporting

- Neuausrichtung aller Prozesse/neue Prozesslandkarte
- Umstellung der Warenwirtschaft
- Anpassung des Logistik-Controllings gemäß neuer Prozesslandschaft

4. Maßnahmen

Nr.	*Aufgabe*	*Termin*	*Verantw.*	*Status*
1.	Erstellung neue Prozesslandkarte	31.05.201x	Messner	...
2.	Adaption von SAP	...	Göbel	
3.	...			

5. Mittel

Ressourcen (p.a.)	*Kosten in Euro*
1. Prozess- und Softwareconsulting	50.000 einmalig
2. neue Infrastruktur für Warenwirtschaft/ Umzug	100.000 einmalig
3. ...	...

Anmerkungen

1 Vgl. *Biedermann, H./Grill-Kiefer, G.*, Total Productive Maintenance, in: Zeitschrift für wirtschaftliche Fertigung, 2000/1, S. 24ff. und *Schmidt, A.*, Kostenrechnung, Stuttgart 2008.
2 *Wuyts, S. et al.*, Portfolios of Interfirm Agreements in Technology-Intensive Markets, in: Journal of Marketing 68/2004, S. 88ff.
3 Vgl. die PIMS-Empirie und das Aufzeigen des Marktanteils und die Rolle des Kundennutzens: *Buzzell, R./Gale, B.*, Das PIMS Programm, Wiesbaden 1989, S. 63 und S. 89.
4 Verschiedene Vorschläge zur Ausgestaltung von Portfolios finden sich in: *Specht, G.*, F&E-Management, Stuttgart 2002, S. 101.
5 Zur Portfolio-Methodik vgl. *Hinterhuber, H.*, Strategische Unternehmensführung, Band 1, Berlin 2004, S. 127.
6 Zur Bedeutung von Portfolios siehe: *Stöger, R.*, Innovationsmanagement für die Praxis, Stuttgart 2011, S. 107ff.
7 Vgl. *Brokemper, A.*, Strategieorientiertes Kostenmanagement, München 1998.
8 Siehe auch folgende Werke: *Siegwart, H.*, Marktorientierte Erfolgsrechnung, München 2002, S. 87ff. und *Tanne, M.*, Kostenrechnung, Stuttgart 2007.
9 Die Anwendungsformel für klare Zielformulierung findet sich in: *Stöger, R.*, Wirksames Projektmanagement, Stuttgart 2007, S. 45.
10 Vgl. *Gleich, R./Pfohl, M.*, Voll- und Teilkostenrechnungssysteme, in *Fischer, T. (Hrsg.)*, Kosten-Controlling, Stuttgart 2000, S. 167ff. und *Olfert, K.*, Kostenrechnung, Ludwigshafen 2008.
11 Zur strategischen Positionierung vgl. *McLeod, K./Stuckey, J.*, MACS – The market-activated corporate strategy framework, in: mckinseyquarterly: Thinking strategically, S. 16ff.
12 Vgl. *Kirsch, W.*, Wegweiser zur Konstruktion einer evolutionären Theorie der strategischen Führung, München 1997 und *Bamberger, I.*, Der Ressourceneinsatz und seine Bedeutung für die Strategische Unternehmensführung, in: Zeitschrift für betriebswirtschaftliche Forschung, 1996/2, S. 130ff.
13 In diesem Kontext siehe auch: *Kajüter, P.*, Unternehmenskultur: Erfolgsfaktor für das Kostenmanagement, in: *Franz, K./Kajüter, P. (Hrsg.)*, Kostenmanagement, Stuttgart 1997, S. 81.
14 *Drucker, P.*, Die ideale Führungskraft. Die hohe Schule des Managers, Düsseldorf 1995, S. 87ff.
15 Zur Funktionalstrategie siehe: *Stöger, R.*, Die Funktionalstrategie: Stiefkind des strategischen Managements?, in: Organisationsentwicklung, 3/2009, S. 63ff.

3 Effizienz mit strukturellem Produktivitäts- und Ergebnismanagement erreichen

3.1 Mit der Wertschöpfung einen Produktivitätsrahmen bilden

Produktivität generell und eine Ergebnisposition im Besonderen sind nicht einfach gegeben, sondern immer das Resultat von vorsteuernden Größen. Zum einen sind dies strategische Faktoren wie etwa die Marktentwicklungskurve, die Erfahrungskurve und die strategische Produktivitätspositionierung. Zum anderen gibt es eine strukturelle **Vorsteuerung** auf die Produktivität und auf das operative Ergebnis. Diese Faktoren haben mit der Organisation, d. h. mit Funktionen und Prozessen zu tun. Viele Führungskräfte glauben, dass das Produktivitätsproblem mit dem Senken einer Kostenart, wie etwa Personalkosten, zu beheben sei. Das mag kurzfristige Effekte bringen, ändert aber langfristig nichts an der eigentlichen Problematik, nämlich an der Vorsteuergröße von Funktionen und Prozessen.

3.1.1 Die Wertkette als Produktivitätskette darstellen

Jede Organisation braucht eine Strategie. Diese legt die Positionierung bzgl. Märkte, Konkurrenten, Kunden, Technologien usw. fest. Zur Umsetzung einer Strategie werden im Innenverhältnis Aufbau- und die Ablauforganisation gestaltet. Dies steuert die Produktivität vor, d. h. die Art und Weise, wie ein Geschäft konstruiert wird. Egal ob von »Market Based View« oder von »Resource Based View«[1] gesprochen wird – das Entscheidende ist, die Konsequenzen für die Produktivität herauszuarbeiten. Es geht um die entscheidenden Kostenarten und die sie verursachenden Vorsteuergrößen in der Struktur. Mit der **Wertkette** liegt eine Methode vor, dies darzustellen und gestaltbar zu machen. In Literatur und Praxis finden sich einige synonyme Begriffe: Wertschöpfungskette (engl. Value Chain), Angebots- oder Lieferkette (engl. Supply Chain), Nachfragekette (engl. Demand Chain), **Geschäftsmodell** (engl. Business Model) und andere. Die Perspektive mag unterschiedlich sein, ändert aber nichts an der grundlegenden Konzeption der Wertkette. Für den Praktiker ist es allerdings verwirrend, mit unterschiedlichen Begriffen konfrontiert zu werden, die im Prinzip dasselbe meinen, dies aber mit unterschiedlichen Bezeichnungen tun. Hier haben die Sozial- und Wirtschaftswissenschaften gegenüber den Naturwissenschaften enorme begriffliche Nachteile.

Im Zentrum der Wertkette steckt die Wertschöpfung und diese ist nichts anderes als der **Rohertrag**. Der Rohertrag wiederum wird definiert als die Gesamtleistung einer Organisation minus der erforderlichen Vorleistungen. Die Gesamtleistung entspricht dem Netto-Umsatz, d. h. dem Umsatz abzüglich aller Rabatte, Skonti und nicht wieder einbringbarer Forderungen. Die Netto-Rechnung ist in vielen Branchen dramatisch anders als die Brutto-Betrachtung. So wird im Maschinenbau von durchschnittlichen Rabattierungen von zwanzig bis dreißig Prozent ausgegangen. In sich ist die **Vorleistung** wieder Wertschöpfung des Lieferanten. Ein Wirtschaftszweig mit geringer Wertschöpfung ist der Handel, weil dort fast alles zugekauft wird und die Handelsware schnell wieder gedreht und vermarktet werden muss. Wirtschaftszweige mit traditionell hoher Wertschöpfung sind die Landwirtschaft und die Industrie, weil dort viel integrierend selber gemacht wurde. Dies nennt sich in der Fachsprache »hohe Wertschöpfungstiefe« oder »hohe vertikale Integration«. Durch steigenden Zukauf wird die Wertschöpfung vor allem in der Industrie aber immer geringer.

Darstellung

Wertkette als Produktivitätskette

1. Wird die Logik des Geschäftes in der Wertkette dargestellt?
2. Knüpft die Wertkette an Strategie und Leitbild (Geschäftszweck) an?
3. Besteht Klarheit darüber, welche künftigen strategischen Herausforderungen für die Wertkette vorhanden sind?
4. Können die einzelnen Stufen in der Wertkette – zumindest grob – quantifiziert werden?
5. Kann mit der Wertkette eine Diskussion über das Sourcing von Prozessschritten und Leistungen geführt werden?
6. Dient die Wertkette als Strukturierungsinstrument für Kostenthemen, Zielvereinbarungen, Prozessoptimierung …?
7. Können Kostentreiber den einzelnen Stufen der Wertkette zugeordnet werden?
8. Entspricht die Grundlogik der Wertkette auch der Grundlogik des Organigramms?
9. Sind Darstellung, Erläuterung und Interpretation der Wertkette verständlich?
10. Ist die richtige Flughöhe bei der Erarbeitung der Wertkette getroffen?

Die Wertkette ist kein losgelöstes Konstrukt, sondern richtet sich an der Strategie eines Unternehmens aus[2]. Es geht um die Kernfrage, wie das Geschäft letztlich tickt – das sogenannte Geschäftsmodell. Dabei gibt es Prozesse, die auf einem zeitlichen Strahl von der Erstellung der Leistung bis zum Kunden laufen. Diese Prozesse werden **primäre Wertschöpfungsaktivitäten** genannt. Im Dienstleistungsgeschäft findet man: Aufträge gewinnen, Aufträge vorbereiten, Aufträge durchführen, Rechnung stellen, After-Sales-Service betreiben. In der Industrie orientieren sich diese Prozesse an der Produkterstellung vom Einkauf hin zur Endmontage. Zusätzlich braucht es in jeder Organisation Prozesse, welche diese primären Aktivitäten unterstützen – die

sekundären Wertschöpfungsaktivitäten. Zu nennen sind alle Führungs-, Controlling-, DV-, Personal- und Administrationsprozesse. Um die Wertkette komplett zu machen, sind noch der Gewinn und die Vorleistungen darzustellen. Die einzelnen Wertschöpfungsaktivitäten, die Vorleistungen und der Gewinn ergeben in Summe hundert Prozent des Netto-Umsatzes.

Wertschöpfung hat an sich nichts mit der Frage von Gewinn oder Verlust zu tun. Im allgemeinen Sprachgebrauch werden die Begriffe Wertschöpfung und **Gewinn** gerne gleichbedeutend verwendet, was aber völlig irreführend ist. Ein Handelsunternehmen kann eine relativ geringe Wertschöpfung und einen sehr hohen Gewinn haben. Umgekehrt gibt es genügend Beispiele von Industriebetrieben mit sehr hoher Wertschöpfung und ebenso hohen **Verlusten**. Es hängt fundamental vom Management der Wertkette ab, ob Gewinn oder Verlust produziert wird. Die Art und Weise der Gestaltung der Wertkette ist die entscheidende Vorsteuergröße für jede Art von Produktivität.

Der Geschäftszweck jeder Organisation liegt in der Bereitstellung einer Leistung für einen Kunden. Dabei sind Wertaktivitäten erforderlich und diese wiederum werfen Kosten auf: Abschreibungen, Personalkosten und Kosten des laufenden Geschäftes, die nicht aktivierungsfähig sind. Die beste Vermarktungsaktion kostet, die effizienteste DV kostet. Jede Organisation ist vor diesem Hintergrund nichts anderes als eine **Kostenkette**, die auf einen gemeinsamen Zweck ausgerichtet ist – Qualität für den Kunden zu schaffen. Der Kunde ist die einzige Instanz, die darüber entscheidet, ob aus den Kosten auch ein Wert entsteht[3]. Dieser Entstehungsprozess ist der **Umsatz**, der einen Kunden mit den Leistungen einer Organisation verbindet. Damit ist eine Verknüpfung hergestellt zwischen den Wertaktivitäten, den Kosten und dem Kunden. Das Geschäftsmodell produziert über alle Aktivitäten hinweg Kosten und ist auf den Kunden gerichtet. Der Kunde macht durch seinen Kaufentscheid aus der Kostenkette eine Wertkette.

Werkzeug

Produktivitäts- und Ergebniskette

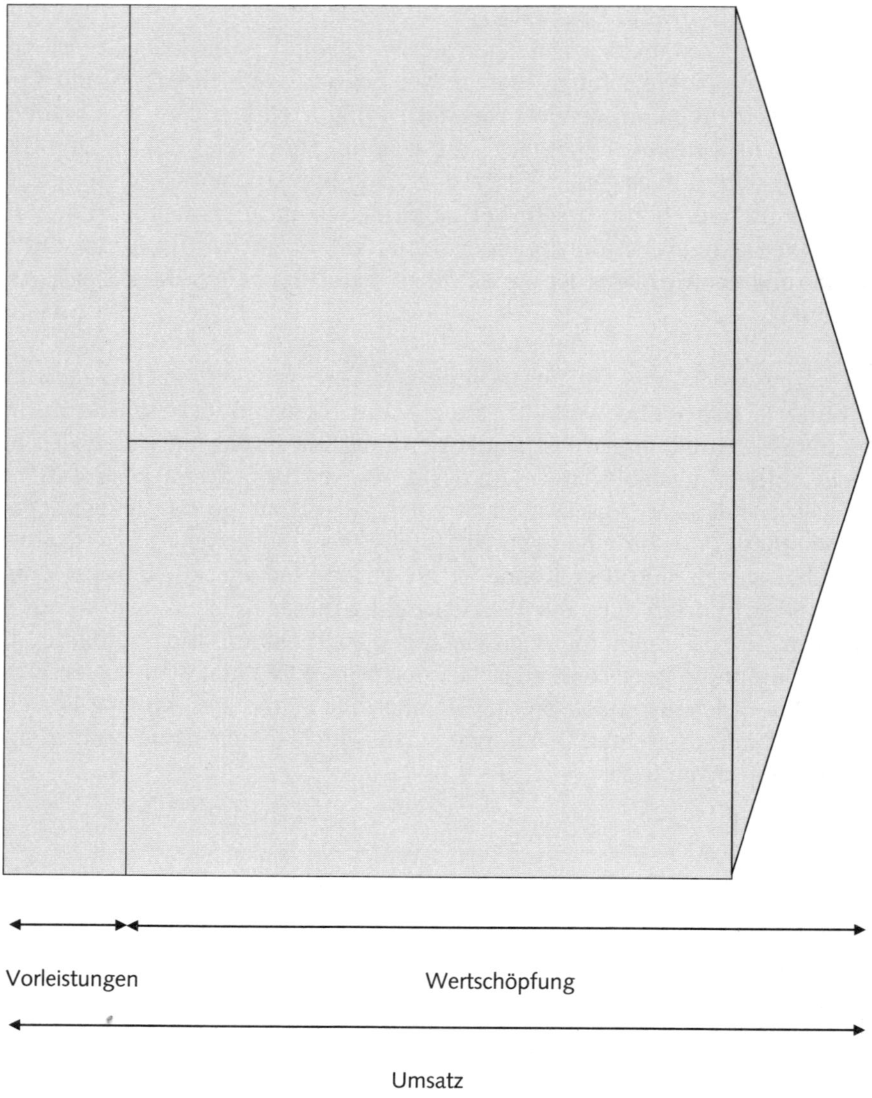

Beispiel Leitsystem-Industrie

Produktivitäts- und Ergebniskette

Ein Hersteller von Verkehrs-Leitsystemen stellt das Geschäft als Wertkette dar und quantifiziert diese. Die Bezeichnung der einzelnen Wertstufen erfolgt auf Basis des Prozessansatzes.

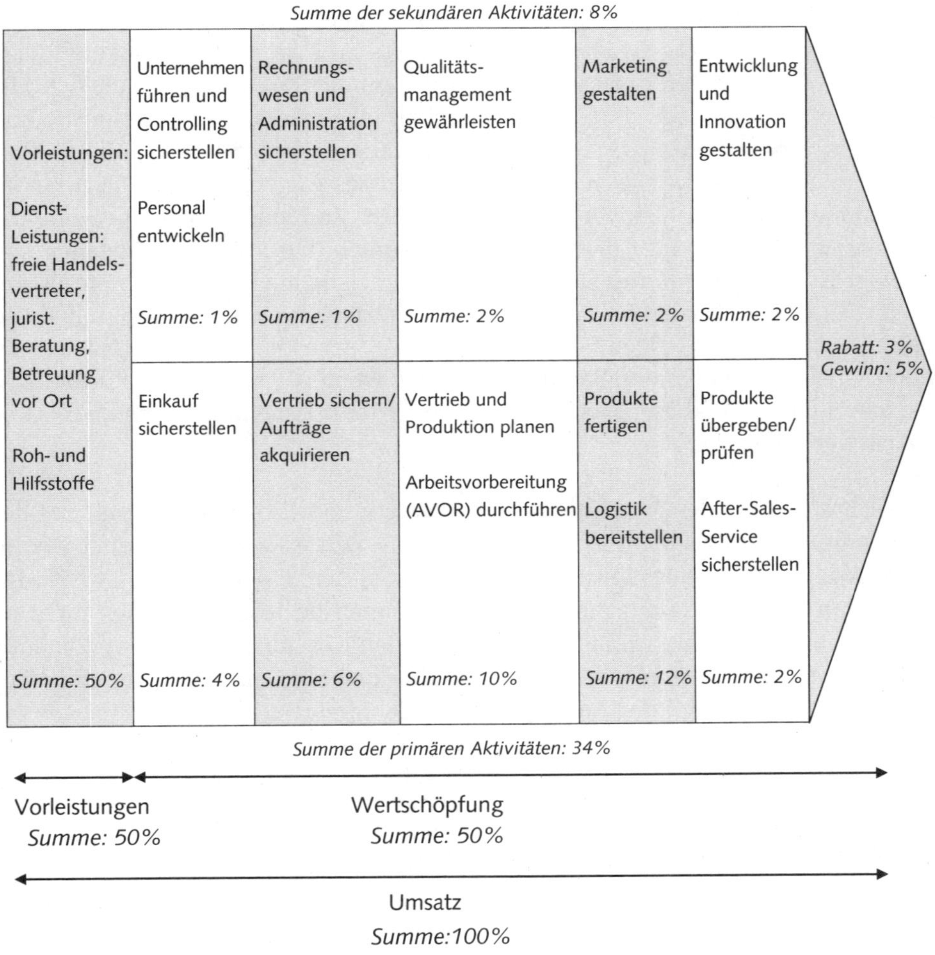

Nachdem die Wertkette die geschäftliche Wirklichkeit wiedergibt, liegt de facto auch eine Prozesskette[4] vor. Damit kann die Prozesslogik jedes Unternehmens dargestellt, geprüft und beurteilt werden. Das Werkzeug hierfür ist die Produktivitätsgestaltung in der **Prozesskette**. Dies setzt natürlich voraus, dass die Wertkette in Prozessform erarbeitet wurde. Für jede Stufe bzw. für jeden Prozess sind sieben Arbeitsschritte durchzuführen. Der erste besteht darin, die prozessrelevanten Kennzahlen aufzunehmen. Diese müssen aus den Umsätzen, dem Rechnungswesen oder Transaktionen (Bsp. durchgeführte Auftragsbearbeitungen pro Tag) abgeleitet werden. Es geht an dieser Stelle nicht um eine Prozess-Buchhaltung, sondern um die erfolgsentscheidenden Größen. Zweitens ist pro Prozess zu klären, wo die Stärken liegen und inwieweit durch den Prozess eine Wirkung auf den Kundennutzen entsteht. Der dritte Schritt ist die Frage nach den Schwächen im Prozess. Viertens sind Komplexitäts- bzw. Kostentreiber zu identifizieren. Herauszuarbeiten ist, was die Qualität, die Produktivität und die Geschwindigkeit des Prozesses negativ beeinflusst. Im Idealfall können hierzu Zahlenwerte geliefert werden. Zumindest sollte aber eine freie Beurteilung möglich sein. Gerade hier wird deutlich, wo Produktivitätsfallen bzw. -potenziale liegen. Als fünftes sind die Produktivitätsherausforderungen pro Prozess zu erarbeiten. Diese können sich auf Fragen bezüglich Qualität, Zeit und Kosten beziehen. Aus den bisherigen Schritten sind in der sechsten Zeile Vorschläge in den Themenspeicher zu nehmen. Wo immer möglich werden – siebtens – Sofortmaßnahmen identifiziert. Mit dieser Methodik liegt gleichzeitig ein einfaches und wirksames **Prozesswerkzeug** vor.

Für die Erarbeitung der Produktivitätspotenziale in der Prozesskette kann mit dem sogenannten »magischen Dreieck« aus **Qualität – Zeit – Kosten** gearbeitet werden. Jeder Prozess liefert eine Leistung hinsichtlich dieser drei Dimensionen. Produktivität kann sich ebenso auf diese drei Dimensionen beziehen und eben nicht nur auf den Faktor »Kosten«. Anhand der beiliegenden Checkliste können systematisch Produktivitätspotenziale erhoben werden und in den Erarbeitungsablauf einfließen. Ganz generell lassen sich diese drei genannten Eckpunkte auch zur langfristigen Prozessgestaltung verwendet werden. Sie liefern sowohl Orientierungspunkte als auch den Rahmen für die Beurteilung der **Leistungsfähigkeit eines Prozesses**.

Darstellung

Qualität – Zeit – Kosten

Qualität

1. Qualitätsanforderungen aus Sicht des Kunden
2. Kenntnis des Kundennutzens (relative Qualität im Verhältnis zum relativen Preis)
3. Stabilität/Sicherheit/Strukturierung der Prozesse
4. Qualität des Managements bei der Steuerung der Prozesse
5. Transparenz/Nachvollziehbarkeit der Prozesse
6. Prüfung einzelner Prozesse bzgl. Sourcing (In-, Outsourcing)
7. Zielfestlegung, Messung der Performance, Kommunikation und Beurteilung der Resultate
8. klare Aufgaben, Kompetenzen und Verantwortlichkeiten in den Abläufen (AKV)
9. kritisches Know-how in den Prozessen/personenbezogene Abhängigkeit
10. typische Fehler und Fehlerhäufigkeiten.

Zeit

1. Durchlaufzeit in einzelnen Prozessen und Teilprozessen (inkl. kritischer Wege)
2. Häufigkeit des Durchlaufens des Prozesses und von Teilprozessen
3. »on time delivery« (Liefertreue – bezogen auf Zeit)
4. »time to market« (Zeit bis Markteintritt)
5. »time to customer« (Zeit bis Verfügbarkeit für Kunden)
6. »time to money« (Zeit bis Bezahlung der Rechnung)
7. »time to break even« (Zeit bis zum Erreichen des Break-even)
8. Antwortzeit und Antwortqualität für Kunden und Zwischenstufen (Handel…)
9. Umsetzungsstärke und Umsetzungszeit bei Veränderungen in den Prozessen
10. Zurechnung von Arbeitszeit auf die Prozesse bzw. auf die Teilprozesse.

Kosten

1. zurechenbare Kosten der gesamten Wertkette (Personal-, Sachkosten)
2. Investmentintensität – bezogen auf die gesamte Wertkette (Investment durch Wertschöpfung)
3. zurechenbare Kosten pro Prozess (Personal-, Sachkosten)
4. relative Kostenposition (Kostenarten im Verhältnis zum Wettbewerber) insgesamt und pro Prozess
5. Kosten in der Steuerung der Prozesse (Sitzungsaufwand...)
6. Produktivität (Wertschöpfung pro Vollzeit-Arbeitskraft) in der gesamten Wertkette und in einzelnen Prozessen
7. Kapazitätsauslastung
8. Grad der Komplexität im Sortiment (Varianten) und auf Abnehmerseite (Kunden- und Händlermix)
9. Nutzung von Größendegression (geringere Stückkosten durch Verteilung der Fixkosten auf mehr Absatz bzw. Umsatz)
10. Lerneffekte in den Prozessen (durch Wiederholung, Routine).

Werkzeug

Prozesskette

Prozesskette Schlüsselfragen			
1. Basis-Zahlenwerk			
2. Stärken/Wirkung auf Kundennutzen			
3. Schwächen			
4. Komplexitäts-/ Kostentreiber			
5. Produktivitäts-herausforderungen			
6. Themenspeicher			
7. Sofort-Maßnahmen			

Beispiel Leitsystem-Industrie

Prozesskette

Die Wertkette eines Herstellers für Leitsysteme wird als Prozesskette dargestellt. Anhand der einzelnen Prozesse werden Produktivitätspotenziale identifiziert.

Prozesskette Schlüsselfragen	Vertrieb sichern/ Aufträge akquirieren	Vertrieb u. Produktion planen/AVOR durchführen	...
1. Basis-Zahlenwerk	• Wertschöpfung: 6% • Vollzeit-MA: 75 • durchschn. Auftrag: 4,3 Mio. • Kalkulationsvolumen: 370 Mio.	• Wertschöpfung: 10% • Vollzeit-MA: 120 • Planungsvol.: 280 Mio. • Investment AVOR: 12 Mio.	...
2. Stärken/ Wirkung auf Kundennutzen	• Vertriebsnetz • Kalkulationspräzision: 94% • konstanter Projektleiter für Kunde von Anfang an	• kurze Wege, rasche und richtige Entscheide • geringe Nachplanungsquote	...
3. Schwächen	• genügend qualifizierte Auslandsvertriebs MA • unterentwickelte Service-Engineering-Denke	• Beschaffungsstrukturen in Middle-East und GUS • Planung Logistik-Speditionsdienste	...
4. Komplexitäts-/ Kostentreiber	• zu viele Kalkulations-Schemen (ca. 25) • häufige Info-Änderungen in Kalkulationsphase (in 35% der Fälle)	• Komponentenvielfalt • Spezifikationsarten • unterschiedliche AVOR-Systeme (weltweit: 4)	...
5. Produktivitätsherausforderungen	• Steigerung des Outputs in der Kalkulation um 20% • Bewältigung des Wachstums im Ausland (bzgl. Qualität)	• Vorbereitung des globalen Teilebezugs • deutliche Verkürzung der kritischen Logistikzeiten	...
6. Themenspeicher	• Übertragung Service-Engineering auf Asien und NAFTA	• Neuausrichtung Beschaffung und AVOR • Umstellung der AVOR auf globalen Teilebezug	...
7. Sofort-Maßnahmen	• »Müllabfuhr« und Reduktion auf 8 Kalkulationsschemen • durchgängige Produktivitätsziele für die Kalkulation	• Implementierung AVOR System R5 weltweit • sofortige Prüfung Investment-Reduktion (Lagerhaltung...)	...

Über die Wertkette und den Prozessansatz ist sichergestellt, dass Produktivitätsfragen an der Geschäftslogik und der Struktur einer Organisation angeknüpft werden. Der Nutzen dieser Methodik ist vielfältig. Der übergeordnete Zweck dieses Instruments liegt in der **Versachlichung der Diskussion** und in der konsequenten Aufbereitung des Themas. Es gibt kaum ein Werkzeug, das so stringent die Themen Strategie, Prozesse und Produktivität miteinander verbindet. Dadurch wird ein tieferes Verständnis von Kundennutzen (extern) und Kosten (intern) hergestellt, vor allem weil es um die Grundlogik der Geschäftsprozesse und nicht um die Darstellung eines Organigramms geht.

Diese Methodik kann in unterschiedlichen Skalierungsformen bzw. **Flughöhen** verwendet werden. Erstens kann die gesamte Branche mit Hilfe einer Wertkette visualisiert werden. Interessant ist in solchen Zusammenhängen, an welchen Stellen die eigene Organisation anknüpft und wo noch zusätzliche Geschäftsaktivitäten und vor allem Produktivitätspotenziale liegen. Zweitens lassen sich ein Unternehmen und ein Geschäftsfeld als Ganzes erfassen. Auch hier geht es um Suchfelder und Kristallisationspunkte von Ergebnis und Produktivität. Drittens kann aber auch die einzelne Wertaktivität, also ein isolierter Prozess, mit dieser Methodik dargestellt werden. Wenn etwa in einem Handelsunternehmen die Logistik den größten Teil der Wertschöpfung ausmacht, dann muss fast zwingend dieser Prozess tiefer detailliert werden. Egal, auf welcher Flughöhe die Wertkette angewendet wird, es ist kein Wechsel in der Methodik notwendig.

Mit der Wertkette können auch regelmäßig wiederkehrende Managementfragen diskutiert, geregelt und gelöst werden: operative Verbesserungsinitiativen, Jahresziele oder auch Schlüsselprojekte. Die Wertkette fungiert als Katalysator für Maßnahmen. Der zusätzliche Vorteil liegt darin, dass die einzelnen Elemente quantifiziert sind. Dadurch ist die Wertkette ein Instrument für **kontinuierliche Verbesserung**[5] und ein Umsetzungswerkzeug.

In der Erarbeitung von Wertkette bzw. Prozessansatz haben sich kleine Arbeitsgruppen von vier bis acht Personen bewährt, vor allem dann, wenn diese über alle Funktionen hinweg gebildet werden. Als Beteiligte sind nur solche Personen heranzuziehen, die etwas vom Geschäft bzw. von den einzelnen Prozessen verstehen. Allenfalls kann eine neutrale Moderation beigezogen werden. Alle Resultate sind dem Top-Management vorzulegen und dort zügig zu entscheiden. Idealerweise ist ein Vertreter des Managements bereits in der Arbeitsgruppe dabei und stellt so das entsprechende **Commitment** sicher. Die entschiedenen Maßnahmen sind sofort zu starten und in das Umsetzungscontrolling zu nehmen.

3.1.2 Mit der funktionenorientierten Erfolgsrechnung arbeiten

Die Logik der Wertschöpfungskette und der Prozesse ist letztlich eine Funktionenlogik. Das bedeutet, dass alle Aktivitäten in einer Organisation, die zur Herstellung von Kundennutzen führen, in Funktionen zu denken sind. Wichtig dabei ist es, Funktionen nicht mit Organisationseinheiten zu identifizieren. Dies kann in einem Fall so sein, in einem anderen laufen Funktionen quer zu Geschäftsfeldern, Regionen, Abteilungen usw. Die **funktionenorientierte Erfolgsrechnung** versucht nun, Fixkosten den einzelnen Leistungsgruppen zuzuordnen. Hin und wieder wird dies aufgrund mangelnder Verursachungsgerechtigkeit kritisiert. Hier geht es aber um eine realistische Einsicht in die Erfolgsentstehung[6]. Dies bedeutet, dass oftmals eine echte Erfolgsanalyse und -beurteilung erst nach Zuordnung fixer Kosten auf die Erlösträger möglich ist. Wenn ein Unternehmen aus mehreren völlig verschiedenen Geschäftsfeldern, Sortimenten, geographischen Märkten … besteht, dann dient eine pauschale Fixkosten-Erfassung nicht der Steuerung der Produktivitäten. Die Folge ist, dass Fixkosten auf die Leistungsgruppen zugerechnet werden müssen. Nur so können realistische Einschätzungen bzgl. Ertrag und **Deckungsbeitrag** gemacht werden.

Kern des Ansatzes ist es, die **Kosten pro Funktion** aufzulisten[7]. Diese Kosten werden in ihre fixen und proportionalen Bestandteile aufgespaltet. Als erstes geht es um die Identifizierung der zu untersuchenden Leistungsgruppen bzw. Geschäftsfelder. Dann werden jeweils Bruttoumsatz, Umsatzminderung bzw. Nettoumsatz dargestellt und hiervon Funktionen bzw. Deckungsbeiträge ausgewiesen. Die Bestimmung der Funktionen hängt von der Branche ab, ändert aber nichts an der Logik. Wenn ein Profitcenter nach Leistungsgruppen vorliegt, dann ist die Zuordnung der Funktionen, die **Kosten-Schlüsselung** nach proportional bzw. fix und das Zahlenwerk normalerweise kein Problem. Schwieriger wird es, wenn zentrale Kostenstellen vorliegen. Diese müssen nach Schlüsseln verteilt werden, die immer auch eine Spur von Ermessensspielraum haben und daher niemals vollständig richtig sein können. Dies ist auch nicht nötig, solange dieses Ermessen plausibel ist. Bewährt hat es sich, mit Näherungswerten zu arbeiten und keine detaillierte Mathematik zu veranstalten. Am Schluss steht das Betriebsergebnis als Resultat.

Wichtig ist nun die Analyse der einzelnen Positionen, die für alle Leistungsgruppen bzw. Geschäftsfelder oder jeweils separat gemacht wird. Bei den fixen Größen kann zusätzlich ein Ausweis in Prozenten erfolgen. Eine Beurteilung und Ansatzpunkte zur **Produktivitätssteigerung der Funktionen** können in zweifacher Weise erarbeitet werden: erstens spaltenweise pro Leistungsgruppe bzw. Geschäftsfeld und zweitens zeilenweise pro proportionaler bzw. fixer Funktionskosten. Ziel der funktionenorientierten Erfolgsrechnung ist die Verbesserung der gesamthaften **Produktivitätsposition**. Daher dient die zahlenmäßige Erfassung der anschließenden Diskussion über Umsetzungsschritte. Die Zeile »Ansatzpunkte zur Produktivitätssteigerung« ist das eigentlich Wichtige an der Ausarbeitung und führt das Zahlenwerk und die Analytik hin zu dem, wofür Führungskräfte bezahlt werden, nämlich zur Umsetzung. Die erarbeiteten Lösungen sind in weiterer Folge in Maßnahmen zu überführen und idealerweise mit Zielvereinbarungen zu verbinden. Damit wird aus einem kostenrechnerischen Instrument ein echtes Resultat[8].

Die funktionenorientierte Erfolgsrechnung ist die zahlenmäßige Operationalisierung einer Wertschöpfungskette bzw. einer Prozesslandkarte. Sie weist Teilerfolge und Erfolge von Leistungsgruppen bzw. Geschäftsfeldern und des Gesamtunternehmens aus. Damit ist sie eines der wichtigsten Instrumente für das Management, wenn es um Funktionalkosten und **Erfolgsbeiträge** geht[9]. Neben dem Umsatz als Leistungsverwertung wird der Fokus auf die Leistungserstellung gelegt.

Zusätzlich können die wichtigsten Funktionen auch noch mit entsprechenden **Kennzahlen für Funktionen**[10] ausgestattet werden. Dies hilft in der Sammlung, in der Darstellung, im Ausweisen, in der Systematisierung, in der Bewertung und in der Erarbeitung von Maßnahmen. Eine Sammlung von typischen Funktionskennzahlen ist beigelegt. Wichtig ist auch hier ein pragmatischer Ansatz, vor allem nicht zu viele Kennzahlen zuzulassen und diese dann aber über die Zeit konstant zu halten.

Werkzeug

Funktionenorientierte Erfolgsrechnung

Ansatz und Funktionen	**Leistungsgruppe**			**Summe**
	1	2	3	
Bruttoumsatz				
Umsatzminderung				
Nettoumsatz				
Fkt. 1 proportional:				
Fkt. 1 fix:				
Deckungsbeitrag 1				
Fkt. 2 proportional:				
Fkt. 2 fix:				
Deckungsbeitrag 2				
Fkt. 3 proportional:				
Fkt. 3 fix:				
Deckungsbeitrag 3				
Fkt. 4 proportional:				
Fkt. 4 fix:				
Betriebsergebnis				

Leistungsgruppe		
1	2	3
Beurteilung		
Ansatzpunkte zur Produktivitätssteigerung		

Beispiel Chemie

Funktionenorientierte Erfolgsrechnung

Ein Chemie-Unternehmen führt eine funktionenorientierte Erfolgsrechnung für die drei wichtigsten Leistungsgruppen/Geschäftsfelder durch. Dies ist die Basis für Lösungen und weiterführende Maßnahmen zur Produktivitäts- und Ergebnissteigerung.

Ansatz und Funktionen	Leistungsgruppe			Summe
	1	2	3	
Bruttoumsatz	250 000	160 000	145 000	555 000
Umsatzminderung	18 000	17 000	...	
Nettoumsatz	232 000	143 000	...	
Marketingkosten proport.	9 000	...		
Marketingkosten fix	11 000	...		
Deckungsbeitrag 1	212 000			
Produktionskosten proport.	128 000			
Produktionskosten fix	36 000			
Deckungsbeitrag 2	48 000			
F&E-Kosten proport.	17 000			
F&E-Kosten fix	2 000			
Deckungsbeitrag 3	29 000			
Administration proport.	7 000			
Administration fix	3 000			
Betriebsergebnis	19 000			

Leistungsgruppe		
1	2	3
Beurteilung		
1. Trend in Umsatz-Minderung gekehrt 2. zu hohe fixe Kosten in Marketing, Administration 3. schlechte Einkaufskonditionen (Material)	...	...
Ansatzpunkte zur Produktivitätssteigerung		
1. Produktivitätssteigerung Marketing: 2 000 2. Kostensenkung fixe Admin.-Kosten: 1 000 3. Einkaufsoptimierung: 5 000 (Material)	...	

Darstellung (1)

Kennzahlen für Funktionen

Funktion	Kennzahl	Relation
1. Beschaffung	Einkaufskosten	Einkaufskosten im Verhältnis zu Einkaufsvolumen
	Material-intensität	Materialkosten im Verhältnis zu Herstellkosten
	Lieferanten-qualität	Zahl der mangelhaften Lieferungen (Qualität, Zeit, Menge) im Verhältnis zur Zahl der Lieferungen
	Veränderungen Einkaufspreise	Einkaufsmenge mal durchschnittlichem Einkaufspreis heute im Verhältnis zu Einkaufsmenge mal durchschnittlichem Einkaufspreis Vorjahr
	Lieferanten-Vielfalt	Zahl Lieferanten im Verhältnis zu Vergleichszahlen (frühere Zahl im Unternehmen, Zahlen von Benchmarks)
	Vertragsvielfalt	Zahl Verträge bzw. Vertragstypen im Verhältnis zu Vergleichszahlen (frühere Zahl im Unternehmen, Zahlen von Benchmarks)
	Verhandlungs-effizienz	durchschnittlicher Aufwand zum positiven Abschluss einer Vereinbarung im Zeitvergleich (bzw. zu Benchmarks)
	Sortiments-vielfalt	Umsatzbedeutung von Sortimentsteilen (ABC-Logik)
2. Forschung und Entwicklung	Weiterentwick-lungsquote	Weiterentwicklungsaufwand im Verhältnis zum gesamten F&E-Aufwand
	Neuentwick-lungsquote	Neuentwicklungsaufwand im Verhältnis zum gesamten F&E-Aufwand
	Innovationsrate bzw. Alters-struktur des Umsatzes	Umsatz mit neuentwickelten Leistungen im Verhältnis zum Gesamtumsatz
	Umsatz-Renta-bilität für Neu-leistungen	Deckungsbeitrag n im Verhältnis zu Netto-Verkaufserlös (n = individuell zu definierende Stufe des DB)
	interner Ertrags-satz für Neu-leistungen	Zinssatz, bei dem der Gegenwartswert der kumulierten DBs abzüglich des Gegenwartswerts der Investitionen Null ist
	Pay-back	diskontierte und kumulierte Nutzwerte im Verhältnis zu diskontiertem und kumuliertem Kapitaleinsatz
	Time to Market	Zeitdauer von Projektstart einer Neu- bzw. Weiterentwicklung zur Markteinführung
	Projekteffizienz	fertiggestellte Projekte im Verhältnis zu begonnenen Projekten

Darstellung (2)

Kennzahlen für Funktionen

Funktion	Kennzahl	Relation
3. Leistungserstellung	Gesamt-Produktivität	reale Gesamtleistung im Verhältnis zu realen Gesamtkosten
	Lieferbereitschaft	quantitative und qualitative Kapazitäten in Relation zum Umsatzbudget
	Kapazitätsauslastung	reale Laufzeit von Ressourcen im Verhältnis zu möglicher Laufzeit (Vollauslastung) von Ressourcen
	Stillstände	Erfassung der durchschnittlichen Stillstände der Ressourcen im Verhältnis zur realen Laufzeit
	Wirtschaftlichkeit	Ertrag im Verhältnis zu Aufwand
	Investment-Intensität	Investment (betriebsnotwendiges Working Capital) im Verhältnis zur Wertschöpfung
	Investment-Struktur	Bruttoanlagevermögen im Verhältnis zum Investment
	Fertiglagerbestand	Lagerbestände im Hinblick auf Alter, Schnell-/Langsamdreher
	Lagerumschlag	Materialverbrauch im Verhältnis zum Bestand an eingekauften Vorräten
	Lagerreichweite	Bestand an Vorräten im Verhältnis zum Materialverbrauch
	Materialkosten-Relation	Materialaufwand im Verhältnis zum Gesamtaufwand
4. Vertrieb und Marketing	absoluter Marktanteil	eigener Umsatz im Verhältnis zum Marktvolumen
	relativer Marktanteil	eigener Marktanteil im Verhältnis zu den größten drei Wettbewerbern
	Umsatzminderungsquote	Erlösminderungen im Verhältnis zum Bruttoumsatz
	Mindest-Umsatz (»out of Pocket Point«)	Ausgabenwirksame Fixkosten im Verhältnis zum Deckungsbeitrag in Prozent des Nettoumsatzes
	Angebotsperformance	Angebote pro Zeitperiode (oder Organisationseinheit oder Mitarbeiter)
	Angebotserfolgsquote	gestellte Angebote im Verhältnis zu beauftragten Aufträgen
	Auftragsvolumen	Summe der Aufträge im Verhältnis zur durchschnittlichen Monatskapazität
	Kundennutzen	gestifteter Kundennutzen (Qualitäts-/Preisverhältnis) im Verhältnis zum Wettbewerb

Darstellung (3)

Kennzahlen für Funktionen

Funktion	Kennzahl	Relation
	Auftragsstruktur	Anteil relevanter Größen (Leistungen, Kunden, Regionen...) im Verhältnis zum Umsatzbudget
	Auftragsreichweite	Auftragsbestand x 360 in Relation zum Nettoumsatz der letzten 12 Monate
5. Personal	Personalkosten-Produktivität	reale Gesamtleistung im Verhältnis zu realen Personalkosten
	Mitarbeiter-Produktivität	Umsatz/Absatz pro Mitarbeiter
	Leistungsgrad	individuelle Leistung im Verhältnis zur Zielvorgabe (Zeit, Qualität...)
	Altersstruktur	Altersstufen im Verhältnis zur Gesamtbelegschaft
	positive Fluktuation	ausgetretene Mitarbeiter mit schlechtem Leistungsgrad im Verhältnis zur Gesamtbelegschaft
	negative Fluktuation	ausgetretene Mitarbeiter mit gutem Leistungsgrad im Verhältnis zur Gesamtbelegschaft
	Absentismus	Fehlzeiten im Verhältnis zur Gesamtarbeitszeit
	Durchschnittslohn	Durchschnittslohn des eigenen Unternehmens im Verhältnis zu Durchschnittslohn eines um den Mitarbeiter konkurrierenden Unternehmens
	Quote der Sozialleistungen	Sozialleistungen in Prozent der Lohnsumme
	Qualifikationsaufwand	Qualifikationsaufwand pro Mitarbeiter (ggf. nach Qualifikationsstufen unterschieden)
	Personalkosten-Relation	Personalaufwand im Verhältnis zum Gesamtaufwand
6. Informationstechnologie	Standardisierungsquote	Anzahl unterschiedlicher IT-Standards (Hard-/Software) im Zeitvergleich bzw. im Verhältnis zu Benchmarks
	Stammdaten-Qualität	notwendiger Veränderungsaufwand bei Stammdaten im Zeitvergleich bzw. im Verhältnis zu Benchmarks
	Schulungsaufwand für User	durchschnittlicher Schulungsaufwand im Zeitvergleich bzw. im Verhältnis zu Benchmarks
	Fehlerbehebungsquote	durchschnittliche Zeitdauer bis zur Wiederherstellung von Funktionalitäten (im Zeitvergleich bzw. im Verhältnis zu Benchmarks)
	IT-Gesamtaufwand	IT-Gesamtaufwand (bzgl. aller Funktionen und Organisationseinheiten) im Verhältnis zu Umsatz/Absatz
	IT-Abteilungsaufwand	IT-Abteilungsaufwand im Verhältnis zu Umsatz/Absatz (bzw. auch zu IT-Gesamtaufwand)

3.1.3 Effizienzsteigerung über Prozesskostenrechnung erreichen

Ein Unternehmen wird nicht durch die Aufbauorganisation aktiv, sondern durch die Prozesse. Sie sind Grundlage zur Umsetzung eine Strategie und Hebel für alle Produktivitätsfragen. Ein bewährtes Instrument zur Kostensteuerung eines Prozesses ist die **Prozesskostenrechnung**[11]. Hierbei handelt es sich in erster Linie um ein Führungsinstrument und erst in zweiter Linie um ein Werkzeug für Spezialisten aus Rechnungswesen oder Controlling. Die Grundidee lautet, die in einer Organisation anfallenden Kosten nicht nur auf Kostenarten, Kostenstellen und Kostenträger aufzuteilen, sondern eine prozessorientierte Betrachtung einzuführen. Die Grundlage bildet die Wertkette in ihrer Logik als **Prozesslandkarte**.

Die Erarbeitung einer Prozesskostenrechnung geschieht nach einem einfachen Prinzip. Schritt eins ist die Erhebung einer Prozesslandkarte, d. h. ein Überblick und eine Auslegeordnung aller Hauptprozesse einer Organisation. Zweitens werden pro Hauptprozess die wichtigsten Teilprozesse dargestellt. Schritt drei besteht in der Ermittlung und Quantifizierung der wichtigsten **Kostentreiber** pro Teilprozess[12]. Im Beispiel wurden für den Teilprozess »Auftrag bearbeiten« die Kostentreiber »Auftragstypen« und »Nachgiebigkeit des Außendienstes« festgehalten. Viertens wird die Menge der Transaktionen notiert, die einen Teilprozess durchlaufen. Im Beispiel werden für den Teilprozess »Angebot erstellen« jährlich 400 Angebote identifiziert, die im Prozess erarbeitet werden. Pro Teilprozess werden die relevanten Kostenarten zugerechnet und summiert. Typische Kostenarten in einem Prozess sind Personal (Zeit multipliziert mit Mitarbeitern), Finanzmittel, Sachkosten (Materialeinsatz, Geräte, Lagerflächen, sonstige Mobilien und Immobilien), Fremdleistungskosten (Beratung und andere Dienstleistungen), Prozessnebenkosten (Büromaterialien, Telefonkosten). Gerade die **Zeitkosten** sind ein Faktor, der immer wieder unterschätzt wird – vor allem dann, wenn scheinbar genügend Personalkapazität vorhanden ist. Hin und wieder herrscht die Meinung vor, dass Prozesse nichts kosten, weil Personal »ohnehin da ist«.

Ein wichtiger Punkt ist die Unterscheidung, ob eine Kostenart abhängig oder unabhängig von der Leistungsmenge ist (»lmi – leistungsmengen-induziert«, »lmn – leistungsmengen-neutral«). Die Grundidee greift den Gedanken von variablen und fixen Kosten auf. Die Kosten lmi werden pro Teilprozess zugeordnet und ein Kostensatz lmi ermittelt, indem die Kosten durch die Menge dividiert werden. Als nächstes werden die Kosten lmn für den gesamten Prozess erhoben, auf die Teilprozesse verteilt und ein Kostensatz ermittelt. Die **Kostensätze** lmi und lmn ergeben dann die gesamten Prozesskosten für Teilprozesse und den Hauptprozess. Somit wird eine saubere Zuordnung sichergestellt.

Die Prozesskostenrechnung liefert eine solide Grundlage für Produktivitäts- und Prozessmanagement. Mit ihr kann neben einer Analyse der Kosten und Kostentreiber auch die laufende Leistungsfähigkeit von Prozessen geprüft werden. **Messgrößen für die Produktivität** von Prozessen sind einfach erstellbar und damit auch Zielgrößen für die Gestaltung[13]. Zusätzlich kann bei Veränderung der Kostentreiber eine Simulation durchgeführt werden, etwa bei Veränderung der Variantenzahl, des Kundenmix oder organisatorischer Maßnahmen. Es geht bei der Prozesskostenrechnung nicht um verschiedene Möglichkeiten der Budgetierung für Prozesse, wie etwa Erfolgsbudget, Investitionsrechnungen usw. Dies würde den Rahmen sprengen und ist für die Prozessorientierung auch gar nicht notwendig. Die einzig relevante Frage ist, inwieweit die Prozesskostenrechnung der Steuerung dient.

Darstellung

Prozesskostenrechnung

1. Entspricht die dargestellte Prozesslogik der Realität? Werden die Haupt- und Teilprozesse an der geschäftlichen Wirklichkeit ausgerichtet?
2. Passt die Flughöhe der Prozesse und Teilprozesse? Muss ein Teilprozess tiefer gegliedert oder können Teilprozesse zusammengefasst werden?
3. Stimmt die Ist- mit der Soll-Kalkulation überein? Wenn nicht: Welche Maßnahmen müssen ergriffen werden?
4. Wie verändert sich das Kalkulationsschema bei Veränderungen in den Kostentreibern?
5. Können Szenarien mit der Prozesskostenrechnung durchgeführt werden? Dienen diese der Simulation und der aktiven Entscheidungshilfe?
6. Sind genügende Ressourcen in Zukunft vorhanden, um den Prozess sicherzustellen? Wer entscheidet über die Ressourcen?
7. Wo liegen Engpässe bei den Ressourcen? In welchem Prozess können diese Engpässe erfolgskritisch sein? Wie kann gegengesteuert werden?
8. Können Benchmarks mit der Prozesskostenrechnung durchgeführt werden?
9. Wird die Prozesskostenrechnung verwendet, um aktiv Prozesse und Produktivitäten zu steuern? Ist dies Teil im Managementkreislauf, etwa in Zielvereinbarungen?
10. Ist die Prozesskostenrechnung kein Werkzeug von Spezialisten, sondern ein von allen Führungskräften beherrschtes und angewendetes Instrument?

Die Prozesskostenrechnung ist keine isolierte Algebra, sondern in vielerlei Hinsicht anschlussfähig. Das Allerwichtigste ist, dass sie als Führungsinstrument verwendet wird und beispielsweise wichtigen Input für Zielvereinbarungen liefert. Des Weiteren können die Ergebnisse der Prozesskostenrechnung in die Kostenträgerrechnung und in die Gemeinkostenrechnung eingebaut werden. Der Vorteil liegt darin, dass die Prozesse die organisatorische »Wahrheit« meistens viel eher wiedergeben als abstrakte und aus der Vergangenheit stammende Verrechnungssätze. Zentral ist die Gesamtkostenbetrachtung. **Prozessmanagement** muss die Prozesskostenrechnung integrieren, weil nur so die Lenkung und Gestaltung von Abläufen auf eine quantitative Grundlage gestellt werden können. Umgekehrt muss vor einer Quantifizierung von Prozessen die Anknüpfung an die geschäftliche Wirklichkeit gegeben sein. Alles andere ist Zahlenakrobatik ohne jeglichen Nutzen für die Steuerung einer Organisation. Die Prozesskostenrechnung führt erfahrungsgemäß zu einer verstärkten **Prozessorientierung** und zu einer Verbesserung der Entscheidungen[14] des Managements, weil direkt bei den Geschäftsprozessen angesetzt wird. Gerade die Kostentreiber sind ein Feld permanenter Fortschritte in der Produktivität. In der Prozesskostenrechnung kommt es nicht darauf an, einen Prozess bis in jede Verästelung durchzukalkulieren. Viel wichtiger ist es, echte Planungs-, Kontroll- und Entscheidungshilfen zu haben, auch wenn das Zahlenwerk nur grob, dafür aber richtig ist. Die Prozesskostenrechnung ist keine Sache von Spezialisten, sondern ein Werkzeug der prozessverantwortlichen Manager. Dadurch entsteht eine Verbindung aus der Prozess- und Zahlenwelt mit der Produktivität einer Organisation.

Produktivität ist immer etwas, das gegen Zeit gemessen wird, etwa produzierte Werkstücke pro Stunde, abgeschlossene Versicherungsverträge pro Woche oder betreute Kinder pro Kindergartenjahr. Der Nenner für die Zeiteinheit ist relativ einfach zu hinterlegen. Die Herausforderung besteht darin, den Zähler, d. h. die Prozesse, so zu steuern, dass das Verhältnis wettbewerbsfähig ist und bleibt. Die Prozesse sind der **Transformationsriemen**, damit die Strategie zu echten Resultaten führt und damit eine Organisation produktiv bleibt[15].

Werkzeug

Prozesskostenrechnung

Prozess/Prozessnummer:

Teilprozesse lmi	*Kostentreiber lmi*	*Anzahl Kosten-Treiber*	*Menge*	*Kosten lmi*	*Kostensatz lmi*	*Kosten lmn*	*Kostensatz lmn*	*gesamte Prozesskosten*
Summen								

Errechnung des Kostensatzes lmn

Teilprozesse lmn	*Kostentreiber lmn*	*Anzahl Kostentreiber*	*Kosten lmn*	*Kosten lmi*	*Kostensatz pro € lmi*
Summe					

Anmerkung: *lmi* *leistungsmengen-induziert*

lmn *leistungsmengen-neutral*

Beispiel Elektroindustrie

Prozesskostenrechnung

Ein Industrieunternehmen für Elektro-Komponenten will den kompletten Vertrieb optimieren. Parallel zur Prozessneugestaltung wird eine Prozesskostenrechnung eingesetzt. Die gesamten Prozesskosten werden auf der Basis leistungsmengen-induzierter (lmi) und leistungsmengen-neutraler (lmn) Tätigkeiten geprüft.

Prozess/Prozessnummer:		**V 03: Verkaufsinnendienstleistungen erbringen**						
Teilprozesse lmi	*Kostentreiber lmi*	*Anzahl Kostentreiber*	*Menge*	*Kosten lmi*	*Kostensatz lmi*	*Kosten lmn*	*Kostensatz lmn*	*gesamte Prozesskosten*
Absatz planen	Varianten	80	200	100 000	500	25 000	125	625
Angebot erstellen	Angebotstypen	25	400	200 000	500	50 000	125	625
Auftrag bearbeiten	Auftragstypen, Nachgiebigkeit Außendienst	40	100	300 000	3 000	75 000	750	3 750
Auftrag verteilen	Verfügbarkeit Spediteure	20	100	50 000	500	12 500	125	625
Auftrag fakturieren	Auftragstypen	40	100	150 000	1 500	37 500	375	1 875
Summen			900	800 000		200 000		

Errechnung des Kostensatzes lmn

Teilprozesse lmn	*Kostentreiber lmn*	*Anzahl Kostentreiber*	*Kosten lmn*	*Kosten lmi*	*Kostensatz pro € lmi*
Führungstätigkeiten	Anzahl Projekte …	20 …	100 000		
Administration	Anzahl Regelungen …	80 …	100 000		
Summe			200 000	800 000	0.25

Anmerkung: *lmi* *leistungsmengen-induziert*

lmn *leistungsmengen-neutral*

Anmerkungen

1 Vgl. *Hamel G./Prahalad C.*, The core competence and the corporation, in: Harvard Business Review 1990, Vol. 68/Nr. 3, S. 79ff. und *Connor, K.*, A historical comparison of resource-based theory and five schools of thought within industrial organization economics, in: Journal of Management, Vol. 17/1991, S. 121ff.
2 Vgl. die Orientierung der Wertkette an der Strategie in: *Porter, M.*, Wettbewerb und Strategie, München 1999, S. 83ff. und *Ehrlenspiel, K. et al.*, Kostengünstig entwickeln und konstruieren, Berlin 2000.
3 Vgl. hierzu *Drucker, P.*, Sinnvoll wirtschaften. Notwendigkeit und Kunst, die Zukunft zu meistern, Düsseldorf 1997, S. 148 und *Niemand, S.*, Target Costing – Konsequente Marktorientierung durch das Zielkostenmanagement, in: Fortschrittliche Betriebsführung/Industrial Engineering, 1992/3, S. 118ff.
4 Vgl. die Wertkette als Prozesskette in: *Stöger, R.*, Geschäftsprozesse, Stuttgart 2005, S. 66 und *Seuring, S.*, Supply Chain Target Costing, in: *Seuring, S./Goldbach, M. (Hrsg.)*, Cost Management in Supply Chains, Berlin 2002, S. 111.
5 Zum Thema der kontinuierlichen Verbesserung siehe: *Saatweber, J.*, Kundenorientierung durch QFD, München 1997, und *Al-Ani, A.*, Continuous Improvement als Ergänzung des Business Reengineering, in: zfo, 65/1996.
6 Siehe auch *Siegwart, H.*, Marktorientierte Erfolgsrechnung, München 2002, S. 85.
7 Funktionskosten finden sich in: *Siegwart, H.*, Marktorientierte Erfolgsrechnung, München 2002, S. 87.
8 Der Ansatz der Resultatsorientierung findet sich in: *Malik, F.*, Führen Leisten Leben, Stuttgart 2006, S. 84ff.
9 Vgl. *Siegwart, H.*, Marktorientierte Erfolgsrechnung, München 2002, S. 91.
10 *Siegwart, H.*, Kennzahlen für die Unternehmensführung, Bern 1998, S. 92ff.
11 Für die Prozesskostenrechnung vgl. *Mayer, R./Kaufmann, L.*, Prozesskostenrechnung, in: *Fischer, T.* (Hrsg.), Kostencontrolling, Stuttgart 2000, S. 291ff. und *Remer, D.*, Einführen der Prozesskostenrechnung, Stuttgart 1997, S. 34ff., S. 217ff.
12 Bezüglich Kostentreiber siehe: *Stöger, R.*, Prozessmanagement, Stuttgart 2011, S. 170.
13 Zu den Messgrößen für Produktivität vgl. *Rieder, L./Siegwart, H.*, Neues Brevier des Rechnungswesens, Bern 2001, S. 75ff. und *Adam, D.*, Komplexitätskosten, in: DBW, 55/1995.
14 Vgl. *Malik, F.*, Führen Leisten Leben, Stuttgart 2006, S. 202ff.
15 Vgl. *Dellmann, K.*, Von der Kostenrechnung zum Kostenmanagement, in: *Dellmann, K.*, Neuere Entwicklungen im Kostenmanagement, Bern 1994, S. 15ff.

3.2 Die Produktivität im Geschäftsmodell weiterentwickeln

Produktivitäts- und Ergebnisüberlegungen spielen eine Rolle in der Optimierung des bestehenden Geschäftes. Sie können aber auch eine wichtige Orientierung bei der Ausgestaltung eines künftig neuen Geschäftsansatzes bilden. Dabei geht es entweder um die komplette Umgestaltung der Wertschöpfungskette oder um die Beibehaltung der **Geschäftslogik** mit radikalem Umbau einzelner Prozesse. In beiden Fällen macht es wenig Sinn, Kosten im Mikrobereich optimieren zu wollen, wenn die großen Hebel unangetastet bleiben. Jede Weiterentwicklung von Wertschöpfung und Prozessen muss richtig organisiert sein, d. h. den richtigen Rahmen für Kunden, Mitarbeiter und Führung geben.

3.2.1 Neue Geschäftsmodelle erreichen

Jedes Geschäft und jede organisatorische Aktion besteht aus Wertschöpfungsaktivitäten. Zunächst wird mit einer Wertkette die aktuelle Lage dargestellt und beurteilt, vor allem natürlich auch hinsichtlich der Produktivität und Ergebnisse. Auf dieser Basis können nun neue Möglichkeiten der Wertschöpfungslogik diskutiert, gestaltet und umgesetzt werden. Dieser Schritt vom Ist zum Soll wird insbesondere dann notwendig, wenn größere Turbulenzen im Umfeld oder in der eigenen Organisation zu erwarten sind. Der Gestaltungsvorgang führt letztlich auch zur Weiterentwicklung des **Geschäftsmodells**[1]. Konkret handelt es sich um die Fragen, was künftig getan oder eben nicht mehr getan werden soll. Damit ist das Ressourcenthema angesprochen im Sinn des Sourcings (In- und Outsourcing). Nicht nur Produkte oder Dienstleistungen können innoviert werden, sondern auch Wertketten als Geschäftsmodell. An dieser Stelle zeigt sich auch, dass die Themen **Innovation** und Produktivitätsverbesserung oftmals ein und dasselbe sind.

Ein stark von Wirtschaftlichkeit und Kosten dominiertes Geschäftsmodell ist letztlich eine **Produktivitätskette**.[2] Jedes hier und heute bestehende Geschäft hat eine Struktur, eine Grundlogik des Funktionierens: von der Auftragsgewinnung über die Leistungserstellung bis hin zur Lieferung der Leistung laufen die Funktionen einer Organisation. Das Ziel ist die Sicherstellung von Kundennutzen unter Produktivitätsgesichtspunkten. Jede Funktion kostet Personal- und Sachaufwand, der echte Wert entsteht erst durch den Kaufentscheid des Kunden, also durch den Umsatz, den ein Unternehmen macht. Das **aktuelle Geschäftsmodell** hat sich über eine Strategie gebildet oder ist historisch mehr oder weniger zufällig gewachsen, es hat Stärken und Schwächen. Dies alles mag in der Gegenwart noch gut funktionieren.

Durch neue Herausforderungen aus den Märkten kann ein völlig **neues Geschäftsmodell** erforderlich werden, eine neue Funktionslogik.[3] Beispielsweise hat ein Möbelunternehmen und -händler bereits vor Jahrzehnten den Markt in Bewegung gebracht, indem er die Endmontage an den Kunden ausgelagert hat. Dieses Do-it-yourself bei einem attraktiven Paketpreis hatte nicht nur die Umsätze drastisch gesteigert, sondern auch eine andere Auseinandersetzung mit dem Lebensgegenstand Möbel bei vielen Menschen hervorgerufen. Nicht das Produkt Möbel hat sich verändert, sondern in fast revolutionärer Weise die Art der Konfektionierung in Selbstbauweise, die Vermarktung und das entsprechende Lebensgefühl. Dass dabei die **Produktivitätsposition** um Dimensionen verbessert wurde, war Folge des radikalen Überdenkens der Wertschöpfung. Jedes klassische Kostensenkungsprogramm hätte niemals diese Wirkungen gehabt.

Produktivitätsverbesserung durch neue Geschäftsmodelle hat in der Praxis häufig zwei Ausprägungen. Die erste ist die Verstärkung von Dienstleistungen, die zweite das Outsourcing über Kooperationen. Produktivitätsverbesserung und generell Produktivitätsveränderung erreichen heute viele Organisationen über die **Verstärkung von Dienstleistungen**. Die Idee besteht darin, bereits vorhandenes Know-how in eine Leistung für den Kunden umzuwandeln. Entweder sind es Leistungen, die in dieser Form noch nie angeboten wurden oder es handelt sich um bereits vorhandene Services, die aber als eigenständige oder anders kombinierte Leistung verkauft werden. Zum Beispiel hat ein Hersteller von Fertigungsautomaten zusätzliches Geschäft über Service von Konkurrenzprodukten erschlossen. Diese Wartungs- und Instandhaltungsleistungen hatten nicht nur Umsatz zur Folge, sondern auch vermehrte Kenntnis von Wettbewerbsprodukten und einen schleichenden Ersatz durch die eigenen. In Summe wurde deutlich mehr Umsatz im Verhältnis zu den eingesetzten Kosten erreicht und somit eine Produktivitätssteigerung ohne Kostensenkung. Die **Vermarktung von Services** hat den Vorteil, dass das Wissen meistens über lange Zeit aufgebaut und kompetent vertrieben wird. Hinzu kommt, dass Kundenprozesse noch intensiver durchdrungen werden und dadurch mehr Kundenbindung entsteht. Der Nachteil kann in der Preisgabe von Wissen bestehen und in der zunehmenden Abhängigkeit von Schlüsselkunden, auf die ein Großteil der eigenen Ressourcen konzentriert wird.

Outsourcingfragen sind fast immer auch Fragen von **Kooperationen**. Wenn Produktivitätskonzepte fundamental verändert werden, ist nicht nur interessant, welche Stufen betroffen sind, sondern auch, inwieweit die Akteure wechseln oder andere Aufgaben bekommen. Ein Geschäft kann grundsätzlich mit eigenen Ressourcen betrieben werden oder auch in Form von **Outsourcing** über Kooperationen mit einem oder mehreren Unternehmen.[4] Dies bezieht sich auf einzelne Wertstufen oder auf die komplette Wertkette. Verbreitete Beispiele sind etwa: Einkaufspartnerschaften, gemeinsame Marktforschung, Vermarktungskooperationen (auf Messen, gegenüber Händlern), partnerschaftliche Serviceleistungen bzw. Call-Center, gemeinsame Entwicklung,[5] Erfahrungsaustausch in definierten Prozessen, Vermittlungsverträge, Normierungslizenzen für Zubehör, Lizenzgeschäft, Franchising, Lohnfertigung wie etwa Private Label. Kooperationen sind in unterschiedlichen Intensitätsgraden der Eigentumsverhältnisse möglich. Von der eigentumsrechtlichen Trennung bei Entwicklungspartnerschaften bis zu einer Fusion zweier Unternehmen reicht der Variantenraum. Die Vorteile liegen im Zugang zu Wissen, zu Märkten und in einer Aufteilung von Risiko. Die Nachteile bestehen wiederum in der Weitergabe von strategischem Wissen, in Abhängigkeiten und im enormen Führungsaufwand. In jedem Fall muss eine deutliche Verbesserung der Produktivitätsposition erfolgen, ansonsten ist Outsourcing zwecklos und zu stark risikobehaftet. Die Führungskapazitäten sind dann viel wirksamer in das eigene Geschäft investiert.

Die Produktivitätsverbesserung durch neue Geschäftsmodelle kann systematisch erarbeitet werden. Als erstes wird das aktuelle Geschäftsmodell über die Wertkette aufgenommen. Es geht um die **Grundlogik des Geschäftes** und um eine grobe Quantifizierung – ausgehend vom Gesamtumsatz von hundert Prozent. Im zweiten Schritt wird das neue Geschäftsmodell mit der veränderten Produktivitätslogik dargestellt. Selbstverständlich können auch mehrere **Varianten** eines künftigen Geschäftsmodells entwickelt werden. In letzter Konsequenz muss sich die Geschäftsführung aber immer auf eine Variante verständigen. Direkt aus dem beschlossenen Geschäftsmodell werden dann Maßnahmen zur Umsetzung abgeleitet. Erfahrungsgemäß dauert es mehrere Monate bis hin zu Jahren, bis neue Geschäftsmodelle umgesetzt werden können.

Werkzeug

Produktive Geschäftsmodelle

1. heutiges Geschäftsmodell

Summe der sekundären Aktivitäten: in Prozent

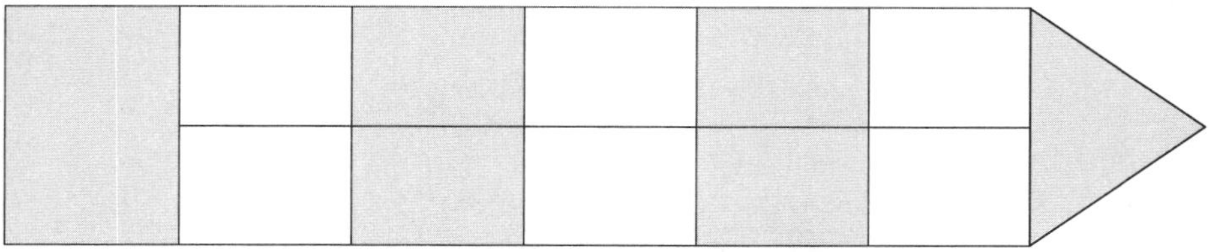

Summe der primären Aktivitäten: in Prozent

Vorleistungen (Summe: Prozent) Wertschöpfung (Summe: Prozent)

Umsatz (*Summe: 100%*)

2. künftiges Geschäftsmodell

Summe der sekundären Aktivitäten: in Prozent

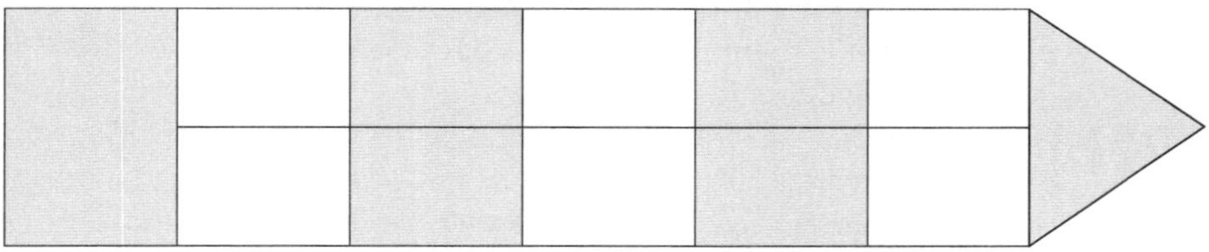

Summe der primären Aktivitäten: in Prozent

Vorleistungen (Summe: Prozent) Wertschöpfung (Summe: Prozent)

Umsatz (*Summe: 100%*)

3. Umsetzung des neuen Geschäftsmodells

Wertstufe	*Aufgabe*	*Termin*	*Verantw.*

Beispiel Lebensmittelproduzent

Produktive Geschäftsmodelle

Ein Lebensmittelproduzent stellt seine Produktivitätslogik grundsätzlich um. Dies wird einerseits durch strategische Überlegungen getrieben, andererseits durch operative Notwendigkeiten in gewissen Wertschöpfungsstufen.

1. heutiges Geschäftsmodell

Summe der sekundären Aktivitäten: 15%

Vorleistungen *Summe: 30%*	Führung und Controlling *Summe: 2%*	Rechnungswesen, Admin *Summe: 2%*	Marketing *Summe: 4%*	Personal *Summe: 2%*	Entwicklung *Summe: 5%*	*Gewinn: 5%*
	Einkauf *Summe: 2%*	Vor-Produktion *Summe:13%*	Produktion *Summe: 12%*	Logistik *Summe: 13%*	Vertrieb *Summe:10%*	

Summe der primären Aktivitäten: 50%

Vorleistungen (*Summe: 30%*) Wertschöpfung (*Summe: 70%*)

Umsatz (*Summe: 100%*)

2. künftiges Geschäftsmodell

Summe der sekundären Aktivitäten: 17%

Vorleistungen: *Summe: 55%*	Führung und Controlling *Summe: 3%*	Rechnungswesen, Admin *Summe: 2%*	Marketing *Summe: 9%*	Personal *Summe: 1%*	*QM (statt Entwicklung)* *Summe: 2%*	*Gewinn: 8%*
	Einkauf *Summe: 5%*	*Vor-Produktion entfällt*	*Veredelung* *Summe: 5%*	*Logistik entfällt*	Vertrieb *Summe:10%*	

Summe der primären Aktivitäten: 20%

Vorleistungen (*Summe: 55%*) Wertschöpfung (*Summe: 45%*)

Umsatz (*Summe: 100%*)

3. Umsetzung des neuen Geschäftsmodells

Wertstufe	Aufgabe	Termin	Verantw.
Führung/Ctrl.	Verstärkung Prozess- und Einkaufs-Ctrl.	31.10.	Müller
Marketing	Umstellung auf konsequentes Branding	30.09.	Bertens
	Umsetzung neues Handelsmarketing-Konzept	30.11.	Gaudenz
QM	Umbau Entwicklung zu echtem QM	30.09.	...
	...		

3.2.2 Mit Prozessgestaltung Produktivität und Ergebnis verbessern

Wenn von Produktivität und von Ergebnis die Rede ist, dann geht es immer um einen Leistungsprozess und um Werteinsatz zu eben dieser Leistungserstellung. Es gibt eine unendliche Anzahl von Werkzeugen, mit denen Prozesse neu gestaltet werden können. Von Werkzeug wird dann gesprochen, wenn Prozesse durchleuchtet, Vorschläge zur Verbesserung erarbeitet und umgesetzt werden. An entsprechenden Fachtermini mangelt es nicht. So wird etwa von Business Design oder Process Restruction Program gesprochen. Der am weitesten verbreitete Begriff ist derjenige des – **Business Process Reengineering** (BPR)[6]. Die Fülle von Ansätzen und Gestaltungswerkzeugen lässt sich auf fünf Themenfelder verdichten. Jedes dieser Themenfelder dient dazu, Produktivitätsverbesserung durch konsequente **Prozessgestaltung** zu erreichen.

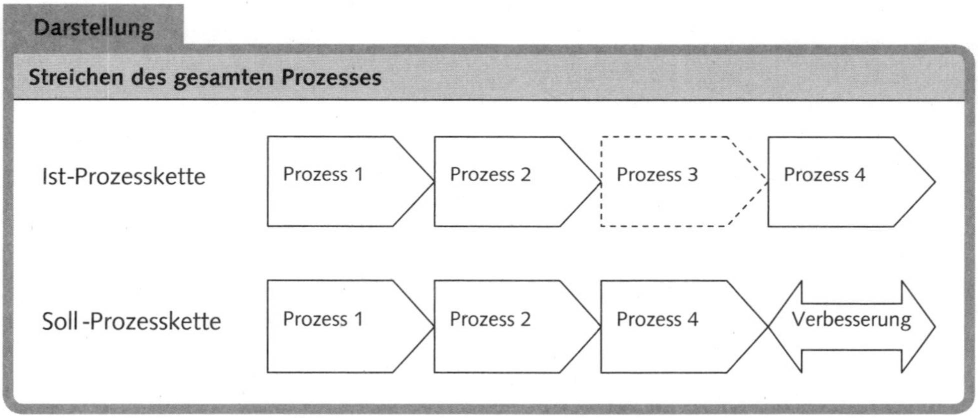

Die erste Möglichkeit der Prozessgestaltung ist das **Streichen des gesamten Prozesses**. Die Prozessliteratur ist voll von Vorschlägen zur Gestaltung neuer Prozesse. Das effektivste wird allerdings nur selten angesprochen, nämlich der Verzicht auf einen Prozess. In der Praxis findet dieser Ansatz in zweifacher Weise statt. Erstens verzichten Organisationen auf Prozesse, indem sie diese an andere Organisationen auslagern und nur mehr für ein Resultat bezahlen. Dieses Vorgehen wird als **Outsourcing**[7] bezeichnet und hat zwei Vorteile. Die Fixkosten werden durch variable Kosten ersetzt und die Organisation kann sich auf die eigenen Kernfähigkeiten konzentrieren. So hat beispielsweise ein Industriekonzern seine sämtlichen Prozesse rund um die eigene Immobilien- und Facility-Bewirtschaftung an einen Bestandsverwalter übergeben. Eine Bank etwa betreibt nicht mehr selbst den Prozess der Eintreibung von Debitoren, sondern vergibt diesen nach außen. Die zweite Möglichkeit ist der vollständige Verzicht auf einen Prozess, ohne dass eine andere Organisation diese

Funktion übernimmt. Ein Ingenieurbüro gibt zum Beispiel die Kontrolle der Angebote auf und verzichtet völlig auf diesen Schritt. Bevor Optimierungsüberlegungen stattfinden, empfiehlt es sich, ganz gezielt die sehr grundsätzliche Frage zu stellen, ob denn der gerade vorliegende Prozess notwendigerweise durchzuführen ist. Es verlangt Mut, vor allem aber eine genaue Kenntnis des Geschäftes und der Märkte, um Prozesse zu eliminieren. In jedem Fall sind gestrichene Prozesse die wirksamste Form von Prozessgestaltung[8].

Darstellung

Streichen von Teilschritten in einem Prozess

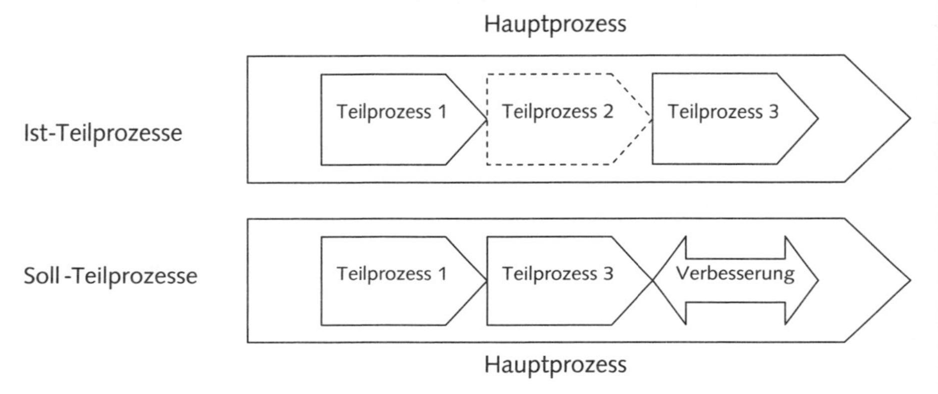

Zweitens kann das **Streichen von Teilschritten in einem Prozess** in Betracht gezogen werden. Dieser Ansatz orientiert sich an der Grundidee des vorher genannten, ist aber weniger radikal. Der Prozess wird bezüglich seiner Sinnhaftigkeit nicht in Frage gestellt, die Resultate werden nach wie vor als notwendig erachtet. Allerdings sind sämtliche Teilschritte im Prozess auf dem Prüfstand. Voraussetzung ist, dass das Ziel und der **Kundennutzen** im Prozess erkannt werden. So wird zum Beispiel der Servier- und Inkassoservice in einer Hotelkette komplett gestrichen und nurmehr über Selbstbedienung und Zahlung per Hotelkartenschlüssel abgewickelt. Diese unscheinbar klingende Eliminierung brachte im Service eine Kostenreduktion von knapp 25 Prozent. Das Streichen von Teilprozessen ist die am meisten verbreitete Form von radikalen Prozessverbesserungen. Es ist vielfach mit einer Entschlackungskur zu vergleichen, in der die über Jahre oder Jahrzehnte aufgebauten Teilprozesse systematisch auf ihren Beitrag überprüft werden. Durch das Streichen werden diejenigen Ressourcen frei, welche in anderen Prozessen benötigt werden, um im Wettbewerb zu bestehen.

Darstellung

Parallelisieren bzw. Zusammenlegen von Prozessen

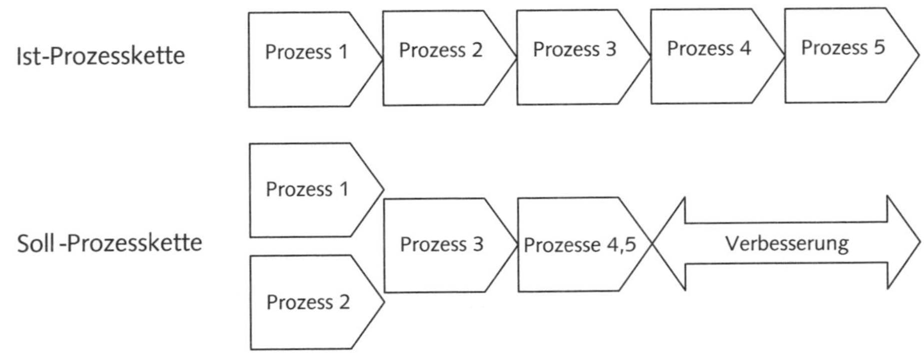

Das Parallelisieren bzw. Zusammenlegen von Prozessen ist die dritte Möglichkeit. Hier wird nicht die Sinnhaftigkeit eines Prozesses oder eines Prozessschrittes in Frage gestellt, sondern ausschließlich die Produktivität[9] der Durchführung. Die **Parallelisierung von Prozessen** ist der eine Ansatz. Beispielsweise legt ein Anlagenbauer die Prozesse »Anlage fertig stellen und abnehmen lassen« und »Rechnung stellen« zeitlich zusammen. Dadurch wird die gesamthafte Durchlaufzeit verkürzt, nachdem das Prozedere der Rechnungsstellung nicht mehr nach der Abnahme beginnt, sondern zeitlich simultan läuft. Diese Verkürzung bewirkt neben dem Zeit- vor allem einen positiven Zinseffekt. Das **Zusammenlegen von Prozessen** bedeutet eine Steigerung des Ansatzes der Parallelisierung. Besonders bei zeitlich verzögerten und sequenziellen Prozessschritten bewirkt die Zusammenfassung eine Verringerung der Durchlaufzeit, unmittelbaren Wissensaustausch und folglich geringeren Koordinationsaufwand. Auf dieser Grundüberlegung fußen die Ansätze von Fertigungs-, Vertriebs- und Beschaffungsinseln. Im öffentlichen Sektor werden zunehmend Genehmigungsverfahren nach diesem Prinzip organisiert, etwa Betriebsbewilligungen mit den Teilprozessen des Bau-, Gewerbe-, Umweltverfahrens und des Arbeitsinspektorats. Alle Interessenten, Wissens- und Entscheidungsträger sitzen an einem Tisch und behandeln die Materie simultan anstatt sequenziell.

Darstellung

Prozesse-Triage

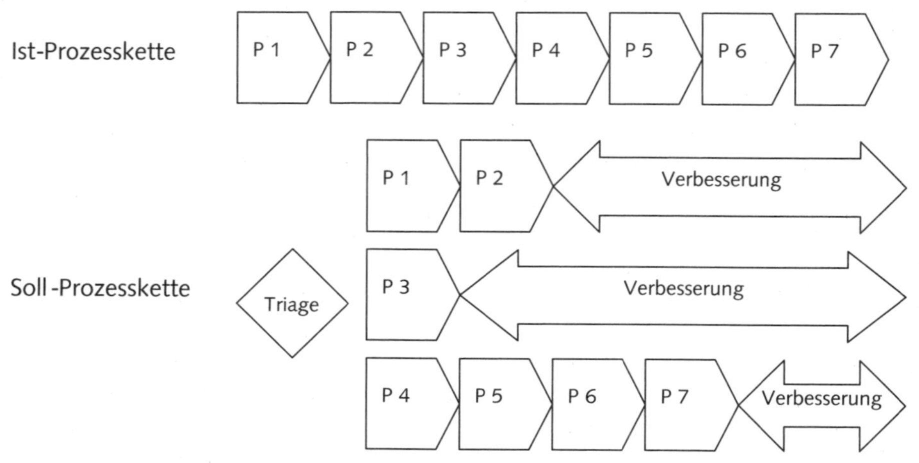

Der vierte Ansatz ist die **Prozess-Triage**. Diese stammt ursprünglich aus der Militär- und Katastrophenmedizin. Wenn zur gleichen Zeit viele Verletzte zu versorgen sind, macht es keinen Sinn, diese sequenziell zu behandeln. Stattdessen wird in einem Schnellverfahren bei allen Verletzten entschieden, wer sofort operiert werden muss und wer gegebenenfalls noch warten kann. Dieses Verfahren wird Triage genannt (frz. »triage« – auslesen, sortieren). Der allerbeste Mediziner ist in diesem Fall nicht in der Versorgung tätig, sondern selektiert am Anfang, ohne operativ tätig zu werden. In Übertragung auf die Prozessgestaltung bedeutet diese Idee, unterschiedliche **Varianten** in der Bearbeitung ein und desselben Prozesses zu bilden. Banken wenden dieses Verfahren etwa im Privatkundengeschäft bei der Kreditprüfung und -bewilligung an. Durch spezifische Kriterien werden die Bedeutung des Kunden geprüft und die Prozesse »Kredit prüfen« und »Kredit bewilligen« unterschiedlich abgewickelt, z. B. über eine Schnellprüfung bis hin zu umfangreichen Verfahren mittels Auskunfteien. Start- und Endpunkt des Prozesses sind in beiden Fällen aber immer dieselben, nämlich »Kunde reicht Kreditantrag ein« bis hin zu »Kreditantrag ist genehmigt« (oder »Kreditantrag ist begründet abgelehnt«). In der Triage wird nichts an der Grundlogik der Prozesse verändert, sondern die Prozessarbeit unterschiedlich gestaltet. Die Vorteile liegen klar auf der Hand: Vereinfachung der Verfahren und dadurch größere Prozess-Autonomie, Zwang zum unterschiedlichen Behandeln der Prozessschritte, Prozessbeschleunigung und in der Folge steigende Produktivität.

Darstellung

Hinzufügen von Prozessen

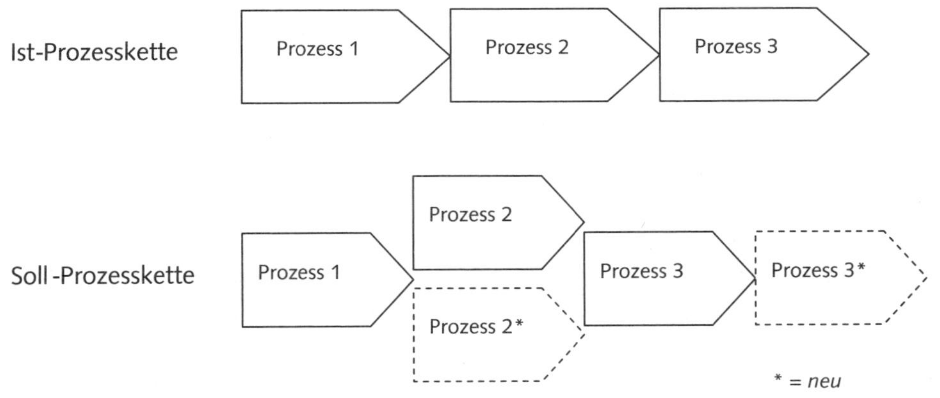

Fünftens geht es um das **Hinzufügen von Prozessen**. Bei den bisherigen Ansätzen war das Ziel, Prozesse schneller, einfacher und überschaubarer zu gestalten. Wenn aus Kunden-, Lieferanten- oder interner Sicht triftige Gründe vorliegen, kann es auch notwendig sein, zusätzliche Prozesse oder Teilprozesse aufzunehmen. So hat ein Bauunternehmen eine Subunternehmerprüfung und eine gemeinsame Ressourcenkalkulation eingeführt, nachdem im Schnitt bis zu dreißig Prozent der Subunternehmer während eines großen Bauprojektes ausfallen. Der kurzfristige Effekt ist bezüglich Kosten und Zeit negativ. In der längerfristigen Perspektive hilft dieser Schritt allerdings, die Bauvorhaben wirtschaftlicher und zeiteffizienter zu gestalten. Klarerweise besteht die Gefahr, dass durch das Hinzufügen von Prozessen die Gesamtproduktivität leidet. Daher darf das Management die Aufnahme von Prozessen nur in Ausnahmefällen zulassen. Wenn ein Prozess oder Teilprozess in die Prozesslandkarte hinzukommt, müssen von Anfang an alle Produktivitätsvorgaben vorliegen, um negative Effekte zu vermeiden. Das Hinzufügen von Prozessen darf nur gestattet werden, wenn die Gesamtproduktivität[10] steigt.

Darstellung

Prozessgestaltung als Produktivitätshebel

Ansatz	Vorteile
1. Streichen des gesamten Prozesses	• Ersatz von Fixkosten durch variable Kosten • Konzentration auf Kernprozesse möglich • Freiwerden von Ressourcen
2. Streichen von Teilschritten in einem Prozess	• Optimierung bezüglich Qualität, Zeit und Kosten im Gesamtprozess • Konzentration auf die Kernleistungen im Hauptprozess • Freiwerden von Ressourcen
3. Parallelisieren bzw. Zusammenlegen von Prozessen	• Verkürzung der Durchlaufzeiten • Qualitätssteigerung durch unmittelbaren Wissensaustausch • geringerer Koordinationsaufwand
4. Prozess-Triage	• Vereinfachung der Verfahren und größere Prozessautonomie • unterschiedliche Behandlung der Geschäftsfälle • Kosten- und Zeitersparnis
5. Hinzufügen von Prozessen	• Ausweiten der Geschäftstätigkeit, Umsatzsteigerung • mehr Nutzen für Kunden, Lieferanten oder interne Abnehmer • verstärkte Ausrichtung auf Kundennutzen und künftige Erfordernisse

3.2.3 Die Produktivitätsverbesserung als permanentes »Fitnessprogramm« etablieren

Die Ansätze zur Prozessgestaltung als Produktivitätshebel sind vielfältig und haben jeweils ausgeprägte Vorteile. Es gibt im Wesentlichen drei Methoden zur Anwendung der Prozessgestaltung: 1. Moments of Truth, 2. Beseitigung Zeit- und Kostenfallen, 3. KVP (kontinuierlicher Verbesserungsprozess). Diese sind **Kernwerkzeuge für Prozessmanagement** und müssen von jeder ergebnisverantwortlichen Führungskraft beherrscht werden.

Die **Moments of Truth**[11] haben zwei völlig unterschiedliche Wurzeln. Die bekannte geht auf das Marketing und die achtziger Jahre zurück. Damals suchen angesichts zunehmender Marktsättigung viele Unternehmen wieder mehr Nähe zum Kunden. Die Moments of Truth sind hierfür ein Synonym, um alle Kontaktpunkte zum Kunden hin klarer herauszuarbeiten und den Fokus wieder auf den Markt zu legen. Legendär ist der damalige SAS Scandinavian Airlines Chef Jan Carlzon, der 1982 öffentlich davon spricht, dass sein Unternehmen täglich zehntausende Moments of Truth habe. In diesen Momenten der Wahrheit muss das Unternehmen beweisen, dass es spürbare Wettbewerbsvorteile bietet. Die unbekannte Quelle geht bereits in die sechziger Jahre zurück. Vor allem in der japanischen Industrie werden neue Wege nach Marktorientierung gesucht. Auf Basis von kundenrelevanten Schlüsselprozessen, entstehen die ersten Qualitätszirkel und daraus entwickelt sich der leitende Gedanke: alle Kontaktpunkte (»moments«) konsequent am Kundennutzen auszurichten, also dort, wo die »Wahrheit« (»truth«) des Geschäftes entsteht. Betrachtet wird, was direkt oder indirekt auf den Kunden einwirken kann. In sämtlichen Phasen steht der **Kundennutzen** im Mittelpunkt, d.h. alle Faktoren, die letztlich zu einem Kaufentscheid führen. Mit den Moments of Truth schließt sich damit der Kreislauf von außen (Kunde definiert Anforderung) nach innen (Leistung durch Prozesse) und wieder nach außen (Kunde nimmt Nutzen wahr). »Moments« bedeutet jede Verbindung des Kunden mit den eigenen Prozessen, echter »Truth« entsteht mit dem Kaufentscheid durch den Kunden.

Das Verfahren besteht darin, die wichtigsten **Prozesse aus Kundensicht** darzustellen und die Kundenanforderungen pro Schritt zu erheben. Die Qualitäts- und Preisdimension ist dabei im Vordergrund. Unter Qualität werden alle Faktoren verstanden, die Nutzen stiften und zum Kaufentscheid beitragen. Der Preis ist immer relativ zum Wettbewerb zu sehen. Anschließend werden die eigenen Stärken und mögliche Störungen bzw. eigenen Schwächen identifiziert. Dies ist die Basis für die Erarbeitung der Initiativen, die in Folge zu Maßnahmen führen. Es empfiehlt sich, nicht allzu viele Prozessschritte festzulegen, und Qualitätsanforderungen, mögliche Störungen bzw. Maßnahmen nicht ausufern zu lassen. Das Werkzeug muss handhabbar bleiben, damit Überblick und Wirkung entstehen. In fast allen Fällen genügen eine grobe Einschätzung und die wichtigsten zwei bis fünf Initiativen pro Prozess. Das Verfahren bringt in kurzer Zeit den Fokus auf die wesentlichen Punkte: den Kundennutzen und die Prozesse aus Kundensicht mit den eigenen Stärken. Am besten funktioniert das Instrument in der Praxis, wenn die Erarbeitung in **cross-funktionalen Teams** geschieht. Damit werden nicht nur unterschiedliche Perspektiven eingebracht, sondern auch das notwendige Verständnis und Commitment für die Umsetzung.

Die **Vorteile der Moments of Truth** sind vielfältig. Das Instrument kann für die Optimierung bestehender Geschäfte verwendet werden. Dies betrifft eine Vielzahl von Themen: Marktanalysen, Konkurrenzstudien, Positionierung, Prozess-Checks, Qualitätsaudits, Akquisition, Kundenbindung, Weiterentwicklung von Leistungen, Kommunikationsargumente usw. Aber auch bei Innovationen ist es sinnvoll, konsequent vom Markt her zu denken. Start-ups können ihre erfolgskritischen Prozesse mit diesem Werkzeug ausrichten. Damit werden abgehobene, »kopflastige« Visionen vermieden, für die kein Kunde bereit ist, eine Rechnung zu bezahlen. Die Moments of Truth eignen sich sowohl für externe als auch interne Kunden, sowohl für For-Profit-, als auch für Non-Profit Organisationen. Sie dienen als Analyse- und Optionenwerkzeug für Strategien, für Prozessmanagement, Reorganisation und für Qualitätsmanagement. Der Effekt ist auch eine **Objektivierung** in dem Sinn, als der Kunde zum Gegenstand der Kalibrierung aller Aktivitäten gemacht wird. Das Instrument eignet sich zudem für Kostensenkung oder generell für Produktivitätssteigerung. Es zeigt an, wo gespart werden kann und wo die Kostenschere auf keinen Fall angesetzt werden darf.

Das Konzept der Moments of Truth hat sich in unzähligen Anwendungsfällen in allen Branchen und für alle Organisationen bewährt. Im Einsatz ist es als eigenständiges Instrument möglich. Es lässt sich aber auch vielseitig kombinieren, etwa mit einer SWOT, Marktanalysen, Kundenbefragungen usw. Im Rahmen großer Projekte und Entwicklungsthemen empfiehlt sich der Einbau der Moments of Truth, etwa in Strategieentwicklung, Innovationsprozess, Prozessmanagement oder Produktivitätssteigerung. Generell gilt, dass die Erarbeitung ein **Feedback in den Markt** hinein braucht. Wie breit und wie tief dies geschieht, hängt von der Größe des Themas und von der Branche ab. So können etwa einzelne Interviews mit Schlüsselentscheidern auf Kundenseite geführt werden. In einem anderen Fall kann mit umfangreichen Kundenbefragungen, Fokus-Gruppen, Task-Gruppen oder Buying-Centern gearbeitet werden. Das Werkzeug an sich und die Fragestellungen ändern sich jeweils nicht. Moments of Truth ist nach wie vor eine der besten Methoden, den Markt in das Unternehmen zu holen und viele Führungsdiskussionen am Zweck jeder Organisation anzubinden: **Kundennutzen** zu stiften und dies produktiv sicherzustellen.

Werkzeug

Moments of Truth

Prozess aus Kundensicht			
1. Anforderungen aus Kundensicht (Qualität und Preis)			
2. eigene Stärken			
3. mögliche Störungen/ eigene Schwächen			
4. Initiativen			

Beispiel Privates Gesundheitszentrum

Moments of Truth

Mit den Moments of Truth prüft ein privates Gesundheitszentrum alle erfolgskritischen Prozesse. Die Resultate fließen in die Erarbeitung der Geschäftsstrategie ein. Das vorgestellte Beispiel der orthopädischen Therapieleistungen zeigt konkret Flughöhe und Einsatz auf.

Prozess aus Kundensicht	1. Patient von zu Hause zur Therapie bringen	2. Therapie durchführen	3. Patient von Therapie nach Hause bringen
1. Anforderungen aus Kundensicht (Qualität und Preis)	• individueller, stressfreier Transport (plus ggf. Hilfe beim Vorbereiten) • Exklusivität in der Betreuung • Pünktlichkeit • all-inclusive	• vollständige Therapie-Infos • professionelle Durchführung • Wohlfühl-Atmosphäre • Überzeiten nicht verrechenbar	• pünktlicher, störungsfreier Transport • klare Therapie-Dokumentation bzw. Abrechnung • Preisabschlag bei Fehlzeiten
2. eigene Stärken	• konstante Personen (für ältere Patienten) • Leitsystem für Patienten	• konstante Therapeuten • Ausstattung	• wie Prozess 1 • Dokumentation bzw. Abrechnung
3. mögliche Störungen/eigene Schwächen	• Patient nicht abholbereit • zu wenig Exklusivität	• mangelhafte Therapiedispo • Wartezeiten	• Fehlinformation über Transportzeit • zu späte Dokumentation
4. Initiativen	• Aufbau von Exklusivität (»Transport als erste Visitenkarte«) • einheitlicher Dispo-Plan: gemeinsamer Zugriff über Intranet (plus Kunden-Portal)	• Vermarktungs-Offensive für alle Therapieleistungen • Ausdehnung der Therapie auf Well-ness-Angebote • standardisiertes Patienten-Feed-back	• wie Prozess 1 • monatlicher Qualitätsbericht (Basis: Patienten-Feedback und Dispositionsplan)

Ein Prozess ist ein Bündel von Aktivitäten und Resultaten auf der zeitlichen Achse. In jeden Prozess werden Kosten und Zeit investiert. Die Beseitigung von **Zeit- und Kostenfallen** gehört zum Standard-Repertoire jeder Produktivitätssteigerung. Es geht darum, im Prozess alle Faktoren zu kontrollieren, die Zeit und Kosten[12] verursachen. Zum einen beginnt das bei der Analyse von Selbstbeschäftigung und Überproduktion in Prozessen. So banal dies klingt, so verbreitet sind die Symptome. Beispiele sind etwa Leistungserstellung auf Vorrat, Sicherheitsbestände, Sicherheitszeiten oder ein überbordendes Berichtwesen. Alleine eine »Ausmistaktion« in einer öffentlichen Gesundheitskasse hat eine Reduktion der Formulare um über zwanzig Prozent bei gleichem Informationsgehalt gebracht. Die Kostenwirkung in den betroffenen Prozessen durch Wegfall von Erfassung, Prüfung, Weitergabe, Gegenzeichnung etc. war enorm. Das Zulassen von Fehlern und von ungesteuerter Kreativität in der Kultur einer Organisation birgt ebenso enorme Zeit- und Kostenfallen. Der alte Prozessmanagementgrundsatz des »**first pass yield**« setzt an diesem Punkt an. Pro Prozess wird geprüft, wie viele Aktivitäten und Leistungen beim ersten Mal richtig durchgeführt werden. Jeder erneute Versuch erhöht Kosten und Zeit erfahrungsgemäß um fünfzig bis hundert Prozent.

Darstellung

Treiber für Durchlaufzeiten

1. Rückfragen, Unklarheiten
2. Warteschleifen
3. viele Schnittstellen/hoher Grad an Arbeitsteilung
4. viele Berichts- und Genehmigungsstufen
5. nicht akkordierte Kapazitäten
6. vorgehaltene Kapazitäten, die beschäftigt werden wollen
7. lange Suchzeiten
8. viele Sitzungen mit vielen Leuten
9. schlechtes Sitzungsmanagement
10. entscheidungsschwache Manager
11. rasch sich ändernde Spielregeln auf Märkten und in Organisationen
12. mangelnde Arbeitsmethodik
13. ungeplante, überraschende Aufgaben
14. viel Kreativität bei der Erledigung von Aufgaben/jedes Mal alles neu erfinden
15. lange Rüst- und Vorbereitungszeiten
16. Vielfacheingabe von Daten
17. ungeeignete und nicht kompatible Informationssysteme
18. mangelhaft ausgebildetes Personal
19. unklare Aufgaben, Kompetenzen und Verantwortlichkeiten
20. komplizierte Organisationen
21. fehlende Qualitätsmessung
22. selbstgefällige Personalvertretungen
23. viele Koordinatoren und Controller
24. mangelhafte schriftliche Reports

Besonders interessant sind hierbei alle Durchlaufzeiten bzw. generell **Transportwege**. In einem Prozess werden unter den transportierten Gütern verstanden: Waren, Papier, Menschen und Daten. Der Transportaufwand erhöht sich automatisch dann, wenn etwa Zwischenlager, zu weit entfernte Büros, zu viele Bearbeitungsschritte oder nicht kompatible Informationssysteme verwendet werden.

Bei der Beseitigung der Zeit- und Kostenfallen wird der Prozess in die wichtigsten Prozess-Schritte aufgeteilt. Dies betrifft alle Planungs-, Bearbeitungs-, Kontroll-, aber auch Warte- und Rückfrageaktivitäten. Anschließend werden die einzelnen Schritte grob quantifiziert und bezüglich Situation und Probleme bewertet. Zum Schluss sind noch konkrete Ansätze zur Verbesserung zu erarbeiten und die daraus abgeleiteten Zeitpotenziale zu bestimmen. Wichtig bei diesem Verfahren ist es, ein klares Ziel zur **Verkürzung der Durchlaufzeiten** zu finden. Ein solches Ziel muss herausfordernd, also »groß« sein, weil nur so entsprechende Ansätze zur Verbesserung kommen. Bei einer Forderung nach Verkürzung um zehn Prozent werden nur kosmetische Korrekturen vorgenommen. Erst wenn deutliche Verkürzungsziele vorhanden sind, liegt ein Antrieb für echtes Infagestellen und Verbessern vor. Zu lange Durchlaufzeiten entstehen automatisch. Wenn ein Prozess lange läuft, schleichen sich Zeitkomponenten ein, die in Summe einen Prozess ausufern und nicht mehr wettbewerbsfähig sein lassen. Solche Treiber von Durchlaufzeiten können technischer, organisatorischer oder psychologischer Natur sein. Management bedeutet daher, diesem Automatismus entgegenzuwirken und permanent auf Zeit- und Kosteneffizienz zu achten.[13]

Werkzeug

Beseitigung Zeit- und Kostenfallen

Prozess-Schritt	Dauer IST	Situation/Problem	Ansätze zur Verbesserung	Potenzial
Summe: IST (durchschnittlich)			Summe: Potenzial durch Prozessverbesserung	

Dauer IST (durchschnittlich)		Dauer SOLL (durchschnittlich)	
Potenzial durch Prozessverbesserung		Verkürzungseffizienz	

Beispiel Softwareentwicklung

Beseitigung Zeit- und Kostenfallen

Der Prozess »Rechnung erstellen« wird in einem Systemhaus für Software-Consulting geprüft. Das Ziel lautet dabei, die durchschnittliche Bearbeitungszeit um dreißig bis vierzig Prozent zu verkürzen. Die beteiligten Stellen sind: Fakturierung (F), Projektleiter (PL). Durch die Verbesserung wurde schließlich eine Verkürzungseffizienz von ca. fünfzig Prozent erreicht.

Prozess-Schritt	Dauer IST	Situation/Problem	Ansätze zur Verbesserung	Potenzial
F: auf Rechnungs-Vorschlag des PL warten und PL zur Abgabe auffordern	5.0 d (nach Projekt-Abschluss)	• Rechnungsvorschläge zu spät und zu individuell erstellt • PL vergessen den Rechnungsvorschlag	• Abgabe des Vorschlages bei Vorstellung des Abschlussberichtes • Daten des Projektendes frühzeitig an F geben	3.0 d
PL: alle relevanten Informationen sammeln und fehlende einfordern (Spesen, Zeiterfassung...)	3.0 d (nach Projekt-Abschluss)	• Informationen liegen teilweise noch nicht vor (Spesen werden erst gesammelt...) • PL »vertagen« die Sammlung	• Spesen erst bei Rechnungsstellung auszahlen • Sekretariate als »Wadelbeißer«	1.0 d
PL: Informationen prüfen	2.0 d	• Informationen teilweise falsch (bzgl. Datum, Kosten, Zeit...)	• vorgängige Prüfung durch Projekt-Sekretariate	1.0 d
PL: falsche Informationen korrigieren	5.0 d	• PL »vertagen« diese Prüfung gerne	• Korrekturen durch Projektsekretariat	3.0 d
PL: Rechnungs-Vorschlag schreiben	0.1 d	• keine Standards, hohe »Kreativität«	• Vordrucke und Muster für Vorschlag	–
PL: Rechnungs-Vorschlag an F weitergeben	0.1 d	• keines	• keiner	–
F: Rechnung schreiben und versenden	3.0 d	• nochmalige Prüfung aller Angaben • viele Rückfrage-Schleifen	• keine Prüfung mehr durch F	1.0 d
Summe: IST (durchschnittlich)	18.2 d		Summe: Potenzial durch Prozessverbesserung	9.0 d

Dauer IST (durchschnittlich)	18.2 d	Dauer SOLL (durchschnittlich)	9.0 d
Potenzial durch Prozessverbesserung	9.0 d	Verkürzungseffizienz	50%

Produktivitätssteigerung in Prozessen funktioniert dann am besten, wenn es in Form von **Selbststeuerung**[14] geschieht. Die Grundidee liegt darin, dass autonome Teams voll für die Erfüllung ihrer Ziele in den Prozessen verantwortlich sind. Die Überprüfung und Kontrolle der entsprechenden Prozessleistungen werden subsidiär von diesen Teams übernommen. Dies setzt selbstverständlich eine klare Produktivitätsstrategie und eine Kultur des Vertrauens voraus, sowie Führungskräfte bzw. Mitarbeiter, die mit der Selbstkontrolle umgehen können und wollen. Beispielsweise wurde die Angebots- bzw. Vertragsprüfung in einer Versicherung aufgegeben und in die Hände der verantwortlichen Einheiten übertragen. Flankierend war dies mit einer Prämienregelung auf Umsätze und niedrige Reklamationsquoten verbunden. Die Vorteile dieses Ansatzes sind leicht nachvollziehbar. Erstens braucht es keine übergeordneten Instanzen, Stabstellen oder Externe, um die Produktivitätsverbesserung anzustoßen. Damit liegt eine direkte, positive Kostenwirkung vor. Zweitens wird der Führungskreislauf in den autonomen Einheiten geschlossen, es entsteht **Selbstorganisation**. Die permanente Verbesserung in den Prozessen obliegt der Führung dieser Teams. Es sind die Prozesse selbst, die Produktivitäts- und die Qualitätsanforderung aus Kundensicht, die das Team steuern, und nicht andere Instanzen. Aufgaben, Kompetenzen und Verantwortung liegen dort, wo im Prozess gearbeitet wird[15].

Das Verfahren zur Selbststeuerung bzw. Selbstorganisation ist der **kontinuierliche Verbesserungsprozess (KVP)**. Mitarbeiter und Führungskräfte werden aufgefordert, systematisch Verbesserungsvorschläge zu liefern. Diese können sich auf Marktleistungen, auf Prozesse oder andere Themen beziehen. Aufzunehmen sind neben dem Vorschlag, dem Ideengeber und dem Vorgesetzten vor allem die von dem Vorschlag betroffenen Organisationseinheiten. Anschließend werden Ziel, Ausgangslage, Mittel, Maßnahmen, Termine und Verantwortlichkeiten spezifiziert. Dies dient letztlich der Vorbereitung des Entscheides (mit entsprechender Begründung). Für den **Umsetzungsprozess** wichtig sind noch das Nominieren eines Auftraggebers für die Umsetzung und regelmäßige Umsetzungsmeldungen. Aufnahme des Vorschlages, Entscheidung und Umsetzung laufen idealerweise im selben Zirkel. Dies darf natürlich nicht Führungsverantwortung unterminieren oder gar die Strategie aushebeln.

Es gibt viele Organisationen, die positive Erfahrungen mit KVP gemacht haben. Wahrscheinlich existieren aber noch mehr Unternehmen, bei denen KVP in einer **Berichtsbürokratie** versunken oder eingeschlafen ist. Wenn dieses Instrument eingeführt wird, so muss dies von den Führungskräften getrieben sein und in Form von Selbststeuerung laufen. Koppelungen an Entlohnung oder Karriereplanung mag sinnvoll scheinen, führt in der Praxis aber meist zu Pseudo-Vorschlägen, um eine gewisse Quote zu erreichen. Gelingt es, KVP in die bestehenden Führungsprozesse einzubauen und im Sinn kleiner Workshops regelmäßig durchzuführen, entsteht ein wirksamer Hebel für **Qualität, Zeit und Kosten**.

Werkzeug

KVP (kontinuierlicher Verbesserungsprozess)	
KVP-Vorschlag	
Vorschlag durch	
Organisationseinheit	
Leiter Organisationseinheit	
betroffene Organisationseinheiten	
Datum	
Ziel	
Ausgangslage	
Mittel	
Maßnahmen	
Termin	
Gesamtverantwortung	
Entscheidung	
Begründung	
Auftraggeber der Umsetzung	
Umsetzungsmeldung an/bis	

Beispiel Stadtwerke (1)

KVP (kontinuierlicher Verbesserungsprozess)

Ein lokaler Energieversorger (Stadtwerke) erstellt jährliche Wasser-, Gas-, Fernwärme- und Stromabrechnungen für die Kunden. Nachdem die Gemeinde als Eigentümer sich zu den Kyoto-Energiesparzielen bekannt hat, wurde mit Mitarbeitern und ausgewählten Kunden ein KVP-Zirkel gegründet. Ein Mitarbeiter des Kundenservice hat dabei eine interessante Idee entwickelt…

KVP-Vorschlag	**Transparenz und Benchmarking in der Wasser-, Gas-, Fernwärme- und Stromabrechnung**
Vorschlag durch	P. Berger
Organisationseinheit	Kundenservice
Leiter Organisationseinheit	A. Gebauer
betroffene Organisationseinheiten	• Kundenservice • Abrechnung/Inkasso
Datum	17.02.201x
Ziel	**Eine Sensibilisierung für Einsparungen bei den Endkunden wird durch transparente Abrechnungen mit einem einfachen Benchmarking (Mehrjahresvergleich, Quervergleich mit strukturgleichen Haushalten oder Unternehmen, konkrete Spartipps…) hergestellt.**
Ausgangslage	• Die aktuellen Abrechnungen sind kundenunfreundlich – sowohl bzgl. Verständlichkeit als auch bzgl. Sensibilisierung für Energiesparen.
Mittel	• Programmierung der neuen Rechnungsformate in allen Systemen und Anwendungen: 5 000 Euro • PR-Kampagne in Regionalzeitungen…: 2 000 Euro
Maßnahmen	• Umstellung der aktuellen Rechnungsformate: Aufnahme von Mehrjahresvergleichen des eigenen Verbrauchs bzw. eines »best practice« mit strukturgleichen Haushalten/Unternehmen • Errechnung eines automatischen Sparziels aufgrund der genannten Inputs • Controlling der effektiven Einsparungen
Termin	• Umsetzung der neuen Formate: bis 10.04. • erstmalige Ausgabe (Halbjahresabrechnungen): 30.06. • abgeschlossene PR-Kampagne: 31.07. • Controlling der effektiven Einsparungen: 31.12.
Gesamtverantwortung	P. Berger

Beispiel Stadtwerke (2)

KVP (kontinuierlicher Verbesserungsprozess)	
Entscheidung	**Die Maßnahme wird wie vorgeschlagen unverzüglich umgesetzt. Die Geschäftsleitung bekennt sich zu diesen Maßnahmen und unterstützt die Umsetzung wo immer notwendig.**
Begründung	• klarer Beitrag des Unternehmens zu den Kyoto-Zielen • positive PR-Wirkung für das Unternehmen/positive Wirkung auf das Image (Sparen, Bürgerfreundlichkeit…) • Insgesamt: überschaubarer Aufwand bei großer Wirkung
Auftraggeber der Umsetzung	W. Fellinger, kfm. Geschäftsführer
Umsetzungsmeldung an/bis	Bericht an die Geschäftsführung bei folgenden GL-Sitzungen (durch P. Berger): • 04.07.: Umsetzung/erste Resultate • 21.12.: Controlling der Einsparungen, Resümee bzgl. PR und Image

Anmerkungen

1 *Hamel, G.*, Bringing silicon valley inside, in: Harvard Business Review 1999, Vol. 77/Nr. 5, S. 71ff.
2 Vgl. neuen Wertschöpfungsmodelle etwa in: *Handfield, R./Nichols, E.*, Introduction to Supply Chain Management, New. Jersey 1999.
3 Siehe *Stöger, R.*, Der After Crisis Workshop, in: zfo 2/2010, S. 113ff.
4 Vgl. *Pfaff, D./Kunz, A.*, Beschaffungskosten, in: *Fischer, T. (Hrsg.)*, Kosten-Controlling, Stuttgart 2000, S. 353ff. und *Bliesener, M.*, Outsourcing als mögliche Strategie zur Kostensenkung, in: Betriebswirtschaftliche Forschung und Praxis, 1994/4, S. 277ff.
5 *Oesterle, M.*, Kooperationen in Forschung und Entwicklung, in: *Zentes, J., et al.*, Kooperationen, Allianzen und Netzwerke, Wiesbaden 2003, S. 631ff.
6 Vgl. *Hammer, M./Champy, J.*, Business Reengineering, Frankfurt 1996, S. 11ff. und S. 18ff.
7 Zu den Themen Fertigungsansätze, Produktivität und Outsourcing vgl. *Drucker, P.*, Die Zukunft managen, Düsseldorf 1992, S. 150 und S. 209ff. und *Friedl, B.*, Produktionskosten, in *Fischer, T. (Hrsg.)*, Kosten-Controlling, Stuttgart 2000, S. 377ff.
8 Vgl. *Malik, F.*, Führen Leisten Leben, Stuttgart 2006, S. 359ff.
9 Vgl. *Handfield, R./Nichols, E.*, Introduction to Supply Chain Management, New. Jersey 1999 und *Porter, M.*, Wettbewerb und Strategie, München 1999, S. 170 f.
10 Zur Steigerung der Gesamtproduktivität siehe: *Hammer, M.*, Der Weg zum supereffizienten Unternehmen, in: Harvard Business Manager, 2002/2, S. 40ff.
11 Vgl. *Stöger, R.*, Moments of Truth. Den Kunden ins Unternehmen holen, in: zfo 3/2011.
12 Vgl. *Mayer, R./Kaufmann, L.*, Prozesskostenrechnung, in: *Fischer, T.* (Hrsg.), Kostencontrolling, Stuttgart 2000, S. 291ff.
13 Zur Erhöhung der Zeit- und Kosteneffizienz siehe: *Günther, T./Fischer, J.*, Zeitkosten, in: *Fischer, T. (Hrsg.)*, Kosten-Controlling, Stuttgart 2000, S. 591ff.
14 Vgl. zur Selbststeuerung die Struktur lebensfähiger Systeme in: *Malik, F.*, Strategie des Managements komplexer Systeme, Bern 1996, S. 80ff.
15 Vgl. *Malik, F.*, Systemisches Management, Evolution, Selbstorganisation, Bern 1993, S. 195ff. vgl. *Malik, F.*, M.o.M.-letter, Malik on Management, Nr. 09/04.

3.3 Die organisatorische und persönliche Produktivität verbessern

Der Rahmen für Produktivität wird zunächst in der Strategie eines Unternehmens abgesteckt. Dies bildet das Fundament für alle weitergehenden prozessbezogenen Überlegungen, insbesondere für das Geschäftsmodell. Auf dieser Grundlage können nun Hebel für die **organisatorische und persönliche Produktivität** entwickelt werden. Wichtig ist hierbei die Reihenfolge, d. h. die richtige Sequenz von der Strategie über die Prozesse zur Aufbauorganisation. Anschließend können dann alle Stellhebel für die persönliche Produktivität angegangen werden, d. h. Funktionendiagramm und Stellengestaltung.

3.3.1 Die produktivitätsorientierte Organisation schaffen

Eine wichtige Vorsteuergröße für das Produktivitätsergebnis ist die **Organisation**. Organisieren bedeutet, für Orientierung und Klarheit zu sorgen. Im Kern geht es um die Aufgaben, Kompetenzen und Verantwortlichkeiten (AKV) für Funktionen und Personen. Nur so entstehen Wirkung am Markt, **Leistungsfähigkeit** und Produktivität. Organisieren assoziieren die meisten Führungskräfte und Mitarbeiter mit der bildhaften Darstellung der »Befehlskaskade«, dem Organigramm. Und viele Führungskräfte beginnen die Diskussion gerne mit dem Organigramm. Dies ist hochgefährlich, weil die beteiligten Personen schon von Beginn an in den falschen Kategorien denken: Macht, Über- bzw. Unterstellung, Einfluss, Prestige, Insignien usw.

Die Produktivitätswirkung von Organisationen – positiv wie auch negativ – entsteht durch einige Grundsätze. Als Allererstes muss eine klare Einschätzung über die geschäftlichen Herausforderungen der Zukunft bestehen. Das Organisieren richtet sich dann an diesen Herausforderungen aus. Das Prinzip jeden Organisierens ist daher die Bildung von **Geschäftsfeldern**, von ergebnisverantwortlichen Einheiten[1]. Nur dort sind Wettbewerb, Kunden und Konkurrenten. Daher kann auch nur dort der Beurteilungsmaßstab für gute Organisation und für die entsprechende Produktivität liegen. Ein wichtiges Prinzip lautet, dass in Geschäftsfeldern ein möglichst hoher Grad an **Selbstorganisation** herrschen muss, damit Verantwortung entsteht. Dies ist auch genau das, was gute Führungskräfte suchen. Alles, was Verantwortung auflöst, delegierbar, abschiebbar macht, ist interessant für einen gewissen Typus von

Menschen, mit dem aber kein funktionierendes Unternehmen zu machen ist. Jede Diffusion von Verantwortung bewirkt steigende Kosten durch vermehrten Zeiteinsatz und Ressourcenverschwendung.

Die **Entlastung des Top-Managements von operativen Aufgaben** ist ein weiterer Grundsatz beim Organisieren. Das Ziel liegt darin, dass sich die Unternehmensspitze den langfristig wichtigen Themen widmen kann. Es geht um die Entwicklung des Geschäftes und das Justieren des Unternehmens. Im Kern ist damit gemeint, nicht im Unternehmen, sondern am Unternehmen zu arbeiten. Vor allem betrifft dies die Gestaltung der Prozesse und die notwendige Personal- und Führungskräfte-Entwicklung.

Eine wesentliche Frage besteht darin, welche Funktionen bzw. Prozesse zentral, d. h. Geschäftsfeld übergreifend organisiert werden müssen. Hier gilt immer das Minimum-Prinzip. Wenn solche **zentralen Funktionen** (»Abteilungen«, »Stäbe«, »Centers«...) geschaffen werden, dann gibt es zwei Eckpunkte: erstens das Herstellen eines klaren Auftrages seitens des Top-Managements und zweitens die Erfüllung von Anforderungen der Geschäftsfelder. Diese sind die Kunden der zentralen Funktionen. Beispielsweise kann das in einer Funktionalstrategie oder in Prozessaufträgen dargestellt werden. In der Frage von **Schlüsselprojekten** (Beispiele: Internationalisierung, Innovation...) gilt der Grundsatz, dass diese – wo immer es geht – innerhalb der Geschäftsfelder laufen müssen. Diese Themen sind Teil der Geschäftsfeld-Strategie. Wenn es sich um wichtige Themen handelt, die nicht in die Geschäftsfelder passen, dann sind diese als »marktverantwortliches Schlüsselprojekt« zu etablieren, damit ein gesunder Druck auf Markterfolg entsteht. Alles andere führt zur Verzettelung und zu Selbstbeschäftigung. Solche Projekte sind natürlich anders zu behandeln und zu führen; es hat als »Kleinkind« andere Maßstäbe als ein »erwachsenes Geschäftsfeld«.

Die Begründung für eine neue Organisation kommt vorrangig und am besten aus dem Markt, aus den geschäftlichen Notwendigkeiten. Die langfristigen strategischen Ziele aus den Geschäftsfeldern bilden die Begründung für die neue Organisation. Der Ausspruch »**structure follows strategy**« verdeutlicht diesen Ansatz[2]. Die Anpassung kann in viele Richtungen gehen, so etwa von einer kompletten Reorganisation der Geschäftsfelder über die Reorganisation einzelner Funktionen oder Regionen bis hin zur Neuschaffung von Schlüsselprozessen. In jedem Fall gilt ein Grundsatz: Zuerst besteht Klarheit in der **Strategie** und erst dann wird die Organisation verändert.

Das Zeichnen des Organigramms ist der letzte Schritt, nachdem alles andere klar ist. Das **Organigramm** ist nur eine bildhafte und meistens unvollständige Verdeutlichung der AKV (Aufgaben, Kompetenzen, Verantwortlichkeiten). Selbstverständlich sendet ein Organigramm auch Botschaften aus und ist damit ein Kommunikationsinstrument. Die Optik des Organigramms muss die Logik des Geschäftes widerspiegeln. Es gibt Unternehmen, die sich weigern, Organigramme zu zeichnen, weil sie alles über die AKV geregelt und vieles in Form der Selbstorganisation geregelt haben. Es existieren aber auch Unternehmen, die zwar ein auf den ersten Blick schlüssiges Organigramm besitzen, bei den AKV aber sehr wenig geklärt haben und daher keine Wirksamkeit entsteht. Bei der alleinigen Sicht auf das Organigramm gilt das »**Eisberg-Prinzip**«: ein Fünftel, d. h. das Organigramm, ist sichtbar über Wasser, vier Fünftel liegen zwar unter Wasser, sorgen aber für Stabilität.

Generell können alle Produktivitätsüberlegungen einer Organisation mit den drei **Grundfragen des Organisierens** nach Peter Drucker[3] beantwortet werden. Die erste Frage lautet: »Wie müssen wir uns organisieren, damit das, wofür der Kunde bezahlt, im Zentrum der Aufmerksamkeit steht und von dort nicht wieder verschwinden kann?« Diese Frage setzt an der Stelle an, wo die beste und einzige Existenzberechtigung einer Organisation liegt, nämlich beim **Kunden**. Eine gute Strategie und eine gute Organisation richten sich am Kundennutzen aus. Interessanterweise fehlt aber in praktisch allen Organigrammen der Kunde. In der Szene der Organisationsentwickler gibt es Menschen, die glauben, dass Strategie und Struktur zuerst den Mitarbeitern dienen sollen. Faktoren wie Motivation, Spaß oder Selbstverwirklichung werden hervorgehoben. Diese Orientierung ist grundlegend falsch. Eine gute Organisation stellt kompromisslos den Bezug zu den Kunden her. Beispielsweise definiert sich eine Controlling-Abteilung über die Unterstützung für kompetente Führungsentscheide. Damit dient sie den Geschäftsfeldern gleichermaßen wie dem Gesamtunternehmen. Binden Entwicklungsprozesse für Produkte oder Dienstleistungen nicht frühzeitig den Kunden ein, wird das Ganze sehr spannend für Entwickler, aber nicht für einen Anwender, der eine Rechnung für diese Leistung bezahlen soll. Wenn sichergestellt ist, dass die Organisation stringent auf den Kunden zuläuft und dieser Kunde auch das Resultat abnimmt, dann löst sich die Frage nach der richtigen Organisation fast von selbst. Und ebenso bringt die konsequente Kundenorientierung die richtige Justierung für Produktivitätsfragen.

Frage zwei bezieht sich auf das Personal: »Wie müssen wir uns organisieren, damit das, wofür wir unsere Mitarbeiter bezahlen, von diesen auch wirklich getan werden kann?« Eine solide Organisation stellt sicher, dass die **Mitarbeiter** Klarheit über ihre Ziele bzw. Schlüsselaufgaben haben und sich voll darauf konzentrieren können. Die Aktivitäten richten sich nicht am Arbeitsaufwand, sondern an Resultaten aus. Die Mitarbeiter haben geschlossene Jobs, sie kennen die Ziele und können eigenständig darauf hinarbeiten. Ziele und Aufgaben sind aus der Strategie abgeleitet und tragen so zur **Umsetzungsstärke** bei. In der Praxis findet sich aber häufig das Grundverkehrte. Zuerst werden Aufbauorganisation, Kästchen und Pfeile gemalt, mit Namen gefüllt und dadurch Rangordnung, Status und Einfluss festgelegt. Dieses Verfahren ignoriert systematisch den Vorrang des Kunden und die daraus abgeleiteten Vorgaben der Strategie. Eine brauchbare Organisation richtet sich an der Strategie aus, vor allem an den funktionalen Anforderungen in den Geschäftsstrategien. Strukturen und Hierarchien bemessen sich ausschließlich daran, inwieweit sie diese Anforderungen erfüllen können.

Die dritte Frage betrifft die Führung: »Wie müssen wir uns organisieren, damit das, wofür die Führungskräfte bezahlt werden, auch wirklich getan werden kann?« Führen bedeutet das Erreichen von Resultaten. Eine Strategie definiert Ziele, Mittel, Maßnahmen und legt so die Grundlage für die Umsetzung. Im Zusammenhang mit Strategie bestehen die wichtigsten **Aufgaben für Führungskräfte** darin, für Ziele zu sorgen, strategiegerecht zu organisieren, Entscheide zu treffen, zu kontrollieren, für eine solide Arbeitsmethodik zu sorgen und Strategiewerkzeuge zu verwenden[4]. Die Qualität einer Führungskraft zeigt sich an der Erfüllung dieser Aufgaben und nicht am Grad der operativen Anspannung. Eine gute Organisation stellt sicher, dass sich die Führungskräfte auf diese Aufgaben konzentrieren können und nicht von Bürokratie, Sitzungen, Mikropolitik oder Status abgelenkt sind. Aufgaben, Kompetenzen und Verantwortlichkeiten der Führungskräfte sind an der Umsetzung der Strategie auszurichten und für alle transparent zu gestalten. Wenn das nicht so ist, sind Konflikte vorprogrammiert und die Führungskräfte systematisch fehlgesteuert. Durch eine **führungsfähige Organisation** wird der Rahmen für jede Art von Produktivität[5] geschaffen.

Darstellung

Grundfragen des Organisierens

Fragen	Eckpunkte für eine produktivitätsorientierte Organisation
1. Wie müssen wir uns organisieren, damit das, wofür der Kunde bezahlt, im Zentrum der Aufmerksamkeit steht und von dort nicht wieder verschwinden kann?	1. kompromisslose Orientierung am Kunden 2. Kundennutzen als Maßstab für Organigramme und Prozesse 3. hohe Autonomie, eigene Steuerung (Budgets) von ergebnisverantwortlichen Einheiten 4. Resultatlogik vor Hierarchielogik 5. Signalwirkung und »Botschaft« der Organisation im Sinne der Kundenorientierung 6. Einfordern von Resultaten und entsprechende Konsequenz in der Leistungsbeurteilung 7. Stellengestaltung und Stellenbewertung in Abhängigkeit der Kundenorientierung
2. Wie müssen wir uns organisieren, damit das, wofür wir unsere Mitarbeiter bezahlen, von diesen auch wirklich getan werden kann?	1. Aufgaben, Kompetenzen und Verantwortlichkeiten entsprechend der Strategie und den Erfordernissen für die Umsetzung 2. Ableitung der Ziele und Schlüsselaufgaben für Mitarbeiter aus der Strategie 3. Ableitung der Strukturen und Hierarchien aus den Anforderungen der Strategie (insbesondere funktionale Anforderungen) 4. Orientierung am Kunden vor der Orientierung am Chef 5. Selbststeuerung durch anspruchsvolle Aufgaben 6. möglichst wenig »Störung« der Mitarbeiter durch die Organisation (Formalismen, Sitzungen, Status…) 7. geringe Kommunikationserfordernisse
3. Wie müssen wir uns organisieren, damit das, wofür die Führungskräfte bezahlt werden, auch wirklich getan werden kann?	1. Klarheit der Aufgaben: für Ziele sorgen, organisieren, entscheiden, kontrollieren, beurteilen, für eine solide Arbeitsmethodik sorgen, Strategiewerkzeuge verwenden 2. kein Ablenken von den Führungsaufgaben durch: Bürokratie, Sitzungen, Mikropolitik oder Status 3. Herstellung von Führbarkeit: Autonomie (Subsidiarität), klare Spielregeln, Richtlinien, Kenntnis des Geschäftes (Kunden…) 4. einfache Ausgestaltung und Verständlichkeit der Organisation 5. Robustheit der Organisationen gegen Irritationen, Unvorhergesehenes, Hektik und Gerüchte 6. keine Notwendigkeit einer informellen Struktur zum Führen der Organisation 7. Klarheit über Führungskräftebedarf und Ausbildungserfordernisse (entsprechend der Strategie)

3.3.2 Die Sitzung und das Gremium produktiv gestalten

Informationsaustausch, Diskussion, Entscheidungsfindung und Controlling laufen heute zu einem sehr großen Teil im Rahmen von **Sitzungen**[6]. Damit sind Sitzungen nicht nur ein wichtiger Steuerungsfaktor für Produktivität, sondern gleichzeitig auch ein Kostentreiber. Gut geführte Sitzungen sind ein entscheidender Hebel, um Organisationen wirksam werden zu lassen. Völlig zu Recht beklagen aber viele Mitarbeiter und Führungskräfte, dass sie zu viel Zeit in zu vielen unwirksamen Sitzungen verbringen. Jeder Aufwand auf Kostenstellen, in Projekten oder auf Reisen wird kalkuliert – hingegen wird die **Effektivität von Sitzungen** praktisch nie hinterfragt.

Der beste Zugang zum Thema Sitzungsmanagement ist die Orientierung am Gegenteil von Sitzung und Team: an der Nicht-Sitzung und an der einzelnen Person. Warum organisieren sich Menschen? – Aus ökonomischer Sicht deswegen, weil sie gemeinsam ihre Ziele besser erreichen können. In der Praxis entsteht aber nicht selten der Eindruck, dass Organisationen nicht wegen ihrer guten Zusammenarbeit funktionieren, sondern weil einzelne Personen eine überdurchschnittliche Leistung bringen. Die **einzelne Person** hat klare Vorteile gegenüber einem **Team**. Es muss nichts abgestimmt, koordiniert und kommuniziert werden. Obwohl in der heutigen Zeit viel über das Team romantisiert wird, sind erfahrene Führungskräfte eher sparsam mit dem Einsatz von Teams: Sie sehen Abstimmungsrunden, Arbeitskreise, Kommissionen nicht als Zeichen von Fortschritt, sondern als Hindernis für Umsetzungsstärke. Die einzelne Person braucht mit sich selbst keine Sitzung. Diese wird erst notwendig, wenn viele Menschen zusammenarbeiten müssen.

Insbesondere für Führungskräfte ist das Thema Sitzungen zu einem Dauerthema geworden. Grob gesagt gilt die sogenannte »**Siebziger-Regel**«: Siebzig Prozent der Führungskräfte sagen, dass sie siebzig Prozent ihrer Zeit in Sitzungen verbringen und siebzig Prozent dieser Zeit als nicht produktiv empfinden. Es geht hier weniger um die Prozentzahl, sondern um die Botschaft: Sitzungen müssen professionell gemanagt werden, damit erstens das Team besser funktioniert als Einzelarbeit und zweitens der Zeitverlust durch Sitzung wieder aufgeholt werden kann. Die Sitzung während eines Formel 1-Rennens ist der Boxenstopp. Dort wird ein Grand Prix gewonnen oder verloren. Mag dieser Vergleich auch überzogen sein, so sollte jedes Unternehmen die Wirksamkeit der Boxenstopps überprüfen.

Es existieren viele Bezeichnungen für die Sitzung: Workshop, Meeting, Besprechung, Konferenz, Abstimmungsrunde, Koordinationstermin, Gremium, Arbeitskreis, Projektgruppe... Ziele, Ausprägungen und Formalisierungsgrad können unterschiedlich sein, der gemeinsame Kern ist immer derselbe: Die Sitzung ist der wichtigste Versammlungs-, Kommunikations-, Informations- und Entscheidungsort, den es in arbeitsteiligen Organisation gibt. Die Leistungsfähigkeit von Organisationen[7] und Führungskräften wird deutlich durch Sitzungen geprägt. In, durch und mit Sitzungen entsteht zudem **Unternehmenskultur**.

Bei der **Anzahl der notwendigen Sitzungen** ist von einer möglichst geringen Anzahl auszugehen. Es gibt Führungskräfte mit der Neigung, alle wichtigen Fragen an ein Kollektiv zu delegieren. Niemand ist dann in solchen Konstellationen verantwortlich, die Themen werden in Endlosschleifen diskutiert und die Leute von der Arbeit abgehalten. Eine überschaubare Anzahl von Sitzungen ist Zeichen von professioneller Organisation und von Effektivität. Wenn nur zehn Prozent der Aufmerksamkeit für eine funktionierende IT der Professionalität von Sitzungen geschenkt werden würde, dann gäbe es viele Probleme nicht: unstrukturierte Themen, Verzettelung, Entscheidungsschwäche, ineffiziente Projekte usw.[8]

Es sind im Prinzip zwei Werkzeuge, die ein professioneller Sitzungsleiter im Griff haben muss: Tagesordnung und Protokoll[9]. Alle Führungskräfte nicken, wenn sie das hören und fast alle glauben, dass dies selbstverständlich und einfach sei. Die Praxis sieht allerdings anders aus: mangelhafte Vorbereitung, unprofessionelle Sitzungsleitung, unzulängliches Zeitmanagement und ausufernde, schlecht geschriebene Protokolle (die nicht selten viel zu spät gesendet werden). Mit der präzisen Gestaltung von **Tagesordnungen** und wasserdichten Protokollen erhöht sich die Verbindlichkeit und ganz generell die Wirksamkeit einer Sitzung. In Tagesordnungen sind aufzunehmen: Titel der Sitzung, Zeit, Dauer, Ort, eingeladener Personenkreis, Autor der Tagesordnung, Tagesordnungspunkte mit dem angepeilten Resultat, Verantwortliche für die einzelnen Tagesordnungspunkte, Verweis auf das Protokoll. Durch eine Tagesordnung wird Orientierung gegeben und Druck zur sorgfältigen Vorbereitung aufgebaut. Gute Tagesordnungen konzentrieren sich auf wenige, dafür wichtige Punkte. Überladene Tagesordnungen sind nicht nur Beweis einer schlechten Sitzungskultur, sondern auch ein Zeichen unwirksamer Organisation. Bei jedem Punkt muss klar sein, welcher Zweck erreicht werden soll. Eine genaue zeitliche Angabe und eine konkrete Person als Verantwortlicher sind zugewiesen. Das **Protokoll** ist der Abschluss einer Sitzung und in diesem Sinn der eigentlich letzte Tagesordnungspunkt. Ohne Protokoll bleibt jede Besprechung offen, ohne Ergebnis und interpretationsbedürftig. Ein vollständiges Protokoll beinhaltet: Verweis auf die Sitzung (Titel, Zeit, Teilnehmer), Entscheidungen, Maßnahmen und nächste Schritte. Krönender Abschluss eines Protokolls ist die Feststellung, dass alle Sitzungsziele erreicht sind und keine nachfolgende Sitzung notwendig ist.

Darstellung

Grundsätze im Sitzungsmanagement

1. Die beste Sitzung ist diejenige, die nicht stattfinden muss, weil die Inhalte klar sind und sich alle auf ihre Aufgaben konzentrieren können. Daher lautet der erste und wichtigste Grundsatz im Sitzungsmanagement frei nach Peter Drucker: »don't meet«. Dies ist auch ein Qualitätszeichen für das Organisieren. Es bedeutet, dass eine Organisation mit wenigen Sitzungen auskommt.
2. Sitzungen sind so zu gestalten und zu führen, dass keine Nachfolgesitzungen entstehen. »Multiplikative« Sitzungen sind Zeichen von unprofessionellem Management und grenzenloser Verzettelung.
3. Es gibt nur ein Kriterium, ob eine Sitzung wirksam ist oder nicht, nämlich die Ergebnisse. Gute Sitzungsleiter steuern darauf hin, dass Beschlüsse gefasst werden und allen klar ist, wer nach der Sitzung welche Aufgabe bis wann zu erledigen hat. Die Resultate der Sitzung sind in ihrer Struktur vorwegzunehmen. Das bedeutet, dass das zu erreichende Ergebnis mittels Arbeitsunterlage bzw. Template vorstrukturiert wird und als Dokumentationsplattform dient.
4. Sitzungsleiter halten sich im Zweifel mit inhaltlichen Beiträgen zurück, weil sie die Sitzung steuern müssen: Wortmeldungen erteilen, den »Fahrplan« einhalten, auf die Zeit sehen und Umsetzungslisten erstellen. Sie delegieren so viel wie möglich (z. B. Berichte, Präsentationen), weil sie genug mit der Steuerung der Sitzung zu tun haben.
5. Die Sitzung muss pünktlich anfangen. Das gilt besonders dann, wenn nicht alle Teilnehmer pünktlich sind. Die Sitzung soll formell begonnen und abgeschlossen werden. Vor der Sitzung ist zu prüfen, ob alles vorbereitet ist (Medien). Die Sitzung muss im Zeitplan sein. Deshalb ist nicht nur der Beginn einer Sitzung mit einem Zeitpunkt zu versehen, sondern auch jeder Tagesordnungspunkt und das Ende der Sitzung.
6. Soll eine Sitzung produktiv sein, muss sie mit Disziplin geführt werden. Eine gute Sitzung bedeutet harte Arbeit. Vor der Sitzung ist zu überlegen, wie Leistungsdruck erzeugt werden kann. Der Sitzungsleiter muss die Aufmerksamkeit aller einfordern. Er ist dafür verantwortlich, dass die Sitzung mit Ergebnissen schließt.
7. Die Wortmeldung wird vom Sitzungsleiter erteilt. An diesen geht das Wort auch wieder zurück. Es redet immer nur eine Person. Vielredner sind einzubremsen, inaktive Teilnehmer zur Wortmeldung aufzufordern. Dies bedeutet in der Praxis, dass lange Redebeiträge und ausufernde Darstellungen konsequent abzukürzen sind.
8. Häufig fällt der größte Arbeitsaufwand nicht bei einer Sitzung an, sondern in der Vorbereitung und in der Nacharbeit. Wirksame Sitzungsleiter reservieren Zeit zur Vor- und Nachbereitung.
9. Als Grundsatz der Protokollierung gilt, dass nur Entscheidungen und Maßnahmen dargestellt werden. Berichte und inhaltliche Ausführungen werden separat abgelegt. Mit einem übersichtlichen Aufbau und Hervorhebungen ist sichergestellt, dass innerhalb von einer Minute Klarheit über das Sitzungsergebnis herrscht. Idealerweise wird »live« mitprotokolliert (z. B. über Beamer). Dadurch entfällt nachträgliches Gegenlesen und das Protokoll kann unmittelbar nach Sitzungsende versendet werden.
10. Den Erfolg einer Sitzung reklamiert ein Sitzungsleiter niemals für sich, sondern immer für alle. Vor, während und nach der Sitzung ist immer wieder der eigentliche, übergeordnete Zweck, der Beitrag der Sitzung für das Ganze herauszustreichen. Erst dieser Beitrag definiert den Erfolg.

Der größte Anteil an Sitzungen findet heute nicht mehr in Ausnahmefällen oder Sondersituationen statt. Regelmäßige Sitzungen sind Teil von Managementprozessen und damit wichtiges **Organisationelement**: Geschäftsleitungsbesprechnung, Key-Account-Meeting, Entwickler-Runde, IT-Sitzung, Projektmonitoring usw. Gerade die Arbeitsteiligkeit in den heutigen Organisationen bringt es mit sich, dass nur noch über diese permanenten, getakteten Gremien gemeinsame Ergebnisse hergestellt werden können. Damit erhöht sich der Professionalisierungsdruck auf Sitzungen. Bezeichnender Weise gibt es in keiner Kostenrechnung dieser Welt die **Kostenart »Sitzung«** [10]. Bei Sitzungsende sind zwei selbstkritische Frage zu stellen: Erstens: »Wie viel Umsatz müssen wir machen, um diese Sitzung zu bezahlen?«, zweitens: »Was würden die Kunden sagen, wenn sie diese Sitzung mitverfolgt hätten?«

Dem professionellen **Gremien-Management** kommt entscheidende Bedeutung zu, damit Organisationen funktionsfähig bleiben[11]. Heute dominieren nicht mehr Organigramme, sondern Führungsprozesse und Gremien – und diese laufen nicht selten quer zur offiziellen Aufbauorganisation. Bei der Gremiengestaltung sind im ersten Schritt die Gremien und die jeweiligen Leiter festzulegen. Dies orientiert sich an den wichtigsten geschäftlichen Erfordernissen, d. h. vom Markt herein. Meistens sind dies sogenannte »**Querschnittsthemen**«, die nur horizontal von mehreren Leuten bewältigt werden können. In der Gremienliste sind Sitzung, Leitung, Termin, Dauer, Resultate als Tagesordnungspunkte, Teilnehmer und Protokollant aufzunehmen. Diese Liste wird so zu einem integralen Bestandteil jedes Organisations-, Führungs- und Qualitätshandbuchs.

Es gibt nur ein Kriterium, ob eine Sitzung wirksam ist oder nicht, nämlich die Resultate. Die Sitzung kann maximal ein Katalysator sein, das Entscheidende passiert aber erst nachher – die **Umsetzung**. Gute Sitzungsleiter stellen sicher, dass bei jeder Sitzung eine Umsetzungsliste angefertigt wird. Damit wird die beste Voraussetzung für eine wirksame Sitzung geschaffen. Nur so bleibt eine Organisation auch produktiv. Erstaunlich viele Führungskräfte spielen Golf und betreiben diesen Sport mit Engagement und Disziplin. Das permanente Verbessern des Handicaps ist dabei eine Daueraufgabe und ohne hartes Trainieren nicht zu erreichen. Erstaunlich ist aber auch, dass Führungskräfte viel zu wenig an ihrem **Sitzungs-Handicap** arbeiten. Ein Ziel kann etwa darin bestehen, die Wirksamkeit permanent zu erhöhen und die durchschnittliche Sitzungszeit jährlich um dreißig Prozent zu verkürzen. Diese Art von »organisatorischer Platzreife« sollte für alle Führungskräfte einer Organisation gelten. Jeder Sitzungsteilnehmer hat Anspruch auf eine professionelle Sitzung.

Werkzeug

Produktivitätsfokussierte Gremien

Sitzung/ Leitung	Termin/ Dauer	Resultate (zugleich Tagesordnung und Protokollstruktur)	Teilnehmer	Protokoll

Beispiele Automotive

Produktivitätsfokussierte Gremien

Ein Automobilzuliefer-Unternehmen hat seine Führungsprozesse und seine Gremienlandschaft umgestellt. Sitzungen werden jetzt durch zu erreichende Resultate definiert (und nicht umgekehrt).

Sitzung/ Leitung	Termin/ Dauer	Resultate (zugleich Tagesordnung und Protokollstruktur)	Teilnehmer	Protokoll
GL-Sitzung GL-Sprecher	zweiwöchentlich, Fr. 08-12	1. aktueller Auftragseingang 2. Bericht zu den 3–5 wichtigste Kundenprojekten 3. Liquiditätssteuerung 4. ggf. Personelles 5. Protokoll/nächste Schritte	GL (plus Gäste)	Sekr. GL-Sprecher
Vertriebssitzung GL-V	wöchentlich, Mo. 08-12	1. aktueller Status Offerten 2. aktueller Auftragseingang 3. Status Schlüsselprojekte 4. Status Key-Accounts 5. ggf. Personelles 6. Protokoll/ nächste Schritte	GL-V, VL's, KAM's, Leiter Schlüssel-Projekt	Sekr. GL-V
Technik-Sitzung GL-T	monatlich, Mo 13-17	1. aktuelle Entwicklungsprojekte 2. Status Technikprojekte 3. Konkurrenz-Screening 4. Schnittstellen Vertrieb-Technik 5. ggf. Personelles 6. Protokoll/ nächste Schritte	GL-T, GL-V, CC-L, abwechselnd VL's, Leiter Schlüssel-Projekt	Sekr. GL-T
…	…			

3.3.3 Die Strukturhebel für persönliche Produktivität bewegen

Grundsätzlich gibt es zwei Hebel zur Strukturierung und Beeinflussung der **persönlichen Produktivität**: Das Funktionendiagramm und die Stellenbeschreibung sind die Verbindung von Organisation, Stelle und Person. Dies schafft die Voraussetzung, damit überhaupt konkrete Ziele aus einer Produktivitätsstrategie umsetzungsfähig werden.

Das **Funktionendiagramm**[12] ist der Dreh- und Angelpunkt jeder produktiven Organisation und damit von Aufgaben, Kompetenzen und Verantwortlichkeiten (**AKV**). Es ist die Verbindung von Aufgaben und Personen bzw. Funktionen in ihrer logischen und zeitlichen Abfolge. Die AKV werden so geregelt, dass eine Organisation wirksam werden kann. Wenn diese fundamentalen Fragen nicht geklärt sind, treten permanent Missverständnisse und Mehrdeutigkeiten auf. Die Menschen in einer Organisation sind zwar beschäftigt, bleiben aber unproduktiv. Und am Schluss beklagen alle, dass etwas an der Kultur nicht stimmt.

Bei der **Erarbeitung eines Funktionendiagramms** besteht der erste Schritt darin, die wichtigsten Prozesse aus den Geschäften abzuleiten. Diese sind meistens nicht identisch mit schon bestehenden organisatorischen Kästchen und müssen neu definiert werden. Im zweiten Schritt werden diese Aufgaben in das Funktionendiagramm zeilenweise übertragen. Als Drittes sind spaltenweise konkrete Personen (»Maier«) oder Funktionen (»Außendienst-Mitarbeiter«) aufgeführt. Ob konkrete Personen oder Funktionen genannt werden, hängt vom konkreten Fall und von der Organisationsgröße ab. Wenn es gleichartige Aufgaben für mehrere Personen gibt, so kann auch eine Personengruppe in das Diagramm eingetragen werden (etwa »Servicetechniker« in einem Instandhaltungsprozess). Viertens werden die Aufgaben zeilenweise von oben nach unten durchgegangen. Pro Spalte wird der Beitrag festgelegt (ausführen, planen, entscheiden, kontrollieren, informieren – mit den jeweiligen Kürzeln). Für jede Tätigkeit muss mindestens ein »E« (für entscheiden) und ein »A« (für ausführen) stehen. Damit liegen die AKV vor, ein arbeitsteiliges System hat **Verantwortlichkeit** hergestellt.

Die Vorteile und Einsatzmöglichkeiten des Funktionendiagramms sind vielfältig. Es zwingt dazu, sich mit der Tiefenstruktur einer Organisation auseinanderzusetzen und nicht nur oberflächliches Powerpoint zu veranstalten. Durch das systematische Vorgehen und durch die Schriftlichkeit entsteht ein hohes Maß an Sachlichkeit und Verbindlichkeit. Die große Bandbreite der Anwendungsmöglichkeiten belegt zudem, dass das Funktionendiagramm ein echtes General-Management-Werkzeug ist. Erstens werden die AKV geregelt, der **Kern jeder Organisation**. Dadurch erst kann ein Organigramm Wirkung entfalten. Horizontal gelesen, verdeutlicht es die Aufgabenverteilung zwischen den Personen bzw. Funktionen und zeigt die wichtigsten Schnittstellen auf. Das gilt insbesondere dann, wenn mehrere Personen bei der Planung, Entscheidung oder Ausführung einbezogen sind. Genau hier sind Gremien notwendig. Wenn das Diagramm spaltenweise betrachtet wird, so liegt eine komplette Stellenbeschreibung vor. Alle wissen, wo zu planen, zu entscheiden, auszuführen, zu kontrollieren und zu informieren ist. Zweitens wird durch das Funktionendiagramm **Prozessorientierung** erreicht. AKV können erst dann erarbeitet werden, wenn die geschäftliche Wirklichkeit in Prozessen dargestellt ist. Im Zweifel ist es wichtiger, die Prozesse und AKV sauber zu erarbeiten und konsequent umzusetzen, als Organigramme zu zeichnen. Drittens kann das Funktionendiagramm für **Schlüsselprojekte**, wie etwa Innovationen, verwendet werden. Gerade hier braucht es eine saubere Strukturierung, weil auf keine Routinen und Erfahrungswerte zurückgegriffen werden kann. Überraschungen, Mehrdeutigkeiten, breite Interpretationsspielräume und Verantwortungslosigkeit werden so vermieden. Viertens ist das Funktionendiagramm ein Beitrag zur **Unternehmenskultur**[13]. Es sorgt dauerhaft und logisch schlüssig für Verantwortlichkeit, Klarheit, Transparenz und Sachlichkeit. Dies sind wesentliche Einflussgrößen auf eine robuste und glaubhafte Kultur. All dies fördert eine produktive Organisation, ohne dass schwere methodische »Geschütze« aufgefahren werden müssen.

Richtiger Einsatz von Werkzeugen bedeutet auch, sich der **Nachteile** bewusst zu sein und frühzeitig gegenzusteuern. Das Funktionendiagramm muss in regelmäßigen Abständen geprüft werden, ob sich die geschäftliche Wirklichkeit verändert hat. Wird dies nicht gemacht, erstarren die AKV und führen so an den Notwendigkeiten des Marktes vorbei. Auch ist darauf zu achten, dass das Funktionendiagramm umgesetzt wird und nicht zur bloßen Schablone, zur **Paralyse** verkommt. Dies kann am einfachsten dadurch erreicht werden, dass es die Grundlage für Stellenbeschreibungen bildet und bei Jahresgesprächen geprüft und weiterentwickelt wird.

Seit einiger Zeit wird viel über **modernistische Organisations-Konzepte** wie die virtuelle, die sphärische oder die neuronale Organisation gesprochen. Das ist spannend und bietet für akademische Diskussionen viel Raum. Gleichzeitig können diese Modelle in der Praxis nur dann wirksam sein, wenn die grundlegenden Fragen der AKV beantwortet sind. Ansonsten werden nur Chassis gebaut, aber niemand kümmert sich um Motor und Antrieb. Erst dann kann eine Organisation die »PS auf die Straße bringen«. Jedes Organisationskonzept und jede Organisationsgrafik braucht ein Funktionendiagramm. Das Umgekehrte gilt nicht. Mit dem Funktionendiagramm wird die Grundlage jedes Organisierens geschaffen und damit die Basis für **Wirkung am Markt**, Leistungsfähigkeit und Produktivität.

Werkzeug

Funktionendiagramm

Prozess

Aufgabe / **Person**				

Kürzel für das Funktionendiagramm:

A	*ausführen*	*K*	*kontrollieren*
E	*entscheiden*	*M*	*Mitspracherecht*
I	*Information an*	*P*	*planen*

Beispiel Versicherung

Funktionendiagramm

Im Unternehmenskundengeschäft einer großen Versicherung wird ein Programm zur Produktivitätssteigerung umgesetzt. Unter anderem werden die Prozesse vereinfacht und systemtechnisch besser unterlegt. So sieht beispielsweise der Prozess »09. Angebot erstellen« wie folgt aus.

Prozess	**09. Angebot erstellen**			
Person **Aufgabe**	**Schiel**	**Müller**	**Pastior**	**Pelikan**
01. Kunden analysieren (Branche...) und Kundeninteresse aufnehmen	P, E	A		I
02. Leistungsalternativen vorbereiten		A, E		
03. Leistungsalternativen mit Kunden erarbeiten		A, E	M	
04. Versicherungslösung erstellen		A, E	K	
05. Angebot kalkulieren (inkl. interner Wirtschaftlichkeitsrechnung)	E	A	K	
06. Angebot mit Kunden verhandeln		A, E		
07. bei Akzeptanz: Vertrag bestätigen	K	A	I	I
08. Kundendaten im System aktualisieren	I	E		A

Kürzel für das Funktionendiagramm:

A	*ausführen*	*K*	*kontrollieren*
E	*entscheiden*	*M*	*Mitspracherecht*
I	*Information an*	*P*	*planen*

Die **Stellenbeschreibung** ist die konsequente Fortsetzung eines Prozesses in den Arbeitsplatz, die Stelle[14]. Ein Prozess ist zunächst bewusst entpersonifiziert, weil er aus Aufgaben besteht, die unabhängig von Menschen formuliert sind. Die prinzipielle Unabhängigkeit der Prozesse von konkreten Personen ist geradezu ein Ziel im ersten Schritt des Organisierens. Damit wird Standardisierung, **Multiplizierbarkeit** und Systematik sichergestellt. Das Funktionendiagramm vertikal gelesen ist nichts anderes als eine Stellenbeschreibung. Bei der Ausformulierung einer Stellenbeschreibung ist als erstes die Bezeichnung der Stelle, der vorgesetzten und der stellvertretenden Stelle anzugeben. Damit ist die organisatorische Anbindung definiert. Die vorgesetzte Stelle verweist auf Hierarchie, Berichtsweg und erste Entscheidungsinstanz. Als zweites sind Aufgaben, Kompetenzen und Verantwortlichkeiten (AKV) auszuformulieren. Drittens sind noch Geltung und Inkraftsetzung festzuschreiben und mit den Unterschriften des Stelleninhabers und des Vorgesetzten offiziell zu machen.

Nun muss eine Stellenbeschreibung nicht zwingend etwas mit Produktivität oder Ergebnis zu tun haben. In der Praxis sind viele Stellenbeschreibungen sehr ausführlich, präzise, aber nicht aktualisiert oder gar an einem Produktivitätsziel ausgerichtet. Eine **produktivitätsfokussierte Stellenbeschreibung** knüpft an den Prozessen und an der übergeordneten Produktivitätsstrategie an. Sie ist im Zweifel etwas kürzer gehalten als die offiziellen, formalistischen, dafür aber klarer in der Aussage, herausfordernd und beurteilbar. Die Formulierung sollte den Beitrag der Stelle hervorstreichen – im Sinn von »Der Stelleninhaber sorgt für«. Es geht nicht um eine Auflistung von Tätigkeitsmerkmalen, sondern um die resultat- und produktivitätsorientierte Beschreibung der Aufgaben. Der Zeitaufwand ist dabei grob abzuschätzen, damit Selbstkontrolle und gegebenenfalls Anpassung der Stelle erfolgen können. Bewährt hat sich auch ein zeitlicher Puffer im Ausmaß von zehn bis zwanzig Prozent für Unvorhergesehenes, Sonderaufgaben oder Projekte.

Eine produktivitätsorientierte Stellenbeschreibung muss nicht zwingend für alle Stellen eingerichtet werden, sondern nur für die wirklich erfolgskritischen. Als Faustregel sind alle Führungspositionen mit einer produktivitätsorientierten Stellenbeschreibung darzustellen, weil diese der **»Transformationsriemen« für Effizienz** sind. Diese Stellenbeschreibung konkretisiert die Prozesse in Arbeitspakete und Personen. Sie ist damit auch eine Basis für Jahresziele. Aus Zielen einer Organisation werden Ziele des einzelnen Mitarbeiters bzw. der Führungskraft.

Werkzeug

Produktivitätsfokussierte Stellenbeschreibung

1. Organisatorische Anbindung

Bezeichnung der Stelle:	*Stelleninhaber:*	*Kurzzeichen:*
Bezeichnung der vorgesetzten Stelle:	*Vorgesetzter:*	*Kurzzeichen:*
Bezeichnung der stellvertretenden Stelle:	*Stellvertreter:*	*Kurzzeichen:*

2. Aufgaben, Kompetenzen, Verantwortlichkeiten

Nr.	*Der Stelleninhaber sorgt für...*	*Aufwand in Prozent*

3. Geltung

Diese produktivitätsorientierte Stellenbeschreibung gilt ab dem Tag der beidseitigen Unterzeichnung und ist Teil des Arbeitsvertrages. Sie gibt den aktuellen Stand des Aufgabenbereiches wieder. Die Inkraftsetzung wird mit den Unterschriften bestätigt.

(Datum, Vorgesetzter)	(Datum, Stelleninhaber)

Beispiel Fertigungsleitung

Produktivitätsfokussierte Stellenbeschreibung

Ein internationaler Hersteller von Spezial-Großrohren erstellt für alle Führungskräfte eine produktivitätsorientierte Stellenbeschreibung. Für die acht Fertigungsleiter gibt es eine einheitliche Logik. Für einen bestimmten Standort sieht diese wie folgt aus.

1. Organisatorische Anbindung

Bezeichnung der Stelle:	*Stelleninhaber:*	*Kurzzeichen:*
Fertigungsleitung	Klüver	klü
Bezeichnung der vorgesetzten Stelle:	*Vorgesetzter:*	*Kurzzeichen:*
Vorstand Supply Chain	Derung	der
Bezeichnung der stellvertretenden Stelle:	*Stellvertreter:*	*Kurzzeichen:*
Logistikleitung	Schöffer	schöf

2. Aufgaben, Kompetenzen, Verantwortlichkeiten

Nr.	*Der Stelleninhaber sorgt für...*	*Aufwand in Prozent*
1	... die Investment-Intensität von rund 1.1 (Investment als betriebsnotwendiges Working capital relativ zur Wertschöpfung)	15%
2	... die saubere, vollständige Produktivitätsplanung aller nachgeordneten Stellen	5%
3	... eine Sitzungsquote für nachgeordnete Führungskräfte von maximal 15%	5%
4	... die Personalkosten-Produktivität von maximal 28% (reale Gesamtleistung im Verhältnis zu realen Personalkosten)	20%
5	... eine Lieferbereitschaft von mindestens 95% (quantitative und qualitative Kapazitäten in Relation zum Umsatzbudget)	5%
6	...	...

3. Geltung

Diese produktivitätsorientierte Stellenbeschreibung gilt ab dem Tag der beidseitigen Unterzeichnung und ist Teil des Arbeitsvertrages. Sie gibt den aktuellen Stand des Aufgabenbereiches wieder. Die Inkraftsetzung wird mit den Unterschriften bestätigt.

(Datum, Vorgesetzter)	(Datum, Stelleninhaber)

Anmerkungen

1 Zur Bedeutung der SGF-Logik siehe: *Hinterhuber, H.*, Strategische Unternehmensführung, Band 1, Berlin 2004, S. 179ff.
2 *Chandler, A.*, Strategy and structure, Cambridge 1962, S. 13.
3 Vgl. die Grundfragen des Organisierens nach Drucker in: *Malik, F.*, malik on management m.o.m.®-letter, Nr. 1995/02, Organisieren, S. 24.
4 Zu den Aufgaben wirksamer Führung vgl. *Malik, F.*, Führen Leisten Leben, Frankfurt 2006, S. 171ff.
5 Bezüglich der Produktivität in und durch Organisationen siehe: *Malik, F.*, Management. Das A und O des Handwerks, Frankfurt 2007, S. 213ff.
6 Zum Sitzungsmanagement siehe: *Stöger, R.*, Sitzungsmanagement. Mit wirksamen Sitzungen zu Ergebnissen, in: zfo 4/2011.
7 Vgl. *Malik, F.*, Führen Leisten Leben, Frankfurt 2006, S. 192ff.
8 Zu westlichen, ineffizienten Organisationsweisen erschien als Antithese lange Zeit das japanische Modell: *Imai, M.*, Kaizen - Der Schlüssel zum Erfolg der Japaner im Wettbewerb, München 1992.
9 Vgl. *Stöger, R.*, Wirksames Projektmanagement, Stuttgart 2011, S. 151ff.
10 Zur Bildung von Kostenarten siehe: *Rieder, L./Siegwart, H.*, Neues Brevier des Rechnungswesens, Bern 2001, S. 113ff.
11 Zur Funktionsfähigkeit von Organisationen vgl.: *Beer, S.*, Diagnosing the system for organizations, Chichester 1985.
12 *Spitschka, H.*, Praktisches Lehrbuch der Organisation, München 1975, S. 119.
13 Siehe: *Kajüter, P.*, Unternehmenskultur: Erfolgsfaktor für das Kostenmanagement, in: *Franz, K./Kajüter, P. (Hrsg.)*, Kostenmanagement, Stuttgart 1997, S. 81.
14 Vgl. *Stöger, R.*, Prozessmanagement, Stuttgart 2011, S. 188ff.

4 Resultate mit operativem Produktivitäts- und Ergebnismanagement erreichen

4.1 Die Erfolgsrechnung und das Pricing nutzen

Produktivitäts- und Ergebnismanagement haben eine strategische und strukturelle Vorsteuerung. Ohne Klarheit und Konkretisierung dieser Ebenen können zwar kurzfristige Wirkungen erzielt werden, auf lange Sicht schädigt dies aber meistens die Erfolgspotenziale und damit die Lebensfähigkeit von Geschäften. Umgekehrt nützt es natürlich auch nichts, wenn Strategie und Struktur festgelegt sind, aber die Umsetzungsfähigkeit unprofessionell läuft. Das Unternehmen hat zwar den richtigen Kurs im Visier und alle organisatorischen Voraussetzungen geschaffen, bewegt sich aber nicht vorwärts. Kernthemen der **operativen Steuerung** sind daher die Kosten- bzw. Erfolgsrechnung und die Lenkung mit Kennzahlen. Zusätzlich muss spätestens an dieser Stelle ein solides Pricing vorhanden sein. All das bezieht sich auf die Zahlenseite des Produktivitäts- und Ergebnismanagements.

4.1.1 Mit der Erfolgsrechnung die Deckungsbeiträge sicherstellen

Im Zusammenhang einer gesamthaften und vor allem unternehmerischen Sicht auf Produktivität sind **Kostenrechnungssysteme** von großer Bedeutung. Es geht hier aber weniger um eine detaillierte inhaltliche Auseinandersetzung mit Kalkulation, Kosten- und Erfolgsrechnung, sondern um die Frage, welche Methoden in einfacher Weise die wesentlichen Informationen liefern, auf deren Basis **Entscheidungen** getroffen werden können. Alle vorgestellten Methoden der Kostenrechnung führen zum Ausweis eines Erfolges. Zentral ist aber nicht das mathematische Ergebnis dieses Erfolges, sondern die Steuerung der Einflussgrößen auf diesen Erfolg. An dieser Stelle liegt auch der Unterschied zwischen reiner Buchhaltung oder Kalkulation und echtem Management.

Die historisch älteste und simpelste Form ist die **Istkostenrechnung**. Hier werden alle tatsächlich angefallenen Kosten einer Kalkulationsperiode undifferenziert auf die Marktleistungen verteilt bzw. summarisch vom Umsatz abgezogen. Dieses Verfahren funktioniert in sehr einfachen Haushalten und Unternehmungen, stößt aber relativ rasch an die Grenzen der Brauchbarkeit, vor allem wenn die Komplexität des Geschäftes zunimmt und eine andere Art von Steuerung erforderlich ist.

In der **Normalkostenrechnung** werden die realen Kosten vergangener Perioden erhoben[1]. Dies erfolgt aber in einer bereinigten Form, sodass etwa Schwankungen durch Saison ausgeglichen werden. Für die Kalkulation von Angeboten und für die Preisbildung kann dieses Verfahren besser verwendet werden als die Istkostenrechnung. Im Zentrum stehen die sogenannte **Normalbeschäftigung** und damit der Normalkosten-Verrechnungssatz. Dieser ergibt sich aus der Division von Normalkosten durch Normalbeschäftigung. Daraus können sich aber Schwierigkeiten durch Kostenüberdeckung bzw. Kostenunterdeckung ergeben, die erst durch Kostenstellenumwertungen bewältigt werden. Dies führt in der Praxis allerdings nie zu vollkommen überzeugenden Ergebnissen.

Die **Plankostenrechnung** beruht auf dem Ansatz, die real angefallenen Kosten einer Periode den Vorgaben gegenüberzustellen. Der Abgleich der Ist- mit den Plankosten ergibt entscheidende Hinweise auf die Wirtschaftlichkeit in der Leistungserstellung. Bei Über- und natürlich auch bei Unterschreitung muss untersucht werden, wie die Differenz entsteht. Damit ist die Plankostenrechnung ein einfaches Managementwerkzeug zur Steuerung der Ressourcen. Die **Planvorgaben** entstehen im Rahmen einer Strategie, Mittelfrist- oder Budgetplanung. Dies ist der entscheidende Schritt vom einfachen Rechnen zum aktiven Steuern. Das Unternehmen wird in regelmäßigen Abständen geprüft, Vorgaben werden abgeleitet und entsprechende Maßnahmen definiert. Dies führt zu einem Kreislauf aus Planung, Monitoring und Rückkoppelung im Sinn eines Gegensteuerns.

Wenn von Planung gesprochen wird, geht es nicht um eine Prognose, sondern um ein unternehmerisches Ziel und die regelmäßige Prüfung, ob das **Ziel** erreicht wird[2]. Für die Plankostenrechnung sind die wichtigsten Inputgrößen: Mengen, Preise, Umsatz (nach Leistungsgruppen, Kundengruppen, Regionen), Bestandsveränderungen, innerbetriebliche Leistungserstellung, aktivierte Eigenleistungen, Material- bzw. Wareneinsatz, Personalkosten, Abschreibungen. Die Plankostenrechnung kann sich in unterschiedlicher Weise auf einzelne oder mehrere dieser Faktoren beziehen. In der Praxis finden sich die starre Plankostenrechnung (pauschal alle Kosten), flexible Plankostenrechnung (Untergliederung in fixe und variable Kosten) und Grenz-Plankostenrechnung (nur variable Kosten und Ermittlung der Deckungsbeiträge). Die Wahl hängt von der Komplexität des Geschäftes ab.

Die dargestellten Verfahren arbeiten zum überwiegenden Teil mit **Vollkosten**. Das bedeutet, dass Planung, Abgleich und Maßnahmen undifferenziert mit fixen und variablen Kosten arbeiten. Dies kann zu systematischer Fehlsteuerung führen, obwohl die reine Rechnung richtig gewesen ist. Daher wird in der **Deckungsbeitrags-**

rechnung[3] eine klare Unterscheidung in fixe und variable Kosten gemacht. Der in diesem Zusammenhang oftmals verwendete Begriff der Teilkostenrechnung kann missverständlich sein, weil nicht ein Teil der Kosten betrachtet wird, sondern die Kosten in ihrer »Natur« geteilt werden – in fixe und proportionale. Der Unterschied zur Vollkostenrechnung ist die Art der Zurechnung auf Kostenträger bzw. organisatorische Einheiten.

Im Prinzip können zwei Arten der Deckungsbeitragsrechnung unterschieden werden. Das sogenannte **Direct Costing**[4] ist die US-amerikanische Variante der europäischen Proportionalkostenrechnung und zieht die variablen (direkten) Kosten von den Umsätzen der einzelnen Marktleistungen ab. Von der Summe der Deckungsbeiträge werden die Fixkosten abgezogen. Die Differenz bildet das Ergebnis. Der Vorteil dieses Verfahrens besteht in der Aufspaltung der Kosten, der Nachteil ist aber, dass keine Beurteilung der Wirtschaftlichkeit der einzelnen Marktleistungen getroffen werden kann.

Die **mehrstufige Deckungsbeitragsrechnung**[5] geht einen Schritt weiter. Die Fixkosten werden nicht mehr als ein Block behandelt, sondern stufenweise untersucht. Diese Stufung erleichtert einerseits die Beurteilung, führt aber auch schneller zur Identifikation von Maßnahmen und Interventionsmöglichkeiten. Es geht um das Prinzip, dass die Fixkosten den jeweiligen organisatorischen Einheiten zugerechnet werden, von denen sie verursacht sind. Typischerweise können **Fixkostengruppen** unterschieden werden:

Darstellung

Fixkostengruppen

1. Fixkosten einzelner Marktleistungen: Dies sind Einzelkosten für exakt definierte Marktleistungen (Produkte, Dienstleistungen), die aber von der Produktionshöhe unabhängig sind, wie spezifische Vermarktungsmaßnahmen oder Lizenzen.
2. Fixkosten von Marktleistungsgruppen: Hier gilt dasselbe wie bei den Fixkosten einzelner Marktleistungen, nur dass es hier um Gruppen geht (Produktgruppen, Dienstleistungsgruppen).
3. Fixkosten von Kostenstellen bzw. organisatorischen Einheiten: Auch hier entstehen Fixkosten, wie etwa Miete, Personal etc.
4. Fixkosten für Unternehmensbereiche oder ganze Unternehmen: Je nach Größe gibt es Fixkosten für Unternehmensbereiche (etwa eines Konzerns) oder ganze Unternehmen. Dies sind insbesondere Verwaltungskosten.

Die Einteilung der **Fixkosten** hängt von den organisatorischen Gegebenheiten und natürlich auch von der Art des Geschäftes ab. Bei großen Unternehmen sind daher in erster Linie strategische Geschäftsfelder, Organisationseinheiten, Marktleistungsgruppen und Marktleistungen zu unterscheiden. Auf dieser Basis sind dann die Fixkosten zuzurechnen. Wichtig dabei ist es, möglichst viele Kosten direkt den einzelnen Leistungen zuzuordnen und dass eindeutige Verantwortlichkeit erkennbar wird.

Mit der mehrstufigen Deckungsbeitragsrechnung können nun **Produktivitätsdiagnosen** und Maßnahmen ergriffen werden. Erstens sind Kostensenkungsaktionen für einzelne Marktleistungen oder Gruppen von Marktleistungen aufspürbar, in denen niedrige oder negative DBs bestehen. Zweitens können Vermarktungsinitiativen gestartet werden, sowohl bei Marktleistungen mit niedrigem bzw. negativem Deckungsbeitrag (DB) als auch bei solchen mit einem hohen DB. Drittens ist die Preisgestaltung aufgrund der Erkenntnisse aus der DB-Rechnung anzupassen. In diesem Zusammenhang können auch Preisuntergrenzen ermittelt werden. Viertens lassen sich auch weit reichende Entscheidungen über das Geschäftsmodell treffen, etwa das Ausweiten bzw. Einstellen von Leistungen, Outsourcing, Insourcing und de facto auch ganze Portfolio-Entscheidungen.

Die mehrstufige Deckungsbeitragsrechnung ist im Kern eine **Erfolgsrechnung für Marktleistungen**[6] und somit das Zentrum jedes unternehmerischen Tuns. Der rein rechnerisch ermittelte Erfolg ist nicht das Wesentliche, sondern die Art und Weise, wie er zustande kommt. Es geht um die Vorsteuergrößen und diese werden wesentlich durch grundsätzliche, unternehmerische Entscheidungen getroffen, wie etwa die Wahl der Geschäftsfelder, die Wertschöpfung und die strukturelle Aufstellung. All dies sind langfristige Einflussgrößen und bewirken, wenn kompetentes Management vorliegt, ein entsprechend gutes **Ergebnis**.

Werkzeug (1)

Mehrstufige Deckungsbeitragsrechnung

(Anmerkung: Es handelt sich hier um eine Logik entsprechend dem neutralisierten Beispiel, d. h. spezifisch für Industrieunternehmen. Die Struktur muss anhand der Geschäftslogik angepasst werden.)

1. DB-Rechnung: Analyse und Diagnose							
SGF							
Marktleistungsgruppe							Summe
Marktleistung							
Umsatz							
./. Erlös-Schmälerung							
Netto-Erlös							
./. Halb- und Fertiglager							
Netto-Betriebsleistung							
./. Materialkosten							
Rohertrag							
./. var. Herstellkosten							
DB I							
./. Fixkosten Produktion							
DB II							
Summe DB II							
./. Fixkosten Produkte							
DB III							
Summe DB III							
./. Fixkosten Produktgruppe							
DB IV							
./. Fixkosten Unternehmen							
Betriebsergebnis							
./. Abschreibungen							
Cashflow							

Werkzeug (2)

Mehrstufige Deckungsbeitragsrechnung

2. DB-Rechnung: Maßnahmen

Thema	Maßnahme	Wirkung	Termin	Verantw.

Beispiel Automobil-Zulieferer (1)

Mehrstufige Deckungsbeitragsrechnung

Ein Automobil-Zulieferunternehmen prüft in seiner LKW-Sparte in regelmäßigen Abständen das Geschäft mithilfe einer einfachen, mehrstufigen DB-Rechnung. Dies erfolgt primär für die Diagnose der Kosten und zur Einleitung von entsprechenden Maßnahmen. Für das SGF »Antrieb und Fahrwerk« werden zuerst eine DB-Rechnung gemacht und anschließend konkrete Maßnahmen entwickelt.

1. DB-Rechnung: Analyse und Diagnose

SGFs/Produktgruppen	**SGF 1: Antrieb und Fahrwerk**				
	Antrieb		**Fahrwerk**		
Produkt	A: Autom. Getriebe	B: Verteiler-Getriebe	C: FW-Module	D: Achs-Systeme	Summe
Umsatz	1000	2000	500	1500	5000
./. Erlös-Schmälerung	50	200	40	30	320
Netto-Erlös	950	1800	460	1470	...
./. Halb- und Fertiglager	40	100	20	0	...
Netto-Betriebsleistung	990	1900	480	1470	
./. Materialkosten	450	900	120	560	
Rohertrag	540	1000	360	910	
./. variable Herstellkosten	300	400	80	300	
DB I	240	600	280	610	
./. Fixkosten Produktion	50	200	30	220	
DB II	190	400	250	390	
Summe DB II	590		640		
./. Fixkosten Produkte	100		220		
DB III	490		420		
Summe DB III	910				
./. Fixkosten Produktgruppe: F&E, M&V	400				
DB IV	510				
./. Fixkosten Unternehmen	250				
Betriebsergebnis	260				
./. Abschreibungen	120				
Cashflow	140				

Beispiel Automobil-Zulieferer (2)

Mehrstufige Deckungsbeitragsrechnung

2. DB-Rechnung: Maßnahmen

Thema	Maßnahme	Wirkung	Termin	Verantwortlich
1. Rabatt/Preis	1.1 Reduktion der Rabattierung auf maximal 15%	im Schnitt 6% höhere Preise	31.12.	Schuster
	1.2 Durchsetzung höherer Preise in den Highend-Subsegmenten	im Schnitt 4% höhere Preise	31.12.	Bauer
2. Einkauf	2.1 Durchsetzung von Preisreduktionen von 2% auf den heutigen Einkaufswert	2% auf den heutigen Einkaufswert	31.12.	Forster
	2.2 weitere Reduktion des Lieferanten-Portfolios	siehe oben	31.12.	Forster
3. Produktion	3.1 Umsetzung der Produktivitätssteigerung in den Werken X, Y (Plan »FIT«)	Reduktion Personalkosten um 6-8%	30.10.	Belzek
4. Sourcing	4.1 Prüfung der Auslagerung der Zu- und Abgangslogistik mit klarem Kostenrahmen	Reduktion 20% Logistikkosten	31.10.	Neef
5. Marketing	5.1 Überarbeitung Marketing-Budget (Konzentration, Ziel-Fokussierung) für alle Produkte	Reduktion Marketing-Budget um 15%	30.06.	Sacher
6. Schlüsselentscheidung: Verwaltung	6.1 sofortige »Wachstumsbremse« bei allen zentralen Funktionen (Wachstum mit max. 80% des Umsatz-Wachstums)	Reduktion Fixkosten Unternehmen um 10%	31.03.	Böll
7. Schlüssel-Entscheidung: Segmentierung	7.1 Teilung des Segmentes »A. Automatisches Getriebe« in zwei Subsegmente »Highend« und »Mass« inkl. Trennung der Verantwortlichkeit und klarem Zahlenausweis	klare Verantwortung Umsatzsteigerung im »Highend« Subsegment um 10%	30.11.	Böll
...				

4.1.2 Produktivität und Ergebnis mit Kennzahlen steuern

Richtiges Produktivitäts- und Ergebnismanagement läuft nicht isoliert. Es steht einerseits in Zusammenhang mit vorsteuernden Größen wie etwa der Marktstellung. Andererseits ist immer eine Verbindung herzustellen zu den Grundsätzen der Finanzwirtschaft, nämlich der finanziellen Stabilität, der finanziellen Unabhängigkeit und der Ertragserwirtschaftung. All die genannten Zusammenhänge beschreiben den Ansatz vom **ganzheitlichen Produktivitätsmanagement**. Daher sollten Produktivitätsprogramme und das Steuern von Produktivitäten auch mit diesbezüglichen Kennzahlen erfolgen. Das **Ergebnis** ist dann Output und nicht Input der Produktivitätsposition.

Damit **Kennzahlen** sinnvoll eingesetzt werden können, sind einige Grundsätze bzw. Voraussetzungen zu beachten. Erstens sollte die Begründung für eine Kennzahl aus dem Gesamtkontext erfolgen, insbesondere aus der Unternehmenspolitik. Arbeiten mit Kennzahlen setzt voraus, dass klar ist, wie diese zusammengesetzt sind und wo die Hebel für das Management liegen. Zweitens müssen für Kennzahlen gewisse Konsolidierungen einzelner Positionen vorliegen, etwa die Zusammenfassung von Kassa, Banken, Wertschriften als »liquide Mittel«. Dies ermöglicht Überblick und vermeidet nachträgliches Addieren. Drittens ist alles auszuschließen, was nicht betriebsnotwendig ist. Daher sind alle Verzerrungen von stillen Reserven herauszurechnen. Viertens muss das Prinzip der Grundsatzgleichheit gelten, d. h. dieselben Bewertungs-, Abschreibungs- und Kalkulationsregeln gelten. Fünftens sollte die Konstruktion von Kennzahlen möglichst einfach gehalten. Das Kriterium muss immer lauten, ob das Kennzahlensystem dem Erkenntnisgewinn dient und die Entscheidungsfindung vereinfacht. In der Praxis liegt in vielen Fällen eher eine Verschlimmbesserung als ein echter Fortschritt vor, gerade was auch das Instrument der BSC betrifft[7]. Siebtens sollten Kennzahlen in Vergleichen geprüft werden. Dies bedeutet einen Mehrjahresvergleich der eigenen Performance oder auch Branchen- bzw. Strukturvergleiche. Diese sind primär vergangenheitsorientiert, geben aber Rückschlüsse und gewisse Muster für das Geschäft. Als **Planungsinstrument**, v.a. als Soll-Ist-Vergleich bieten Kennzahlen die Möglichkeit, die richtigen Diskussionen zu führen, Feedback zu erhalten, Risiken im Sinn von »Warnlinien« abzuwägen. Gerade hier gewinnt die Überprüfung der Vorsteuergrößen auf Erfolg und Liquidität und somit auf finanzielle Stabilität und Unabhängigkeit wieder an Bedeutung.

Die **Markt-Kennzahlen** sind die erste Kategorie von Kennzahlen. Ganz bewusst wird hier von außen nach innen vorgegangen. Produktivität ist immer in Relation zur Marktleistung und **Wettbewerbsfähigkeit** zu sehen. Dies beginnt ganz grundsätzlich bei der Charakterisierung des Geschäftes über Substitution und Innovation. Marktpotenzial, Marktvolumen und Marktanteile bestimmen maßgeblich das Produktivitätsniveau. Umgekehrt bietet eine starke Produktivitätsposition gute Voraussetzungen zur Steigerung von Marktanteilen und Kundennutzen.

Darstellung

Markt-Kennzahlen

Kennzahl	Relation
1. Substitutionsrate	Umsätze von Substitutionswettbewerbern im Verhältnis zum Marktvolumen der bisherigen Lösung
2. Innovationsrate bzw. Umsatz-Altersstruktur	Umsatz mit neuentwickelten Leistungen im Verhältnis zum Gesamtumsatz
3. Marktpotenzial	Summe aller möglichen Umsätze bzw. Absätze
4. Marktvolumen	Summe der Umsätze bzw. Absätze aller Wettbewerber im strategisch relevanten Markt
5. Durchdringungsgrad des Marktpotenzials	Marktvolumen im Verhältnis zum Marktpotenzial
6. reales Marktwachstum	Wachstum des strategisch relevanten Marktes (erste Ableitung der Funktion des Marktvolumens)
7. absoluter Marktanteil	eigener Umsatz im Verhältnis zum Marktvolumen
8. relativer Marktanteil	eigener Marktanteil im Verhältnis zu den drei größten Wettbewerbern
9. Mindestumsatz (»out of pocket point«)	Ausgabenwirksame Fixkosten im Verhältnis zum Deckungsbeitrag in Prozent des Nettoumsatzes
10. Kundennutzen	gestifteter Kundennutzen (Qualitäts-/Preisverhältnis) im Verhältnis zum Wettbewerb

Der Begriff der **Produktivitäts-** bzw. **Kosten-Kennzahlen** muss zunächst präzisiert werden, weil sonst der Eindruck entsteht, dass dies die eigentlich relevanten Kennzahlen sind. Produktivität hat einen viel weiteren Fokus, wie dies etwa Marktkennzahlen dokumentieren. An dieser Stelle geht es um die Kennzahlen »im engeren Sinn«: Gesamt-, Personalkosten- und Mitarbeiter-Produktivität werden häufig gemessen. Kapazitätsauslastung, Wirtschaftlichkeit und Investment-Relationen geben Anhaltspunkte für die jeweilige **Produktivitätsposition**. Schließlich kann über den relativen Vergleich von Kostenarten gesteuert werden. Besonders interessant sind hier Best-Practice-Vergleiche, vor allem bei strukturgleichen Unternehmungen.

Darstellung

Produktivitäts-/Kosten-Kennzahlen

Kennzahl	Relation
1. Gesamt-Produktivität	reale Gesamtleistung im Verhältnis zu realen Gesamtkosten
2. Personalkosten-Produktivität	reale Gesamtleistung im Verhältnis zu realen Personalkosten
3. Mitarbeiter-Produktivität	Umsatz, Absatz oder Wertschöpfung pro Mitarbeiter
4. Kapazitätsauslastung	reale Laufzeit von Ressourcen im Verhältnis zu möglicher Laufzeit (Vollauslastung) von Ressourcen
5. Wirtschaftlichkeit	Ertrag im Verhältnis zu Aufwand
6. Investment-Intensität	Investment (betriebsnotwendiges Working Capital) im Verhältnis zur Wertschöpfung
7. Investment-Struktur	Bruttoanlagevermögen im Verhältnis zum Investment
8. rel. Kostenposition (Branche)	wichtigste Kostenarten im Verhältnis zu den besten Konkurrenten der Branche
9. rel. Kostenposition (Best Practice)	wichtigste Kostenarten im Verhältnis zu den Besten (Best Practice/Benchmarks) generell
10. Nutzungsgrad der Erfahrungskurve	Nutzung des Produktivitätspotenzials durch Erfahrungseffekte (20-30% Kostensenkung)

Die **Gewinn-** und **Cashflow-Kennzahlen** grenzen weitgehend das ab, was als Ergebniscontrolling bezeichnet wird. Insbesondere der Gewinn ist nur eine Restgröße, der isoliert betrachtet wenig bis keine Aussagekraft hat. Damit diese entsteht, muss er in Beziehung zu anderen Größen gesetzt werden. Dadurch entstehen Rentabilitäten. Marktwirtschaft bedeutet vor diesem Hintergrund nicht Gewinnmaximierung, sondern das ständige Optimieren von Rentabilitäten[8]. Im Kern ist daher auch der **Kapitalismus** nicht eine Gewinnwirtschaft, sondern eine Wirtschaftsform, in der jeder »dabei« ist, der Rechnungen bezahlen kann. Mit Cashflow bzw. Liquiditätswerten werden die aus dem Geschäft erarbeiteten Mittel bezeichnet. Sie sind das Kriterium für Finanz- und Ertragsstärke einer Organisation. Damit steht der Cashflow unternehmenspolitisch auch über jeder Rentabilitätszahl, vor allem weil er Dreh- und Angelpunkt für Stabilität (Liquidität), Selbstfinanzierung (Substanzerhaltung) und Gewinn (Ausschüttung) ist.

Darstellung

Gewinn- und Cashflow-Kennzahlen

Kennzahl	Relation
1. Eigenkapital-Rentabilität oder Return on Equity (ROE)	Betriebsergebnis im Verhältnis zum (durchschnittlichen) Eigenkapital
2. Gesamtkapital-Rentabilität bzw. Return-on-Investment (ROI)	Gewinn vor Zinsen und Steuern (Ebit) im Verhältnis zum geschäftsrelevanten Kapital (zugleich Umsatzrentabilität mal Kapitalumschlag)
3. Umsatzrentabilität oder Return on Sales (ROS)	Gewinn vor Zinsen und Steuern (Ebit) im Verhältnis zum (Netto-) Umsatz oder Cashflow im Verhältnis zum (Netto-) Umsatz
4. Kapitalumschlag oder Capital Turnover	(Netto-) Umsatz im Verhältnis zum geschäftsrelevanten Kapital
5. Cashflow	Reingewinn plus nicht liquiditätswirksamer Aufwand minus nicht liquiditätswirksamer Ertrag
6. Ausschüttungskraft	Ausschüttungen im Verhältnis zum Cashflow
7. Selbstfinanzierung	Cashflow minus Gewinn-Ausschüttungen im Verhältnis zu den Investitionen
8. Investitionsrate	Anfangsbestand des Anlagevermögens im Verhältnis zu den Investitionen ins Anlagevermögen
9. Verschuldungsfaktor	Effektivverschuldung im Verhältnis zum Cashflow
10. Ebit	Earnings before Interest and Taxes, d. h. Jahresüberschuss bzw. Fehlbetrag vor Zinsen und Steuern

Die Führung jeder Organisation hat für finanzielle Stabilität, finanzielle Unabhängigkeit und Ertragskraft zu sorgen[9]. Inwieweit dies gewährleistet ist, zeigen die **Kapital-, Vermögens-, Liquiditäts-Kennzahlen** als Orientierungsgrößen an. Jedes Produktivitätsprogramm wird letztlich auch daran gemessen, inwieweit einzelne dieser Kennzahlen über längeren Zeitraum verbessert werden. Nicht selten wird gerade hier der Kurzfrist-Charakter vieler **Cost-Cutting**-Aktionen sichtbar.

Darstellung

Kapital-, Vermögens-, Liquiditäts-Kennzahlen

Kennzahl	Relation
1. Eigenfinanzierungsgrad (Eigenkapitalquote)	Eigenkapital im Verhältnis zum Gesamtkapital
2. Finanzierungsverhältnis	Eigenkapital im Verhältnis zum Fremdkapital
3. Verschuldungsfaktor	langfristige Verbindlichkeiten im Verhältnis zum Cashflow
4. statischer Verschuldungsgrad	Fremdkapital im Verhältnis zum Eigenkapital
5. dynamischer Verschuldungsgrad	Effektivverschuldung im Verhältnis zum Cashflow
6. kurzfristiger Verschuldungsgrad	kurzfristiges Fremdkapital im Verhältnis zum Fremdkapital
7. Umlaufsvermögens-intensität	Umlaufsvermögen im Verhältnis zum Gesamtvermögen
8. Anlagevermögens-intensität	Anlagevermögen im Verhältnis zum Gesamtvermögen
9. Liquidität 1. Grades (Cash Ratio)	liquide Mittel im Verhältnis zum kurzfristigen Fremdkapital
10. Liquidität 2. Grades (Quick Ratio)	monetäres Umlaufvermögen (liquide Mittel und Forderungen) im Verhältnis zum kurzfristigen Fremdkapital
11. Liquidität 3. Grades (Current Ratio)	Umlaufvermögen im Verhältnis zum kurzfristigen Fremdkapital
12. Working Capital	Umlaufvermögen minus kurzfristiges Fremdkapital

Eine Kennzahl ist zunächst immer eine Konstruktion und schließt in sich noch nicht den jeweiligen Zielwert ein. Dieser ist nicht mechanistisch ableitbar, sondern muss vom Management festgelegt werden. Gerade hier greift der sinngemäße Spruch von Peter Drucker, wonach echte Führung erst dann beginnt, wenn keine Zahlen und quantitativen Ableitungen mehr verfügbar sind. Dennoch gibt es einige Orientierungspunkte für Zielwerte, sogenannte **Normen für Kennzahlen**. Diese sind das Ergebnis guter Praxis, empirischer Erhebungen[10] und positiver Erfahrungswerte.

1. Der **absolute Marktanteil** in Geschäftsfeldern sollte über 15% liegen, d.h. spürbar so groß sein, um entsprechende Erfahrungseffekte ausnutzen zu können.
2. Ein guter **relativer Marktanteil** liegt über 50 Punkte. Auch hier werden Erfahrungseffekte angezeigt, zudem gibt die Zahl Aufschluss über die Konzentration des Wettbewerbs und die eigene Wettbewerbsstärke.
3. Das reale **Marktwachstum** sollte größer als 5% sein. Der Eintritt in wachsende Märkte bedeutet, dass frühzeitig Erfahrungseffekte aufgebaut werden können.
4. Eine gute **Kapazitätsauslastung** liegt langfristig über 90%.
5. Die **Investmentintensität** wirkt unter 100% positiv und ist unter 75% ein guter Wert. Damit wird ein schlanker Kapitaleinsatz im Verhältnis zur Wertschöpfung angezeigt.
6. Die **Gesamtkapitalrentabilität** sollte über dem Niveau des Kapitalmarktzinses sein. Die Umsatzrentabilität bzw. der Kapitalumschlag sind so zu gestalten, dass die Gesamtkapital-Rentabilität gesichert ist.
7. Die **Eigenkapitalrentabilität** sollte Kapitalerhaltungsrücklagen sicherstellen und eine entsprechende Dividende an die Anteilseigner.
8. Der **statische Verschuldungsgrad** darf höchstens eins zu eins sein.
9. Der **dynamische Verschuldungsgrad** sollte maximal das Dreifache des durchschnittlichen Cashflows der letzten drei Geschäftsjahre betragen.
10. Die **Finanzierung des Anlagevermögens** ist vollständig durch Eigenkapital sicherzustellen. Diese Norm wird auch die Goldene Bilanzregel genannt.
11. Die sogenannte **Acid-Test-Regel** besagt, dass das kurzfristige Fremdkapital nicht den Wert des monetären Umlaufvermögens übersteigen soll, d.h. die Liquidität 2. Grades größer/gleich eins ist.
12. Die **Current-Ratio-Regel** fordert, dass das Umlaufvermögen mindestens doppelt so hoch ist wie alle kurzfristigen Verbindlichkeiten. Die Liquidität 3. Grades sollte demnach größer/gleich zwei sein.

In der Praxis neigen viele Führungskräfte gerne zum sogenannten **Agabu-Effekt**. Dies bedeutet »Alles ganz anders bei uns« und ignoriert von vorneherein Lerneffekte und Erfahrungswerte aus dem Produktivitäts- und Ergebnismanagement. Am Anfang und im Zweifel sollte immer davon ausgegangen werden, dass die eigene Organisation und der relevante Markt nach gewissen Mustern tickt, für die es bereits Erkenntnisse gibt.

4.1.3 Das Pricing zur Ergebnisverbesserung einsetzen

Im Zentrum des Produktivitätsmanagements steht die Leistungskraft einer Organisation als solche, primär die Wertschöpfung und die Fähigkeit zur Steuerung des Geschäftsmodells. Die **Ergebnisformel** ist aber umfangreicher:

Ergebnis = Preis × Menge − Kosten

Gemäß diesem Ansatz liegt ein Multiplikator klarerweise beim **Preis**[11]. Sehr viele Organisationen vernachlässigen diesen Faktor und fokussieren sich eindimensional auf Menge und Kosten. Jede Mengensteigerung und Kostensenkung hat klarerweise Wirkung auf das Ergebnis[12]. Allerdings geht nur der Preis zu 100% in das Ergebnis ein, Menge und Kosten weit unter 100%. Gerade der Zusammenhang zwischen Preissenkung und der notwendigen Absatzsteigerung zum Halten desselben Ergebnisses sind bei den meisten Führungskräften schlichtweg unbekannt. Anhand nachstehender **Preis-Absatz-Funktion** können die Konsequenzen aufgezeigt werden. Wenn die Deckungsbeitragsrendite 10% beträgt und Preise um 5% gesenkt werden, so ist der Absatz um 100% zu steigern, also zu verdoppeln, um das Ergebnis zu halten.

Darstellung

Notwendige Absatz-Steigerung aufgrund Preissenkung						
Deckungsbeitragsrendite in Prozent (DBR = DB/Nettoerlös)						
DBR	10	15	20	30	40	50
Preissenkung	**notwendige Steigerung des Absatzes in Prozent für dieselbe DB-Rendite**					
1%	11	7	5	4	3	2
2%	25	15	11	7	5	4
3%	43	25	17	11	8	6
4%	67	36	25	15	11	9
5%	100	50	33	20	14	11
10%		200	100	50	33	25
15%			300	100	60	43
Formel	Absatzsteigerung bei Preissenkung: $\Delta \text{ Absatzsteigerung} = \frac{\text{Preissenkung}}{\text{Deckungsbeitragsrendite} - \text{Preissenkung}}$					

Damit Ergebnisverbesserung gesamthaft funktioniert, muss der **Preisgestaltung** höchste Aufmerksamkeit geschenkt werden. Die Begriffe Preispolitik, Pricing, Preisoptimierung usw. stehen stellvertretend für diesen Grundgedanken. Zur Preisgestaltung können fünf Ansätze angewendet werden.

Erstens können Preisentscheidungen nach **Kunden- bzw. Konkurrenzfokus** getroffen werden. Kundenfokus bedeutet, dass das Geschäft klar segmentiert und eine präzise bzw. erkennbare Preisposition aus Kundensicht geschaffen wird. Dies kann in Richtung eines Penetrations- bzw. Kampfpreises gehen oder eines Exklusivpreises. Discounting im Handel steht beispielhaft für das erste, Premium im Fahrzeuggeschäft für das zweite. Ob die Preisposition primär real-rationalistisch oder psychologisch erfolgt, hängt von der Charakteristik des Geschäftes ab. Die Preispositionierung nach Wettbewerbsniveau ist die einfachste Preisstrategie. Die Preispunkte der Wettbewerber werden genommen und eine eigene Positionierung nach diesen Koordinaten getroffen.

Darstellung

Hebel zur Preisgestaltung

Hebel	Kernpunkte
1. Kunden- bzw. Konkurrenzfokus	• Segmentierung des Geschäftes und klare, kundenorientierte Preisposition (real oder psychologisch) • Preispositionierung nach Wettbewerbsniveau (Konkurrenz)
2. Erfahrungskurve/ Kosten	• Preisgestaltung auf die Ebene der heutigen oder erwarteten Erfahrungskurve (Kosten) • bewusstes Aufspannen eines »Preis-Schirmes« über dem Niveau der Erfahrungskurve
3. Preis-Differenzierung	• unterschiedliche Bepreisung von Leistungen (Produkte, Dienstleistungen) • Differenzierung nach Marke, Mengen, Lebenszyklus, Kunden(gruppen), Regionen, Terminen …
4. Steuerung der Vertriebsprozesse	• Incentivierung von durchgesetztem Pricing • Einbezug aller vermarktungs-, verkaufs- und abschlussrelevanten Verantwortlichkeiten
5. flankierende Preiselemente	• Barkauf, Finanzierungsmodelle (Eigentum), Leasing (Fremdkapital) • Nachlass/Rabatte, Subvention, Zugabe/Zusatzleistungen, Ersatz/Rücknahme

Der zweite Pricing-Ansatz ist das Ausrichten an der **Erfahrungskurve** bzw. an Kosten[13]. Gemeint ist eine Preisgestaltung auf die Ebene der heutigen oder einer erwarteten Erfahrungskurve. Typischerweise ist ein hoher Marktanteil auch ein Indikator für Skaleneffekte, d.h. dass Fixkosten auf mehr Umsatz bzw. Absatz verteilt werden können. Der Stückpreis muss demnach sinken, wenn das Management seine Effizienz-Hausaufgaben erledigt hat. Kampfpreise sind an sich keine Kunst, sondern das Erreichen einer entsprechenden Erfahrungsposition, von der aus dann solche Kampfpreise geboten und ausgehalten werden. Selbstverständlich kann auch ein Preisschirm oberhalb der eigenen Erfahrungskurve gespannt werden. Der positive Effekt ist das Abschöpfen einer hohen Marge, der negative das Zulassen von zusätzlichem Wettbewerb.

Der dritte wesentliche Punkt ist die **Preis-Differenzierung**. Gemeint ist die Fähigkeit, unterschiedliche Leistungen mit höherer Marge unterschiedlich zu bepreisen oder zu pauschalisieren. Beispielsweise werden zusätzliche industrielle Dienstleistungen oder jedes Customizing separat verrechnet. Preis-Differenzierung kann nach der jeweiligen Leistung, aber auch nach Marke, Mengen, Lebenszyklus, Kunden(gruppen), Regionen, Terminen usw. geschehen. Inwieweit die Differenzierung linear, progressiv oder degressiv verläuft, hängt vom Einzelfall ab. Unabhängig von Branche und Unternehmensgröße sollten aber hin und wieder Pricing-Szenarien mit diesen Varianten gemacht werden.

Viertens geht es um die **Steuerung der Vertriebsprozesse**. Hier sind alle vermarktungs-, verkaufs- und abschlussrelevanten Verantwortlichkeiten gemeint – unabhängig von ihrer funktionalen oder hierarchischen Anbindung. Die Idee besteht darin, ein System zu gestalten, in dem Pricing umgesetzt werden kann. So lassen sich etwa alle Akquisitions- und Vertriebsaktivitäten incentivieren, indem nicht nur die Abschlussmenge, sondern auch die Ergebniswirkung als Berechnungsbasis herangezogen werden.

Punkt fünf sind alle **flankierenden Preiselemente**, die ergänzend zur Preisposition und zur Preisentscheidung hinzukommen. Generell bezieht sich das Pricing auf Barkauf, Finanzierungsmodelle im Rahmen von Eigentum und Leasing im Rahmen von Fremdkapital. Diese drei Formen können spezifisch ausgestaltet werden und als Incentive für den Kunden wirken. Jeweils kombinierbar sind dann Nachlass/Rabatte, Subvention, Zugabe/Zusatzleistungen, Ersatz/Rücknahme. Pricing ist spätestens an dieser Stelle mittlerweile eine Wissenschaft geworden und es existieren Habilitationsschriften zu einzelnen dieser Themen. In der Mehrzahl von Fällen genügen aber strukturierte Diskussionen mit Leuten, die Erfahrung im Markt haben. Wenn die Vorschläge dann in die Pricing-Strategie einfließen, wird vielleicht nicht eine hundertprozentige Lösung vorliegen, dafür aber ein ausreichendes und realistisches Ziel.

Preisgestaltung hat nicht nur einen aktiven, steuernden Teil, sondern ist in die jeweilige Ausgangslage eingebettet. Die Auswahl des jeweiligen Preishebels und die Gestaltung des Pricing-Prozesses hängen von diesen **Umfeldfaktoren für das Pricing** ab. Bewährt haben sich die Darstellung der Ist-Situation und ein bis zwei Szenarien, um daraus die entsprechenden Schlussfolgerungen abzuleiten.

Darstellung

Umfeldfaktoren für das Pricing

Umfeldfaktor	Detaillierung
1. Normen und Gesetze	• Steuern, Zölle, Abgaben • Liberalisierungsgrad (Handelsbeschränkungen bzw. -erleichterungen) • gesetzliche Regelungen bzgl. Incentivierung von Mitarbeitern (v.a. Vertrieb)
2. Makro-ökonomie	• konjunkturelle und demographische Lage • Inflation, Deflation, Wechselkurse, Situation an Börsen • Wettbewerbsintensität, Marktsättigungsgrad (Nachfrage-Angebot)
3. Information	• Zugang zu Informationen und Vergleichsangeboten • Transparenz der Märkte, Kompetenz der Kunden bzw. der Marktmittler • Flexibilität und Durchdringungsgrad von Kommunikation und Information generell
4. Produkte und Dienstleistungen	• Substitutionsanfälligkeit, Grad in der Angleichung der Leistungen • Bedeutung von Marke und Image • Veränderungen im Geschäftsmodell oder bzgl. technologischer Entwicklungen
5. Wettbewerb	• Konzentrationsgrad des Marktes, typische Preiselastizitäten • Lebensfähigkeit bzw. Kostensituation der Wettbewerber (Erfahrungskurve) • Imitationsgeschwindigkeit von Pricing-Maßnahmen
6. Vertriebswege und Kanäle	• Struktur und Flexibilität von Vertriebs- und Handelsstufen, Importeuren … • Höhe der Transport- bzw. generell Logistikkosten • »Reifegrad« der Globalisierung (Sourcing)

Pricing gehört nach wie vor zu den stark vernachlässigten Hebeln auf die Ergebnisverbesserung. Viele Unternehmen optimieren zum wiederholten Mal ihre Kostenposition, bevor sie zum ersten Mal gründlich die Preisseite angehen. Unabhängig davon hat Pricing zwei Nachteile. Der erste ist die meist rasche Imitierbarkeit durch den Wettbewerb. Viele Branchen sind transparent und Veränderungen im Pricing können relativ rasch entdeckt und nachgeahmt werden. Dies gilt nicht bei Vorteilen in der Kostenposition bzw. in der Wertkette. Der zweite Nachteil hängt mit **Preissenkung** zusammen. Wurden Preise einmal im Wettbewerb abgesenkt, sind Erhöhungen nur schwer möglich.

Die Hebel zur Preisgestaltung und die Umfeldfaktoren für das Pricing stecken die inhaltlichen Aspekte ab. Damit das Ganze erarbeitet und umgesetzt werden kann, ist ein entsprechender **Pricing-Prozess**[14] notwendig. Der Prozess stellt sicher, dass systematisch diskutiert und entschieden werden kann, welche Pricing-Politik festzulegen und welche operativen Schritte einzuleiten sind.

Darstellung

Pricing-Prozess	
Phase	**Detaillierung**
1. Leitplanken für das Pricing	• Input aus der Strategie (Positionierung, Marktanteile, Gewinn-Erfordernis...) • Input aus der operativen Mehrjahresplanung • sonstige Quellen (Leitbild...)
2. Beurteilung Ausgangslage	• Kunden- und Wettbewerbsuntersuchungen (Kundennutzen...), Umfeldfaktoren auf das Pricing (Szenarien...) • Beurteilung der Erfahrungskurve/Kostenposition • aktuelle Positionierung: Stärken und Schwächen im Pricing (Preisdurchsetzung...)
3. Preis-Strategie	• strategische Preispositionierung: Preisniveau im Wettbewerb, Preis-Image, Preis-Differenzierung • operative Preispositionierung: Preisumsetzung, flankierende Preis-Elemente • entsprechender Umsetzungsplan
4. Umsetzung und Controlling	• Verbindung mit den Pricing-relevanten Führungsprozessen (Strategiereview, Budgetierung, Ressourcenplanung, Vertriebscontrolling...) • Klarheit in den Aufgaben, Kompetenzen und Verantwortlichkeiten für die Preis-Umsetzung bzw. bezüglich Entscheidungen (Ausnahmen, Grenzfälle...) • Beurteilung der Wirksamkeit des Pricing und ggf. Anpassung (Feinsteuerung)

Im Pricing-Prozess sind als erstes sämtliche Leitplanken darzustellen. Dies betrifft den Input aus der Strategie, wie etwa **Preis-Positionierung**, Marktanteilsziele oder Gewinn-Erfordernis. Liegen operative Mehrjahresplanungen vor, dann sollte dies auch eingebaut werden. Als zweites wird die Ausgangslage beurteilt. Hier sind Kunden- und Wettbewerbsuntersuchungen durchzuführen, um entsprechende Hinweise auf die aktuellen Preispunkte zu erhalten. Umfeldfaktoren auf das Pricing werden an dieser Stelle als Szenarien festgehalten. Zur Analyse gehört zudem die Beurteilung von Erfahrungskurve und Kostenposition. Zusammenfassend sind Stärken und Schwächen in der aktuellen Positionierung auszuweisen, wie etwa die Preisdurchsetzung. Drittens wird die **Preis-Strategie** festgeschrieben. Dies betrifft zum einen die strategische Preisposition, wie etwa das zu erreichende Preisniveau im Wettbewerb oder das Preis-Image. Zum anderen ist die operative Preisposition klar auszuweisen, wie die Preisdurchsetzung und flankierende Preiselemente. Ein Umsetzungsplan konkretisiert die Preis-Strategie. Den vierten Schritt bilden Umsetzung und Controlling. Wichtig ist hier die Harmonisierung des Pricings mit den relevanten Führungsprozessen (z.B. Strategiereview, Budgetierung, Ressourcenplanung, Vertriebscontrolling...). Damit das Ganze funktioniert, braucht es auch entsprechende Klarheit in den Aufgaben, Kompetenzen und Verantwortlichkeiten für die **Preis-Umsetzung** und natürlich auch bezüglich erforderlicher Preis-Entscheidungen (Ausnahmen, Grenzfälle ...)[15]. Abschließend ist die Wirksamkeit des Pricings zu beurteilen.

Werkzeug

Pricing-Strategie

1. Positionierung: strategisch und operativ

Hebel	Positionierung	Wirkung	Verantw.
	Summe		

2. Umsetzungsplan

Nr.	Maßnahme	Termin	Verantw.
1			
2			
3			
4			
5			

Beispiel Anlagenbau

Pricing-Strategie

Ein Anlagenbauer möchte die Wirksamkeit des Pricings erhöhen und erarbeitet eine eigene Pricing-Strategie. Die strategische und operative Positionierung zielt auf eine klare Ergebnisverbesserung ab.

1. Positionierung: strategisch und operativ

Hebel	Positionierung	Wirkung	Verantw.
1. Akquisition/ Durchführung der Projekte	• Durchsetzung von Pauschalpreisen • Ansatz: 15% indirekter Projektzuschlag	12 Mio. Euro	jeder Akquisiteur/ NL-Leiter
2. Preiserhöhung	• Erhöhung der effektiven Projektansätze um 5%	18 Mio. Euro	jeder Akquisiteur/ NL-Leiter
3. Rabatte und Nachlässe	• Eindämmung der Rabatte und Nachlässe um 40%	13 Mio. Euro	Vertriebsleiter
4. industrielle Dienstleistungen	• separates Ausweisen und Bepreisen der industriellen DL • Ansatz: 10% Preissteigerung	9 Mio. Euro	jeder Akquisiteur/ NL-Leiter
5. …	…	…	…
	Summe	*58 Mio. Euro*	

2. Umsetzungsplan

Nr.	Maßnahme	Termin	Verantw.
1	Durchsetzung von Pauschalpreisen und des Projektzuschlages: pro NL bei drei A-Kunden	31.12.	NL-Leiter
2	Etappenweise Preiserhöhung: • Umsetzung der Preiserhöhung: durchschnittlich 1,5% bis 30.06. • durchschnittlich 3,0% für das 2. HJ	30.06. 31.12.	NL-Leiter, jeder Akquisiteur
3	…	…	

Anmerkungen

1 Vgl. den Normalkostenansatz in: *Jorasz, W.*, Kosten- und Leistungsrechnung, Stuttgart 2009, S. 24.
2 *Tanne, M.*, Kostenrechnung, Stuttgart 2007, S. 236ff.
3 Zur DB-Rechnung siehe: *Rieder, L./Siegwart, H.*, Neues Brevier des Rechnungswesens, Bern 2001, S. 153ff.
4 Bezüglich Direct Costing siehe: *Rieder, L./Siegwart, H.*, Neues Brevier des Rechnungswesens, Bern 2001, S. 154.
5 Vgl. *Siegwart, H.*, Marktorientierte Erfolgsrechnung, München 2002, S. 74.
6 Ansätze zur Erfolgsrechnung finden sich in: *Siegwart, H.*, Marktorientierte Erfolgsrechnung, München 2002, S. 79ff. und *Plinke, W.*, Industrielle Kostenrechnung, Berlin 2006.
7 Zur BSC siehe: *Stöger, R.*, Balanced Scorecard - Eine Bilanz, in: organisationsentwicklung, 4/2007.
8 Vgl. *Siegwart, H.*, Kennzahlen für die Unternehmensführung, Bern 1998, S. 76.
9 Vgl. *Siegwart, H.*, Kennzahlen für die Unternehmensführung, Bern 1998, S. 55.
10 Siehe *Buzzell, R./Gale, B.*, Das PIMS Programm, Wiesbaden 1989.
11 Zum Pricing-Thema vgl. folgenden Klassiker: *Schmalenbach, E.*, Kostenrechnung und Preispolitik, Köln 1963.
12 Die Zusammenhänge finden sich etwa in: *Siegwart, H.*, Marktorientierte Erfolgsrechnung, München 2002, S. 118ff., 153ff.
13 Zu nennen sind hier z. B. kostenorientierte Ansätze wie das Target Costing: *Arnaout, A.*, Anwendungsstand des Target Costing in deutschen Großunternehmen, in: Controlling 2001/6, S. 289ff.
14 Zum Thema Pricing-Prozess vgl. etwa: *Simon, H.*, Ertragssteigerung durch effektive Pricing-Prozesse, in: Zeitschrift für Betriebswirtschaft, 2004/11, S. 1083ff..
15 Vgl. *Kucher, E./Simon, H.*, Market Pricing als Basis des Target Costing, In: *Franz, K./Kajüter, P. (Hrsg.)*, Kostenmanagement, Suttgart 2002, S. 188ff.

4.2 Die Kostentreiber beeinflussen

Die Sicherstellung einer guten Produktivitätsposition hat mit dem aktiven Steuern von **Kostentreibern** zu tun. Diese wirken auf die einzelnen Stufen der Wertschöpfungskette ein und rufen gute oder eben schlechte Produktivität hervor. Identifikation der Kostentreiber, Klarheit über Kostenverursachung und Kostenverantwortung wirken den Treibern entgegen. Zusätzlich kann mit dem Instrument der **systematischen Müllabfuhr** in regelmäßigen Zeitabständen ein Fitnessprogramm für ein Unternehmen durchgeführt werden. Auf dem Prüfstand stehen Marktleistungen, Funktionen, Prozesse, Routinen usw. In der Praxis wird häufig das Werkzeug des Cost-Cutting verwendet. Unter bestimmten Bedingungen kann der Einsatz Sinn machen, allerdings besteht gerade hier die Herausforderung darin, mit Kostensenkung nicht künftige Erfolgspotenziale[1] zu gefährden.

4.2.1 Die Kostentreiber identifizieren und beherrschen

Kosten sind nicht einfach vorhanden, sie entstehen. Diese an sich banale Feststellung hat eine Konsequenz, die in vielen Organisationen nicht selbstverständlich ist. Es ist die Identifikation und Beherrschung der **Kostentreiber**. Die Idee setzt direkt an der Wurzel aller Kosten an, nämlich an der Frage, welche Faktoren die Kosten in Bewegung bringen, also antreiben[2]. Klar unterschieden werden muss zwischen einem Kostentreiber und der Kostenart[3], wie sie in der Kostenrechnung abgebildet ist. Auf die Frage »Was ist der größte Kostentreiber in Ihrer Organisation?« geben fast alle Führungskräfte die Antwort »Natürlich die Personalkosten!« Dieser Zusammenhang ist aber grundlegend falsch, weil Personalkosten eine Kostenart und kein Kostentreiber sind. Bei den Kostentreibern geht es um die Frage, was dafür verantwortlich ist, dass die Kostenart »Personalkosten« hoch ist. Dies kann viele Gründe haben, von schlechter Führung über Tarifbestimmungen oder ungenügende Aus- und Weiterbildung. Genau das sind die Kostentreiber im Geschäft. Echte **Kostengestaltung** setzt an diesen Hebeln an und nicht an pauschalen Kostensenkungsschnitten (»alle minus zehn Prozent«), die vielleicht in Notlagen sinnvoll sind, auf Dauer aber nichts an den Treibern des Kostenniveaus ändern und strategische Erfolgspotenziale schädigen können.

Zunächst werden die wichtigsten Prozesse der Wertkette identifiziert und in einer Matrix spaltenweise eingetragen. Anschließend geht es um die Erarbeitung der kritischen Kostentreiber, die dann zeilenweise dokumentiert werden. Nach Identifikation der Kostentreiber wird die Wirkung auf die Prozesse beurteilt. Dies geschieht durch ein einfaches Quantifizierungsraster von »0« (keine Wirkung auf Prozess) bis »3« (sehr starke Wirkung auf Prozess). Die jeweiligen Summen pro Spalte (Prozess) und pro Zeile (Kostentreiber) ergeben in weiterer Folge eine Priorisierung der erfolgskritischen Prozesse und Kostentreiber. Im letzten Schritt werden die Wirkung der wichtigsten Kostentreiber auf die Prozesse und entsprechende Optionen herausgearbeitet. Das Verfahren zeigt auf, welche Kostentreiber von der jeweiligen Führungskraft beeinflussbar sind und welche nicht. Gerade in großen Organisationen sind viele Führungskräfte der zweiten, dritten und vierten Ebene damit konfrontiert, dass sie zwar Budget- und **Kostenverantwortung**[4] tragen, viele Kostentreiber oder Umlagen aber gar nicht beeinflussen können. Gerade dies führt dann dazu, dass bei linearen Kostensenkungsprogrammen nur bei den unmittelbar beeinflussbaren Kostentreibern angepackt wird. Erfahrungsgemäß sind es aber die nicht direkt beeinflussbaren Kostentreiber, in denen die großen Potenziale liegen. Zusätzlich ist die **Kostenverursachung** zu klären. Es macht wenig Sinn, nur dort anzusetzen, wo Kosten aufschlagen. Wirkung entsteht nur dann, wenn an den verursachenden Faktoren gearbeitet wird.

Werkzeug (1)

Beherrschung Kostentreiber

Prozesse / **Kostentreiber**							**Summe**
1.							
2.							
3.							
4.							
5.							
6.							
7.							
8.							
9.							
Summe							

Legende:

0 keine Kostenwirkung auf Prozess
1 schwache Kostenwirkung auf Prozess
2 hohe Kostenwirkung auf Prozess
3 sehr starke Kostenwirkung auf Prozess

Werkzeug (2)

Beherrschung Kostentreiber

Kostentreiber	Kostenwirkung	Option	Potenzial
1.			
2.			
3.			
4.			

Beispiel Lebensmittel-Einzelhandel (1)

Beherrschung Kostentreiber

Ein Marktführer im Lebensmittel-Einzelhandel (LEH) führt ein Kostensenkungsprogramm durch. Dabei werden alle Prozesse auf Kostentreiber geprüft. Beispielhaft wird der logistische Teil der Warenwirtschaft dargestellt.

Prozesse ↗ Kostentreiber	Ware beschaffen	Ware disponieren	Ware annehmen/ bearbeiten	Ware ausliefern	Retoure bearbeiten	DV sicherstellen	Summe
1. Belieferungshäufigkeit	0	3	1	3	2	2	**11**
2. ungleiche Auslastung	0	2	3	3	0	0	**8**
3. mangelndes Warenwirtschaftssystem	1	3	3	3	2	3	**15**
4. Nachbestellung unvorhergesehene Aufträge	0	2	2	3	1	2	**10**
5. Sortimentsbreite und -tiefe	3	2	2	1	3	3	**14**
6. Sonderwünsche des Kunden	0	2	3	3	0	2	**10**
7. mangelndes Entscheidungsverhalten	0	3	2	3	0	1	**9**
8. Betriebsvereinbarungen	0	0	3	3	0	1	**7**
9. mangelnde Qualifikation der Mitarbeiter	0	2	3	3	1	0	**9**
Summe	**4**	**19**	**22**	**25**	**9**	**14**	

Legende:

0 keine Kostenwirkung auf Prozess
1 schwache Kostenwirkung auf Prozess
2 hohe Kostenwirkung auf Prozess
3 sehr starke Kostenwirkung auf Prozess

Beispiel Lebensmittel-Einzelhandel (2)

Beherrschung Kostentreiber

Kostentreiber	Kostenwirkung	Option	Potenzial
1. mangelndes Warenwirtschaftssystem	• mangelnde Auftragssteuerung • nur händische Inventurerfassung • schwierige Bearbeitung von Reklamationen	Umstellung des Warenwirtschaftssystems auf WWS-2	3 Mio. € einmalig 4 Mio. € p.a.
2. Sortimentsbreite und -tiefe	• Komplexität bei Bewirtschaftung und im Handling • hohe Bestandskosten (Kapitalbindung)	Sortimentsreduktion von derzeit 850 auf 600 Artikel	2 Mio. € p.a.
3. Belieferungshäufigkeit	• zwei- bis dreifacher Kommissionier- und Fahraufwand • Mehrkosten durch Mautgebühr (jährlich ca. 1,5 Mio. €)	Prüfung: Reduktion der Belieferungshäufigkeit (je nach Geschäftstyp von 30 bis 60 Prozent)	3 Mio. € p.a.
4. Nachbestellungen, unvorhergesehene Aufträge	• permanentes Chaos in Disposition und Bearbeitung • schlechte Qualitätswerte (Pünktlichkeit...)	Schaffung eines Auftragsleitstandes mit Verantwortlichkeiten pro Disponent	0,5 Mio. € p.a.
5. ...	...		

Darstellung (1)

Kostentreiber

Funktion	Kostentreiber	
1. Einkauf	1. Lieferantenzahl und Lieferantenvielfalt 2. unterschiedliche Vertragstypen 3. Spezifikationsaufwand 4. mangelhafte Verträge 5. Distanz zum Kunden 6. Kaufteilpositionen	7. Eilaufträge/-beschaffungen 8. mangelhafte Spezifikation 9. geringe Modularität und Standardisierung 10. fehlende Abstimmung mit Entwicklung und Leistungserstellung 11. Zahl Verhandlungsgespräche
2. Entwicklung	1. Eigenentwicklung 2. fehlender Marktbezug 3. »Happy Engineering«/Überbetonung technischer Verkaufsargumente 4. Änderungsrate 5. ungesteuerte Kreativität 6. Anzahl Versuche 7. Floprate 8. Distanz zum Kunden	9. fehlende Modularität 10. Einarbeitungszeit 11. Dokumentationsaufwand 12. Dokumentationsfehler 13. Technologie- und Verfahrensänderungen 14. kurze Lebenszyklen bei Leistungen 15. mangelnde Lernkurve 16. Bonus nach Kreativität
3. Leistungserstellung und Produktion	1. Sortimentsbreite/Varianten 2. Anzahl Standorte 3. Sortimentstiefe/Varianten 4. unvollständige Produkt- und Projektspezifikation 5. Einarbeitungszeit 6. Schwankungen bzgl. Saison oder Kundengruppe 7. fehlende Nutzung der Erfahrungskurve	8. zu wenig Modularität 9. mangelhafte Standardisierung 10. Ausschuss 11. zu hohe/zu niedrige Kapazität 12. Unterbrüche/Umrüstungen in Leistungserstellung 13. gesetzliche Normen 14. hohe Investment-Intensität 15. kurze Lebenszyklen
4. Logistik	1. gesetzliche Normen 2. mangelnde Lieferbereitschaft 3. mangelnde Spezifikationen bzgl. Zeit/Lieferqualität 4. niedriger Umschlag 5. Lieferfrequenz 6. mangelnder Forecast	7. fehlende Rationalisierung (Routen, Läger...) 8. Anzahl Artikel 9. Fehlerrate/Defektrate/Anzahl Rückholungen 10. fehlendes On-Time-Delivery 11. mangelhafter Informationsfluss

Darstellung (2)

Kostentreiber

Funktion	Kostentreiber	
5. Vertrieb und Service	1. Anzahl Vertriebskanäle 2. mangelnde Standardisierung 3. Einarbeitungszeit 4. Rückläufe, Reklamationen 5. Vielfalt der Kunden 6. kompliziertes Preissystem 7. Anzahl Handelsstufen	8. Sortimentsbreite/Varianten 9. mangelhafter Reifegrad der Leistungen im Markt 10. kurze Lebenszyklen 11. Noteinsätze, Improvisation 12. rel. wenige Stammkunden 13. spezifische Dokumentationen 14. Sortimentsänderungen
6. Personal	1. gesetzliche/interne Vorschriften (Betriebsvereinbarungen) 2. Fluktuation, Fehlzeiten, Krankenstand 3. hohe Jobrotation 4. fehlender Wissenstransfer 5. mangelnde Führung	6. zu junges/zu altes Personal 7. zu hohe oder fehlende Spezialisierung 8. fehlende Anreize zur Standardisierung 9. mangelhafte Qualifikation und Personalentwicklung 10. fehlende Personalplanung
7. Informationssysteme	1. unterschiedliche Standards bei Hard- und Software 2. unterschiedliche Systeme 3. mangelhafte Stammdaten 4. Schulungsaufwand für Benutzer	5. Insellösungen 6. Verschlüsselungen, Sperrungen 7. Verfügbarkeit von Systemen 8. mangelnde Kompatibilität 9. wenig Echtzeitinformationen
8. Controlling und Rechnungswesen	1. falsche Buchungen, Falscheingaben 2. zu viel Kreativität beim Erfinden von Systemen 3. falsche Rechnungen 4. Controller mit zu viel Zeit	5. fehlende Systematik 6. niedrige Automatisierung 7. Anzahl und Tiefe von Kalkulationen 8. Belegkontrollen (Vollerhebung)
9. Führung und Organisation	1. unklare Aufgaben, Kompetenzen und Verantwortlichkeiten 2. Zahl Entscheidungsebenen 3. Doppelunterstellungen 4. falsche Führungsspanne (zu große oder zu kleine) 5. Management-Modewellen	6. schlechtes Sitzungsmanagement 7. fehlende Arbeitsmethodik 8. unklare Zielvereinbarungen 9. mangelnde Entscheidungsbereitschaft/Entscheidungsabläufe 10. Geld- und Machtdenken

4.2.2 Die systematische Müllabfuhr zur »Entschlackung« verwenden

Jedes Unternehmen kann als Organismus mit Stoffwechsel aufgefasst werden. Gemeint sind Austauschbeziehungen mit Lieferanten, Kunden, neuen Entwicklungen, aber auch interne Ressourcen- und Informationstransfers. Genauso wie ein Organismus kann auch ein Unternehmen »ansetzen«, d. h. langsam, umständlich und träge werden. Dies sind diejenigen Momente, wo festgestellt wird, dass Kosten unverhältnismäßig sind oder Produktivitäten nicht mehr stimmen. Aus diesem Grund ist die **systematische Müllabfuhr**[5] notwendig, weil sie sicherstellt, dass Überflüssiges, Überkommenes und nutzlos Gewordenes entfernt werden. Damit trägt sie zu einer »**Entschlackung**« bei, damit die Ressourcen dort eingesetzt werden können, wo Wirkung am Markt und Produktivität entstehen. Dabei kann sowohl bei der Effektivität als auch bei der Effizienz angesetzt werden.

Bei der **Effektivität** wird die Frage nach der Notwendigkeit von Tätigkeiten gestellt. All das steht zur Disposition, was abgebaut werden kann, ohne den Gesamtnutzen für den Kunden und die eigene Organisation zu verringern. So basieren beispielsweise Discounting-Geschäftsmodelle auf diesem Konzept. Sie senken die Anzahl von Aufgaben, Ausprägungen und Varianten – ohne den wahren **Kundennutzen** zu gefährden. Damit schaffen sie die Voraussetzung für eine ausgezeichnete Kostenposition und geben das über Preise weiter. Der Abbau von Leistungen oder Aufgaben kann vielfältig erfolgen und nach verschiedenen Dimensionen gegliedert werden. Die Ansätze reichen vom kompletten Wegfall einer Leistung über die Senkung der Frequenz bis zum Abbau von Qualität oder zur Senkung des Umfanges.

Eine deutliche bzw. radikale Variante der Hinterfragung der Effektivität ist der **Ausstieg**. Bezugspunkte sind Märkte, d. h. Kunden oder Kundengruppen, Regionen, Branchen, Leistungen, Ressourcen, Anlage- bzw. Umlaufvermögen und vieles mehr. Zusätzlich stehen natürlich alle internen Prozesse oder Organisationseinheiten zur Disposition. Ausstieg muss nicht zwangsweise das völlige Aufgeben bedeuten, sondern kann auch eine **selektive Streichung** betreffen. Beispiele für den Ausstieg sind etwa der Verzicht auf vierzig Prozent der Varianten eines Gewürzherstellers, die Zusammenlegung der Vertriebsverantwortung für Banken und Versicherungen eines Softwarehauses oder der Verkauf des Pharmageschäftes eines Konzerns an einen Konkurrenten. Der Ausstieg wird in der Praxis normalerweise nicht als systematische Müllabfuhr bezeichnet, weil es hier um nachhaltige Konsequenzen geht. Vom Prinzip bestehen aber keine wesentlichen Unterschiede.

Wenn die Frage der Effektivität beantwortet ist, erfolgt der nächste Produktivitätsschritt. Der Ansatz der **Effizienz** setzt genau bei denjenigen Leistungen an, die nicht gestrichen werden. Die Fragestellung lautet »Wie kann das Leistungsniveau bei geringerem Aufwand gleich belassen bzw. wie kann bei gleichem Aufwand mehr Leistung erzielt werden?« Gemeint ist das **ökonomische Prinzip**[6], d. h. die Optimierung der eingesetzten Ressourcen von Kapital, Arbeit, Wissen und Zeit. Systematische Müllabfuhr kann sich auf diese vier Produktivitätsarten[7] beziehen: von Standardisierung der Prozesse über Delegation auf andere Stellen, Outsourcing, Optimierung der Kapazitäten bis hin zur Entscheidungs- und Informationsverbesserung.

Darstellung

Effektivität und Effizienz in der systematischen Müllabfuhr

Effektivität: Abbau von Leistungen	Effizienz: produktivere Leistungserbringung
1. Wegfall einer Leistung (Bsp. Produkt, Dienstleistung, Reports, Kontrollen) 2. Wegfall von Kunden (-gruppen) 3. Senkung der Frequenz (Bsp. Besuche, Berichtsrhythmus, Sitzungen) 4. Abbau von Qualität (Bsp. 12- statt 24-Stunden-Service, Wegfall von Beratung) 5. Senkung des Umfanges (Bsp. Stichproben statt Totalerfassung) 6. zeitliche Verlangsamung (Bsp. Verlängerung von Liefer- und Servicerhythmen)	1. Standardisierung und Straffung der Prozesse (Bsp. pauschale Spesen, Angebotsvorlagen) 2. Delegation auf andere Stellen (Bsp. Reklamationsbearbeitung durch Produktion, Angebotserstellung durch Akquisiteur bzw. Abwickler) 3. Outsourcing (Bsp. Logistikdienste) 4. Optimierung der Kapazitäten (Bsp. Flexibilisierung von Arbeitszeit) 5. Entscheidungs- und Informations-Optimierung (Bsp. kompatible DV-Systeme, Sitzungsmanagement)

Die Methodik der systematischen Müllabfuhr ist stark prozessorientiert und setzt beim Kundennutzen und bei der Wertkette an. Als erstes werden die relevanten Prozesse entlang der Wertkette festgelegt und die Ist-Situation quantifiziert. Die Grundlogik der Wertkette und der Prozesse richtet sich am Kundennutzen, an der Leistung aus. Mit der beiliegenden Checkliste anhand der Produktivitäten werden anschließend Prozesse und Leistungen geprüft und Optionen mit entsprechenden Potenzialen entwickelt. Methodisch ist zu beachten, dass die Erarbeitung der systematischen Müllabfuhr nur mit den Betroffenen erfolgen soll. Die erarbeiteten Vorschläge sind von Beginn an möglichst konkret zu quantifizieren und in Maßnahmen zu übersetzen. Quantifizierung bedeutet hier nicht eine lange Diskussion über Kommastellen, sondern die Angabe von Bandbreiten bzw. einer Daumenpeilung. Durch die gemeinsame Erarbeitung entsteht auch ein gemeinsames **Produktivitätsverständnis** bei allen und damit ein wichtiger Beitrag in der Produktivitätskultur (»gemeinsame Sprache, eine Meinung«).

In vielen Fällen hat sich eine **anspruchsvolle Zielsetzung** bewährt, etwa »Worauf verzichten wir, wenn der Marktpreis auf siebzig Prozent sinkt?«, »Worauf ist zu verzichten, wenn dreißig Prozent der Personalkosten gestrichen werden müssen?« oder »Was wird abgestellt, wenn der Umsatz auf achtzig Prozent einbricht?« Nur über eine sportliche Vorgabe entstehen Bereitschaft und Druck zur grundsätzlichen

Hinterfragung der Aktivitäten und Aufgaben. Typischer Weise werden diese Vorgaben in Form von sogenannten **Produktivitätsleitplanken** durch das Top-Management formuliert. Dies kann vorbereitend auch durch Produktivitätsinterviews mit den verantwortlichen Führungskräften eingesteuert werden. In sehr vielen Fällen genügen ein bis maximal zwei Tage für einen Workshop zur systematischen Müllabfuhr. Alle vorgebrachten Ideen werden diskutiert und zur Entscheidung gebracht, nämlich: umsetzen, neuerlich prüfen oder zurückstellen. Wenn die Umsetzung gestartet ist, empfiehlt sich ein regelmäßiger Bericht vor einem kleinen Entscheider-Kreis. Dies bringt das nötige Commitment, aber auch den erforderlichen Druck auf Umsetzung und die Beiträge von einzelnen Personen und Organisationseinheiten.

Über **Prozessorientierung** kann das Instrument der systematischen Müllabfuhr am besten eingesetzt werden, weil an dieser Stelle der Schnittpunkt von Kundennutzen, Wertkette und damit Geschäftslogik vorliegt. Dabei spielt es keine Rolle, ob die Prozesse am Markt ausgerichtet sind oder interne Aktivitäten bzw. Leistungen im Zentrum stehen. Die Themen der Effektivität und der Effizienz sind in beiden Dimensionen vorhanden und somit immer steuerbar. Die systematische Müllabfuhr ist eine konkrete Anwendung der **Erfahrungskurve**[8]. Erfahrung bedeutet auch, dass Klarheit besteht, was zwingend im Zentrum stehen muss und was aufgegeben oder vermindert werden kann. Mit steigendem Output und steigender Organisationsgröße sind fast automatisch Ansatzpunkte für die Müllabfuhr gegeben. Umgekehrt ist klar, dass jedes durch die Erfahrungskurve ausgewiesene Kostensenkungspotenzial nur dann gehoben werden kann, wenn Themen der Effektivität und Effizienz auf dem Prüfstand sind. Mit der Nutzung des Erfahrungseffektes entsteht so etwas wie eine »Entschlackungskur« für Organisationen. Sie gewinnen dadurch an Geschwindigkeit und schaffen Platz für Neues[9].

Darstellung

Systematische Müllabfuhr zur Produktivitätssteigerung	
1. Quelle: Produktivität des Kapitals	1. Verbesserung Investment-Intensität über Senkung der Kapitalbindung bzw. von Leerzeiten (Kapazitätsauslastung) 2. Senkung/Streichung von vorgehaltenen Kapazitäten 3. Senkung der Komplexität in Sortiment bzw. in den Vertriebswegen 4. Abbau von Sonderentwicklungen, Sonderleistungen und anderen Einmaligkeiten – Verstärkung von Standardisierung 5. Senkung der eigenen Wertschöpfung über verstärktes Outsourcing 6. Nutzung von Größendegression (geringere Stückkosten durch Verteilung der Fixkosten auf mehr Umsatz bzw. Absatz) 7. Vereinfachung der Transaktionswege (Geld-, Waren-, DL-Verkehr) 8. Vereinfachung und Senkung der Umstellzeiten bei Leistungen 9. Konzentration auf Kernleistungen und Streichung aller anderen Leistungen 10. (Teil-)Verkauf des Geschäftes, von Betriebsstätten, Regionen…
2. Quelle: Produktivität der Arbeit	1. Produktivitätssteigerung über gleichen Output bei verringertem Input 2. Erhöhung der Wertschöpfung oder Transaktionen pro Vollzeit-Arbeitskraft 3. Reduktion nicht direkt wertschöpfender Aktivitäten (Wartezeiten, Kontrollen) 4. Kenntnis und konsequenter Abbau typischer Fehler und Fehlerhäufigkeiten 5. Steigerung der Lerneffekte in den Prozessen (durch Wiederholung, Routine) und Senkung von »Versuch und Irrtum« 6. Wegfall einer Leistung (Bsp. Produkt, Dienstleistung, Reports, Kontrollen) 7. Abbau von arbeitsgebundener Qualität (Bsp. Beratung, Service) 8. Senkung des Umfanges (Bsp. Stichproben statt Totalerfassung, Trennung von Leistungen und gesonderte Bezahlung) 9. Delegation auf andere Stellen (Bsp. Reklamationsbearbeitung durch Produktion, Angebotserstellung durch Akquisiteur bzw. Abwickler) 10. Senkung von Sitzungen/Streichung von Gremien
3. Quelle: Produktivitäten des Wissens und der Zeit	1. Erhöhung von Sicherheit/Routine in wettbewerbsrelevanter Zeit: »time to market«, »time to customer«, »time to money«, »time to break even« 2. Erhöhung von Sicherheit/Routine in den Schlüsselprozessen (Nutzung Erfahrungskurve) 3. Verminderung organisatorischer Schnittstellen 4. Senkung der Komplexität im Sortiment (Varianten) 5. Senkung der Komplexität auf Abnehmerseite (Kunden- und Händlermix) 6. Prüfung/Reduktion Durchlaufzeit in der Prozesskette (inkl. kritischer Wege) 7. Senkung von Frequenz (Bsp. Besuche, Berichtsrhythmus, Sitzungen) 8. zeitliche Verlangsamung (Bsp. Verlängerung von Liefer- und Servicerhythmen, Verzögerung von Bearbeitungen) 9. Entscheidungs- und Informationsoptimierung (Bsp. kompatible DV-Systeme, Sitzungsmanagement) 10. Parallelisierung oder Zusammenlegung von Prozessschritten (Bsp. Verkürzung der Durchlaufzeiten, unmittelbarer Wissensaustausch, geringerer Koordinationsaufwand)

Werkzeug

Systematische Müllabfuhr

Prozess	Ist	Option	Potenzial

Beispiel Catering

Systematische Müllabfuhr

Ein Catering-Unternehmen führt zweimal jährlich einen Management-Workshop zur systematischen Müllabfuhr durch. Die Methodik ist an den Unternehmensprozessen orientiert und verwendet primär »Mannjahre« (MJ) als Kalkulationsgröße. Die Resultate des Workshops werden anschließend in die Zielvereinbarungen übernommen.

Prozess	Ist	Option	Potenzial
Automaten aufstellen	15 Mannjahre	• künftig nur mehr Beschilderung durch Auftraggeber (Werber), nicht mehr durch das eigene Unternehmen	12 MJ
Automaten befüllen und Inkasso sicherstellen	27 Mannjahre	Optimierung durch: • Auslagerung der Befüllung auf Vertragspartner (v.a. bei Neuverträgen) • Akkordsystem bei Befüllung und Inkasso	5 MJ
Geld zählen	11 Mannjahre	• Vereinheitlichung der Geldzählfunktion durch: Zusammenlegung der Regionen A und B bzw. C und D	1,5 MJ
Automaten servicieren	14 Mannjahre	Verbesserung der Rate »Automat pro Techniker« durch • Erhöhung der Automaten in den Zielvereinbarungen um 5% • Abschaffung des alten Gehaltsystems/Einführung eines neuen Prämiensystems (Basis: servicierte Automaten)	2 MJ
Reklamationen bearbeiten	...	...	

4.2.3 Das Cost-Cutting ohne Schädigung von Erfolgspotenzialen einsetzen

Viele Organisationen und noch mehr Führungskräfte verbinden mit Kosten und Produktivität die sogenannten Cost-Cutting-Programme. Breitflächig aufgetreten sind diese in den 1970-Jahren: Nach Jahren des Wirtschaftsaufschwungs waren plötzlich Marktsättigung und reife Märkte aufgetreten. Viele Unternehmungen gerieten in Zahlungsschwierigkeiten und waren gezwungen, innerhalb kurzer Zeit Liquidität zu beschaffen. Wenn Anteilseigner nicht Kapital nachschießen, Banken ihre Limite nicht erhöhen, bleibt in solchen Situationen nur **brachiale Kostensenkung**. Seit damals werden Kosten oftmals synonym mit der Gewinnung von Cash in Zusammenhang gebracht. **Cost-Cutting** entstand als Antwort auf Liquiditätsprobleme und nicht als Ausdruck permanenter Produktivitätssteigerung[10].

Wenn Rechnungen nicht mehr bezahlt werden können, dann muss das exakt Falsche gemacht werden, nämlich das zu verkaufen, was einen Wert darstellt oder das zurückzufahren, was künftig ein Erfolgspotenzial darstellt. Genau darin liegt der Unterschied zur **permanenten Produktivitätssteigerung**. Ohne unmittelbaren Zeitdruck können hier die wirklichen Kostentreiber eliminiert werden. Die künftigen Erfolgspotenziale in den Produkten, Dienstleistungen, Märkten, Menschen usw. bleiben davon unberührt. Dem gegenüber ist klassisches Cost-Cutting eine Gefahr für jede Organisation, denn sie orientiert sich an den falschen Steuerungsgrößen, täuscht richtiges Handeln vor und fokussiert nur auf **Geldgrößen**.

Es gibt kaum ein Managementthema, das so einfach ist wie Kostensenkung mit kurzfristigem Zeithorizont: Reduktion bzw. Einstellen von Aus- und Weiterbildung, Entwicklung, Investition in Märkte usw. All das sind Aktionen, die relativ rasch spürbar sind, Cash verfügbar machen und den Anschein von echter Führung vermitteln. Die Gefahr besteht darin, dass **Erfolgspotenziale**[11] aufgeweicht oder gar zerstört werden, weil keine neuen Marktleistungen vorhanden sind, erfahrene und gut ausgebildete Menschen fehlen oder Märkte nicht entwickelt sind. Zudem wird dies alles nicht in einer Gewinn- und Verlustrechnung sichtbar. Die Gegenwart ist optimiert, die Zukunft ist weitgehend zerstört. Echtes Unternehmertum zeichnet sich aber dadurch aus, dass mehrere Größen in Balance gehalten werden: Marktstellung, Innovationsleistung, Produktivität, Attraktivität für gute Leute und Geldgrößen[12]. Einen einzigen Faktor auf Kosten der anderen zu optimieren ist einfach. Mehrere oder gar alle zu balancieren, stellt höchste Ansprüche an Führung. Es müssen Markt- und innenorientierte Themen verbunden werden, genauso lang- und kurzfristige. Das ist der Kern von echtem **Unternehmertum**.

Cost-Cutting kann in Notsituationen notwendig sein, um kurzfristig die Überlebensfähigkeit eines Unternehmens zu sichern. Im Vordergrund steht dabei primär die Liquiditäts-Gewinnung. Damit dies möglichst wenige Schäden verursacht und auf einer soliden Basis stattfindet, sind einige **Grundsätze für richtiges Cost-Cutting** zu beachten. Als erstes sollte Klarheit herrschen über die generelle strategische Ausrichtung des Unternehmens. Gemeint sind vor allem diejenigen Erfolgspotenziale, die auf keinen Fall beschnitten werden dürfen. Zweitens muss die Positionierung im Kundennutzen herausgearbeitet sein, d.h. eindeutige Aussagen, welche Wettbewerbsvorteile auf Qualität und welche auf Kostenführerschaft beruhen. Daraus wird auch ersichtlich, bei welchen kaufentscheidenden Kriterien keine unmittelbare Kostensenkung erfolgen darf und wo hingegen gespart werden kann, ohne eine dauerhafte Schädigung der Marktposition zu erzielen. Drittens sollten die relevanten Kostentreiber bekannt sein, um einen linearen Kostenschnitt vorzubeugen. Viertens kann vorgeschalten oder ergänzend zum Cost-Cutting mit bewährten Werkzeugen gearbeitet werden, wie etwa einer mehrstufigen DB-Rechnung, einer funktionenorientierten Erfolgsrechnung, der systematischen Müllabfuhr oder Kostentreiber-Analysen. Dadurch wird eine rein kurzfristige **Ergebnisoptimierung** auf Kosten von Erfolgspotenzialen vermieden.

Ein typisches Muster des Cost-Cutting ist der sogenannte **Helmut-Kohl-Effekt**. Dieser beruht auf folgender Überlegung: Helmut Kohl war tendenziell übergewichtig und hat jährlich Kilosenkungsprogramme im Salzkammergut durchgeführt. Er hat also nachweislich sein Gesamtgewicht gesenkt, über das Jahr in Bonn allerdings sein Durchschnittsgewicht wieder erhöht. Über die Zeitspanne von mehreren Jahren ist so sein Gewicht, trotz jährlicher Senkungsaktionen, stetig angestiegen. Viele Organisationen machen dieselbe Erfahrung: Jährlich werden Kosten gesenkt, das **durchschnittliche Kostenniveau** steigt aber beständig an.

Cost-Cutting beinhaltet neben diesem Effekt noch eine andere **systemische Fehlsteuerung**[13]. Lineare Kostensenkung bestraft diejenigen, die permanent an Produktivität arbeiten, weil sie auf einen Schlag selten die großen Sprünge vorweisen können. Demgegenüber können sich diejenigen profilieren, die über einen längeren Zeitraum Kosten schleifen lassen und dann plötzlich mit »zukunftsorientierten« Kostenbeiträgen glänzen können. Führungskräfte, die das einmal erlebt haben, werden sich künftig immer **taktisch verhalten**, d.h. Kostenpolster mitschleppen, die dann effektvoll gesenkt werden.

Ein einfaches **Werkzeug des Cost-Cutting** besteht darin, zunächst mit Hilfe der dargestellten Grundsätze die wichtigsten Cost-Cutting-Objekte zu identifizieren. Anschließend ist die Wirkung in Kostensenkung bzw. Ergebnissteigerung grob zu quantifizieren und in Maßnahmenform darzustellen. Die Resultate fließen dann in das Umsetzungscontrolling[14] ein.

Werkzeug

Cost-Cutting-Programm

Cost-Cutting-Objekt	Wirkung	Maßnahme	Termin	Verantw.

Beispiel Chemie

Cost-Cutting-Programm

Ein Chemie-Unternehmen führt aufgrund eines konjunkturbedingten Umsatzeinbruches ein Cost-Cutting-Programm durch. Die Maßgabe lautet, trotz erwartetem Umsatzrückgang von 15% eine »schwarze Null« als Ergebnis zu erreichen. Verboten sind Einsparungen, welche die Marktstellung und Innovationsfähigkeit nach Ende der Krise mit sich bringen.

Cost-Cutting-Objekt	Wirkung	Maßnahme	Termin	Verantw.
Vertriebs- und Service-Büros	Kostensenkung 8 000 T€ p.a.	einstweilige Stilllegung von 15% der Vertriebs- und Servicebüros	30.04.	Holt
C-Produkte und C-Services	Kostensenkung 25 000 T€ p.a.	Einstellung von 40% der C-Produkte bzw. Dienstleistungen	30.06.	Koller
	Ergebnissteigerung 9 000 T€ p.a.	20% Preisaufschlag bei restlichen C-Produkten bzw. Dienstleistungen	31.05.	Novak
Einkauf und Bestände	Kostensenkung 50 000 T€ p.a.	Anpassung des Einkaufs-Volumens nach unten/ Bestandsoptimierung	31.08.	Simic
Job-Rotation-Programm	Kostensenkung 5 000 T€ einmalig	sofortiges und ersatzloses Einstellen des Job-Rotation-Programms	31.01.	Götz
Mitarbeiter-zeitung	Kostensenkung 400 T€ p.a.	vorläufiges Aussetzen der Mitarbeiterzeitung	28.02.	Möller
Leiharbeitskräfte	Kostensenkung 20 000 T€ p.a.	Zurückfahren der Leiharbeit-Quote entsprechend Auslastung	30.04.	Götz
CI-Aktion	Kostensenkung 2 000 T€ p.a.	Zurückstellen der geplanten CI-Aktion	30.04.	Säger
Server-Umstellung	…			
…	…			

Anmerkungen

1 Die Bedeutung der heutigen und künftigen Erfolgspotenziale findet sich in folgendem, grundlegenden Werk: *Gälweiler, A.*, Strategische Unternehmensführung, Frankfurt, 2005.
2 Zum Thema der Kostentreiber siehe: *Stöger, R.*, Strategieentwicklung für die Praxis, Stuttgart 2010, S. 176 f.
3 Zu den Kostenarten siehe: *Rieder, L./Siegwart, H.*, Neues Brevier des Rechnungswesens, Bern 2001, S. 113ff.
4 Vgl. *Dellmann, K.*, Von der Kostenrechnung zum Kostenmanagement, in: *Dellmann, K.*, Neuere Entwicklungen im Kostenmanagement, Bern 1994, S. 15ff.
5 Vgl. *Malik, F.*, Führen Leisten Leben, Frankfurt 2006, S. 359ff.
6 Zum ökonomischen Prinzip vgl. *Gutenberg, E.*, Grundlagen der Betriebswirtschaftslehre, Teil 1, Die Produktion, Berlin/Heidelberg/New York 1976, S. 457ff.
7 Zu den Produktivitäten siehe: *Malik, F.*, Strategie, S. 125 f.
8 Eine ausführliche Darstellung der Erfahrungskurve findet sich in: *Bokranz, R./Landau, K.*, Produktivitätsmanagement von Arbeitssystemen, Stuttgart 2006, S. 258ff., *Hax, A./Majluf, N.*, Strategisches Management, Frankfurt/New York 1991, Kap. 6. und *Conley, P.*, Experience Curves as a Planning Tool, in: IEEESpectrum 1970/6.
9 Vgl. *Stöger, R.*, Innovationsmanagement für die Praxis, Stuttgart 2011, S. 68ff.
10 Zur Cost-Cutting-Thematik siehe: *Hammer, M.*, Der Weg zum supereffizienten Unternehmen, in: Harvard Business Manager, 2002/2, S. 40ff. und *Kieser, A.*, Downsizing – eine vernünftige Strategie?, in: Harvard Business Manager, 2002/2, S. 30ff.
11 Vgl. *Gälweiler, A.*, Strategische Unternehmensführung, Frankfurt, 2005, S. 46.
12 Die grundlegenden Steuerungsgrößen finden sich in: *Malik, F.*, Unternehmenspolitik, Frankfurt 2008, S. 175ff.
13 Zum systemischen Verhalten siehe: *Malik, F.*, Strategie des Managements komplexer Systeme, Bern 1996, S. 221ff.
14 Vgl. *Bokranz, R./Landau, K.*, Produktivitätsmanagement von Arbeitssystemen, Stuttgart 2006, S. 750.

4.3 Die Umsetzung über das Produktivitäts- und Ergebniscontrolling gewährleisten

Die Qualität eines Produktivitäts- und Ergebnisprogrammes zeigt sich nicht einzig und alleine an den Zielen. Analysen, Berechnungen, Ausarbeitungen usw. sind natürlich wichtige Voraussetzungen, letztlich aber unerheblich, wenn die **Umsetzung** nicht funktioniert. Jeder Erarbeitungsprozess läuft konsequent auf die Erzielung von Resultaten hinaus. Gemeint sind nicht Inputfaktoren wie Arbeitsaufwand, Anzahl von Sitzungen oder Dokumenten, sondern der Output, das tatsächlich Realisierte.[1] Die Umsetzung geschieht nicht durch anonymisierte Organisationen, sondern durch konkrete Personen. Daher sind die Arbeitsmethodik und Produktivitätsaufträge für einzelne Personen entscheidende Voraussetzungen für die Umsetzungsfähigkeit. Das Steuern der Risiken ist eine weitere Voraussetzung, damit die Umsetzung funktionieren kann. Produktivitäts- und Ergebniscontrolling stellt sicher, dass im Umsetzungsprozess nichts dem Zufall überlassen bleibt. Der Controllingbegriff bezieht sich somit nicht auf Zahlen, sondern auf Prozessführung. Zur Umsetzung sind somit eine Vielzahl von Ansätzen erforderlich, die einmal mehr auf den **Systemansatz**[2] im Produktivitäts- und Ergebnismanagement verweisen. Nur so entstehen Resultate.

4.3.1 Die Arbeitsmethodik und die Umsetzungsaufträge für Personen sicherstellen

Produktivität und Ergebnisse werden entscheidend von der Strategie und von der Struktur beeinflusst. Hier liegen Rahmen und Grenzen für die grundsätzliche Produktivitäts- und Ergebnisposition eines Unternehmens. Damit dies auch umgesetzt werden kann, sind entsprechende Mitarbeiter und Führungskräfte erforderlich, d. h.: konkrete Menschen, die einzeln oder im Team Resultate bringen. Daher können Organisationen nur so produktiv sein, wie die in ihnen tätigen Personen. Die Voraussetzung hierfür liegt in der **Arbeitsmethodik**[3]. Sie ist weder Strategieelement noch Strukturhebel, aber von entscheidender Bedeutung für die Umsetzungsfähigkeit jedes Systems. Häufig werden Umsetzungs- und Leistungsfähigkeit kollektiviert, d. h. Teams oder Organisationen zugeschrieben. Dies gilt aber nur bedingt. Die erste Voraussetzung für Leistungsfähigkeit liegt in der **Führung der eigenen Person**. Wirksame Führungskräfte beginnen beim Umsetzen bei sich selbst und gehen dann erst auf die Organisation und die Mitarbeiter über. Sie überblicken die Tätigkeiten und den Fortschritt in der Realisierung der einzelnen Maßnahmen. Sie verfügen über ein wasserdichtes Ablagesystem und finden, was sie suchen. Zusätzlich haben sie ihren Terminkalender im Griff und beherrschen meisterhaft ihre persönlichen Arbeitsinstrumente wie etwa Ablagesysteme.

Sehr viele Menschen überlassen ihre Arbeitsmethodik dem Zufallsprinzip. Weder in der Schule noch auf Lehrstellen oder Universitäten wird dieses Werkzeug gezielt vermittelt. Arbeitsmethodik ist etwas sehr Persönliches und muss laufend modifiziert werden. Einfaches Ausprobieren gehört genauso dazu wie das Beobachten **wirksamer Menschen**. Eine Führungskraft sollte auch die eigenen Mitarbeiter und die wichtigsten Prozesse regelmäßig auf Arbeitsmethodik überprüfen und Maßnahmen zur Verbesserung einleiten.[4] Dieses ist die beste Voraussetzung für die persönliche **Umsetzungsstärke** und damit auch für die Schlagkraft eines Unternehmens.

Die persönliche Arbeitsmethodik hat fundamental mit einem banal scheinenden Thema zu tun: **Überblick** und damit dem Gefühl, die Dinge steuern zu können und ihnen voraus zu sein. Durch eine solide Arbeitsmethodik können die Unvorhersehbarkeiten, Irritationen und generell die Verzettelungsgefahr abgefangen werden, die täglich beruflich und privat vorhanden sind. Die zunehmende Zahl von Burnouts, die mangelnde Fähigkeit vieler Menschen zur Selbstorganisation und generell Sinnkrisen hängen damit zusammen. Wer heute einen interessanten, anspruchsvollen Beruf ausüben möchte, Karriereambitionen hat oder Zeit für Freizeit, Familie bzw. Ehrenamt, wird um eine wirksame Arbeitsmethodik nicht herumkommen. Die beste Motivationsquelle für das permanente Optimieren der Arbeitsmethodik liegt darin, dass sich der erreichte Produktivitätsfortschritt in konkretem Nutzen für die Person niederschlägt. Die Arbeitsmethodik wird selten in Systemen vorangetrieben, wo fixe Zeitleistungen erwartet werden und kein Kundenkontakt besteht bzw. unmittelbare Spürbarkeit des eigenen Tuns. In solchen Organisationen liegt üblicherweise auch eine schlechte Produktivität vor und damit eine Negativspirale nach unten. Die beste **Selbstmotivation**[5] entsteht, wenn es gelingt, den eigenen Aktionskreis über eine professionelle Arbeitsmethodik laufend zu verbessern.

Darstellung

Grundsätze zur Arbeitsmethodik

Grundsatz	Kernthemen
1. Schlüsselaufträge kennen und den eigenen Beitrag in Resultaten ableiten	• Welches Resultat muss bis wann vorliegen? Wann ist eine Sache wirklich abgeschlossen? • Über welche Aufgaben und Meilensteine ist es zu erreichen? • Was können andere – im Sinn des Delegationspotenzials – viel besser?
2. Wesentliches von Unwesentlichem unterscheiden	• Wo liegen Zeitfresser und wie lassen sich diese ausschalten? • Wo darf eine Vertiefung erfolgen und wo genügt der jetzige Kenntnisstand ohne weitere Erarbeitungsschritte? • Was muss zeitlich zusammenhängend erledigt werden? Wo kann unterbrochen werden?
3. Inputverarbeitung prüfen und laufend optimieren	• Wie dominant sind Telefon, Post, Mail oder personelle Störungen? • In welchem Ausmaß können Störung, Ablenkung und Unterbrechung akzeptiert werden? • Wie können eingehende Informationen wieder auffindbar abgelegt werden?
4. Leistungskurven kennen und nutzen	• Wann ist die Leistungsfähigkeit besonders hoch, wann niedrig? • Wie sieht die typische Tagesverfassung aus? Wie muss die Arbeitszeit getaktet sein? • Wie kann geistige und körperliche Fitness hergestellt und aufrecht erhalten werden?
5. Werkzeuge verwenden und laufend verbessern	• Mit welchen Hilfsmitteln kann die Arbeit wirksam gestaltet werden? • Wie ist die persönliche Agenda zu verwenden? Wie schnell entsteht Überblick über die zu erledigenden Aufgaben? • Wie entsteht Unabhängigkeit von Sekretariat bzw. Büro?
6. andere Menschen beobachten und von ihnen lernen	• Was kann von wirksamen Menschen abgeschaut werden? Wie arbeiten und organisieren sich diese? • Welche Methoden bzw. Werkzeuge verwenden sie? • Inwieweit besteht der Anspruch, die eigene Arbeitsmethodik zu verbessern?

Produktivität hat im Minimum zwei Dimensionen. Die erste liegt auf Seiten der Organisation, d. h. in den **Prozessen**. Dort werden die Aufgaben, Kompetenzen und Verantwortlichkeiten vorgesteuert. Die zweite Dimension ist die persönliche, die durchgeführten Aktivitäten pro Person und die dafür aufgewendeten Ressourcen. Mit der **Tätigkeitsanalyse**[6] wird diese Dimension ausgeleuchtet. Sie untersucht und optimiert einen Hauptprozess anhand der wichtigsten Teilprozesse bzw. Tätigkeiten. Damit wird eine Verbindung hergestellt zwischen Prozess, Aufgabe, Mitarbeiter und Arbeitszeit.

Für die Erarbeitung der Tätigkeitsanalyse wird zunächst ein Hauptprozess in Teilprozesse zerlegt. In der Praxis empfiehlt es sich, diese nach ihrer zeitlichen Logik zu ordnen und maximal zehn Teilprozesse zuzulassen. Wenn bereits eine übergeordnete Struktur vorliegt, etwa mit einer Prozesskostenrechnung, kann diese verwendet werden. Zweitens wird der **Arbeitsaufwand pro Mitarbeiter** quantifiziert. Dies kann in Form von Arbeitsstunden oder Prozente (bezogen auf Arbeitstag, Wochenarbeitszeit...) geschehen. Wichtig ist, dass es hierfür nur grobe Schätzungen braucht und keine Detailerhebungen mit Stoppuhr. Im dritten Schritt wird aus den einzelnen Quantifizierungen pro Mitarbeiter ein Durchschnitt über alle Teilprozesse erstellt. Liegen Mengengerüste pro Mitarbeiter und Schnitt vor, sind dann fünftens Effektivität und Effizienz zu beurteilen. Bei der Effektivität steht die Frage im Vordergrund, ob ein Teilprozess notwendig bzw. sinnvoll ist – zumindest im Rahmen des untersuchten Hauptprozesses. Die Effizienz prüft die Produktivität der Durchführung. Auf Basis des Schnittwertes wird wiederum eine grobe Aufteilung der Arbeitszeit in Effektivität und Effizienz erstellt. Sechstens erfolgt jetzt der Bezug zur Umsetzung. Die erhaltenen Werte sind die Grundlage für die Optimierung: Anhand einer gesamthaften Beurteilung von Effektivität und Effizienz werden pro Teilprozess Ansatzpunkte zur Produktivitätssteigerung erarbeitet. Nach einem entsprechenden Management-Entscheid sind diese dann umzusetzen. Auch hier sollten Erarbeitungs- und Umsetzungsprozess im Rahmen von Management-Prozessen erfolgen, etwa bei Jahreszielvereinbarungen. Bei der prozessorientierten Tätigkeitsanalyse geht es nicht primär um die Dokumentation oder um die Beurteilung der individuellen Leistung. Daher kann sie auch anonymisiert durchgeführt werden. Ziel ist die **persönliche Produktivitätssteigerung** in den Haupt- und Teilprozessen. Wichtig sind weniger die Exaktheit der Zahlen, die erhoben werden, als vielmehr die Schlussfolgerungen daraus.

Werkzeug

Tätigkeitsanalyse

1. Mengengerüst

Teilprozess	Quantifizierung des Teilprozesses				Beurteilung des Teilprozesses			
	MA 1	MA 2	MA ...	Schnitt	Effektivität Ja	Effektivität Nein	Effizienz Ja	Effizienz Nein
Summe	1.00	1.00	1.00	1.00				

2. Hebung von Produktivität

Teilprozess	Beurteilung der Effektivität	Beurteilung der Effizienz	Ansatzpunkte zur Produktivitätssteigerung

Beispiel Schotterwerk

Tätigkeitsanalyse

Ein Schotterwerk führt ein Produktivitäts- und Ergebnisprogramm durch. Dabei werden auch für die wichtigsten Aufgaben entsprechende Tätigkeitsanalysen durchgeführt. Das Resultat für den wichtigen Vertriebsprozess »Großaufträge planen« sieht wie folgt aus.

1. Mengengerüst

Teilprozess	**Quantifizierung des Teilprozesses**				**Beurteilung des Teilprozesses**			
	MA 1	**MA 2**	**MA …**	**Schnitt**	**Effektivität Ja**	**Effektivität Nein**	**Effizienz Ja**	**Effizienz Nein**
Planwesen steuern	0,15	0,12	…	0,14	0,10	0,04	0,8	0,4
kalkulieren/ ausschreiben	0,17	0,13	…	0,16	0,15	0,01	0,13	0,03
Geräte/ Material disponieren	0,12	0,17	…	0,18	0,04	0,14	0,05	0,13
AVOR steuern	0,23	0,15	…	0,22	…	…	…	
…	…	…						
Summe	**1,00**	**1,00**	**1,00**	**1,00**	**0,78**	**0,22**	**0,64**	**0,36**

(Bezugsgröße: 8-Stunden-Tag)

2. Hebung von Produktivität

Teilprozess	**Beurteilung der Effektivität**	**Beurteilung der Effizienz**	**Ansatzpunkte zur Produktivitätssteigerung**
Planwesen steuern	gegeben	• ineffizientes Arbeiten • Mehrfacheingaben • schlechte Arbeitsmethodik	• durchgängige Verwendung: PlanPro 0.7 • Schulung der systemaversen BL • frühzeitige, gemeinsame Planerstellung mit Kalkulation
kalkulieren/ ausschreiben	…	…	…
…			

Umsetzung entsteht nicht direkt in einer Organisation, sondern nur über konkrete Personen. Damit die Ziele eines Unternehmens zu konkreten Zielen einer Person werden, muss die Steuerung über Aufträge geschehen. Dabei gibt es zwei Inputfaktoren: Der erste sind die aus der **Produktivitätsstrategie** abgeleiteten Inhalte, der zweite die durch die Organisationseinheit abgegrenzten Aufgaben, Kompetenzen und Verantwortlichkeiten. An dieser Stelle erfolgt die Verbindung von Strategie, Struktur und der **einzelnen Person**. Dadurch wird aus einer abstrakten Vorstellung über einen gewünschten Zustand in der Zukunft ein umsetzungsfähiges Aufgabenpaket.

Damit Wirksamkeit entsteht, empfiehlt sich das Werkzeug des **Produktivitätsauftrages für Personen**[7]. Dort werden die individuellen Beiträge zur Umsetzung der Produktivitäts- und Ergebnisvorhaben konkretisiert. Es geht nicht um operative Detailmaßnahmen, sondern um die großen Ziele.

Für die Erarbeitung und Umsetzung des Produktivitätsauftrages sind einige Punkte zu beachten. Diese sind nicht schwierig, erfordern aber **methodische Kompetenz**. Zunächst wird der Auftrag direkt aus der Produktivitätsstrategie abgeleitet. Die Aufgaben, Kompetenzen, Verantwortlichkeiten (AKV) entsprechen der Prozesslogik, der Stellenbeschreibungen und der tatsächlich gelebten Organisation. Dadurch werden strukturelle Überraschungen vermieden. Des Weiteren liegen nur wenige, dafür zentrale Umsetzungsfelder vor. Diese Umsetzungsfelder sind konkretisiert, entsprechend realistisch und werden von allen relevanten Personen verstanden. Alle weiterführenden Maßnahmen sind nach der SMART-Formel ausgearbeitet (**s**pezifisch, **m**essbar, **a**bgeleitet, **r**ealistisch und **t**erminiert). Der Produktivitätsauftrag wird vom Auftraggeber und vom Umsetzungsverantwortlichen unterzeichnet. Der Auftraggeber ist in der Organisation in hierarchisch hoher Position, damit einerseits Schlüsselentscheidungen getroffen werden können und entsprechender Druck auf die Umsetzung aufgebaut werden kann. Nach oben und nach außen ist der Auftraggeber für die Umsetzung verantwortlich, etwa hinsichtlich Aufsichtsgremien. Es empfiehlt sich, den Produktivitätsauftrag in der Organisation in seinen Grundzügen zu kommunizieren. Letzteres hat seine Grenzen in den geschäftlichen Interessen, in Vertraulichkeit und Geheimhaltung. Damit der Prozess der Umsetzung und der Steuerung funktioniert, sind zwischen dem Auftraggeber und dem Umsetzungsverantwortlichen regelmäßige Gespräche über den Stand der Zielerreichung zu führen. Zum Ende des Auftragshorizonts erfolgt die Gesamtbeurteilung. In Summe entsteht durch dieses Vorgehen die notwendige **Resultatorientierung**, um ambitionierte Produktivitätsprogramme auch umzusetzen[8].

Werkzeug

Produktivitätsauftrag für Personen	
1. Produktivitätsauftrag	
umsetzungsverantwortlich	
Auftraggeber	
Datum	
Zwischengespräche	
Abschlussgespräch/-beurteilung	

2. Umsetzungsfelder			
Umsetzungsfeld	**Ziele**	**Zielwert**	**Termin**

3. Auftragsvereinbarung	
Unterschrift Auftraggeber	*Unterschrift Umsetzungsverantwortlicher*

Beispiel Energiehandel

Produktivitätsauftrag für Personen

Ein internationaler Energiehändler hat seine Organisation durchforstet und entsprechende Kostenpotenziale ermittelt. Die einzelnen Pakete sind identifiziert, grob quantifiziert und hinsichtlich einzelner Maßnahmen konkretisiert. Jedes Paket wird in Form eines Produktivitätsauftrages in die Umsetzung gegeben, so auch der Auftrag für das Thema »Produktivitätssteigerung im internationalen Einkauf«.

1. Produktivitätsauftrag

umsetzungsverantwortlich	**Münzer**
Auftraggeber	Gelpendorf
Datum	23.02.201x
Zwischengespräche	zweiwöchentlich anlässlich des Steuerungskreises
Abschlussgespräch/-beurteilung	26.11.201x

2. Umsetzungsfelder

Umsetzungsfeld	**Ziele**	**Zielwert**	**Termin**
01. Personal-Aufwand	• Zusammenlegung von 12 Helpdesks • Optimierung Intraday-Bewirtschaftung	1,0 Mio. p.a. 0,3 Mio. p.a.	31.10.
02. IT-Aufwand	• Vereinheitlichung Handelssysteme • Kostenreduktion Lizenzen und Wartung	0,2 Mio. p.a. 0,4 Mio. p.a.	31.08.
03. Portfolio-Aufwand	• Optimierung Gleichzeitigkeitseffekte aller Energieträger und Kraftwerksreserven • Effizienzsteigerung in den einzelnen Portfolio-Management-Systemen	0,6 Mio. p.a. 1,2 Mio. einmalig	31.10.
04. Aufwand Risiko-Kapital/Liquidität	• …	…	

3. Auftragsvereinbarung

Unterschrift Auftraggeber	*Unterschrift Umsetzungsverantwortlicher*

4.3.2 Die Produktivitätsrisiken aktiv steuern

In jedem Produktivitäts- und Ergebnisprogramm liegen **Risiken**, die im Geschäft als solchem, in der Einschätzung des Umfeldes, in den Zielen und in der Umsetzung liegen.[9] Ein Risiko kann bestehen, wenn etwas getan, aber auch wenn etwas nicht getan wird. Für jedes Handelsunternehmen bringt die Produktivitäts-Steigerung durch einen neuen Betriebstyp mit anderer Fläche, Warenwirtschaft und anderem Service automatisch Risiken mit sich: Risiken der zumindest anfangs noch nicht beherrschten Prozesse, aber auch Risiken der fehlenden Kundenakzeptanz oder der unrealistischen Planung der Deckungsbeiträge. Ein Risiko kann aber auch dann vorliegen, wenn dieses Handelsunternehmen nicht den neuen Betriebstyp einführt. Die Nutzung veränderten Kundenverhaltens, eine höhere interne Produktivität durch schnellere Waren- und Serviceflüsse oder ein noch vorhandener Vorsprung zur Konkurrenz können verspielt werden, wenn das Management nichts unternimmt.

Aktives **Risikomanagement**[10] besteht aus vier Schritten. Als erstes sind die Risiken zu identifizieren. Spätestens bei der Festlegung der Ziele, Mittel und Maßnahmen sollten die Risiken klar sein. Der zweite Schritt im Risikomanagement ist die Bewertung der Risiken nach ihrer Wirkung. Es gibt keine mathematischen Verfahren, nach denen eine solche Bewertung automatisiert werden kann. Die einzelnen Risiken sind zu diskutieren und nach bestem Wissen und Gewissen einzuschätzen. Die jeweilige Führungskraft muss am Schluss eine Meinung haben und diese auch verantworten. Am Ende liegt eine Liste mit Risikoprioritäten vor, die im **Produktivitäts-** und **Ergebniscontrolling** überwacht wird. Risiken sind – ebenso wie die Ziele – präzise zu formulieren und zu bewerten. Gefährlich sind »Allerweltsrisiken«, die zwar einleuchten aber nicht weiter konkretisiert sind, wie etwa das Risiko »Motivationsschwund bei Mitarbeitern«. Drittens sind konkrete Maßnahmen zur Risikovermeidung bzw. zur Begrenzung möglicher Schäden zu erarbeiten. Maßnahmen setzen an den Risikoursachen an oder versuchen, die Auswirkungen zu lindern. Der vierte Schritt im Risikomanagement ist die Risikoüberwachung. Dies betrifft die Umsetzung der Maßnahmen, aber auch die generelle Prüfung von Risiken und die Aufnahme von neuen Maßnahmen.

Jedes Unternehmen ist individuell, jedes Produktivitätsziel ist anderes. Trotzdem können in vergleichender Weise **Produktivitäts-** und **Ergebnis-Risiken** identifiziert werden. Die einzelnen Faktoren lassen sich in Kategorien zusammenfassen, nämlich: Ursachen im Umfeld, Ursachen in der Strategie, Ursachen in der Struktur, Ursachen in der Kultur und Führung, Ursachen bei Marktleistungen, Ursachen bei Kunden, Lieferanten und Konkurrenten.

Darstellung

Risikoarten

Risikoart	**Kernthemen**
1. Risiken im Umfeld	1. plötzlicher Konjunktureinbruch 2. unsichere politisch-soziale Verhältnisse 3. gesetzliche Bestimmungen 4. fehlender Zugang zu neuen bzw. produktiveren Ressourcen
2. Risiken bzgl. Strategie	1. oberflächliche Erarbeitung/fehlende Konkretisierung der Strategie 2. keine ambitionierten Ziele 3. unzureichende Darstellung der funktionalen Konsequenzen 4. fehlende Ressourcen/Maßnahmen zur Umsetzung
3. Risiken bzgl. Struktur	1. unzureichende Anpassung der Aufbauorganisation 2. unzureichende Anpassung der Ablauforganisation 3. kein Abgleich mit den AKV (Aufgaben, Kompetenzen, Verantwortlichkeiten) 4. keine Anpassung des Controllings
4. Risiken bzgl. Kultur und Führung	1. fehlendes Know-how (fachlich, methodisch) 2. unzureichende kulturelle Begleitung des Produktivitätsprogramms 3. fehlende Führungskompetenz 4. keine systematische Müllabfuhr
5. Risiken bei Marktleistungen	1. kein/zu wenig Rücksicht auf Lebenszyklen 2. unterschätzter Einfluss von Technologien und neuen Geschäftsmöglichkeiten in der gesamten Wertschöpfungskette 3. keine/zu wenig Beachtung der Substitutionswirkung 4. keine Berücksichtigung neuer Geschäftsmodelle
6. Risiken bei Kunden, Lieferanten und Konkurrenten	1. Reaktion hinsichtlich Preis bzw. Preismodelle 2. Veränderung der Struktur der Kunden/Lieferanten/Konkurrenten 3. Rückwärtsintegration von Kunden, Vorwärtsintegration von Lieferanten 4. Einfluss auf das Image des eigenen Unternehmens bzw. auf das Image der Konkurrenz

Das Identifizieren und Steuern von Risiken kann in allen Phasen des Produktivitätsprozesses erfolgen. Es beginnt bereits relativ früh in der Klärung, inwieweit ein neues Thema besetzt werden soll oder nicht. Egal wie entschieden wird – für beides liegen Risiken vor. Klarerweise muss eine **Risikoabwägung** und -abgrenzung bei der Planung und insbesondere in der Umsetzung geschehen. Aber selbst bei der besten Systematik und bei gewissenhaftem Risikomanagement werden Risiken übrig bleiben, die nicht bewältigt werden können. Zumindest ist aber dann bekannt, wo keine Gegensteuerung erfolgen kann. Risiken sind mit dieser Methode klar, eingrenzbar und der **Überraschungseffekt** ist minimiert.

Die konsequente Überwachung von Risiken ist eine Schlüsselaufgabe im Produktivitäts- und Ergebnismanagement. Als Werkzeug kann ein einfaches **Risiko-Radar** verwendet werden. Darin werden die Risiken identifiziert und die Wirkung beurteilt. Pro Risiko sind eine oder mehrere Maßnahmen mit konkretem Termin und Verantwortlichem zu entwickeln. Das Risiko-Radar kann sich auf ein Produktivitäts- und Ergebnisprogramm als Ganzes beziehen oder – bei großen Projekten – auf einzelne Teilpakete. Damit ist das Risiko-Radar ein wichtiger Teil in jeder Strategie. Im Produktivitäts- und Ergebniscontrolling bildet dieses einen Fixpunkt der Diskussion, der Entscheidungsfindung und der Dokumentation.

Werkzeug

Risiko-Radar

Schlüsselthema	
Nr./Datum	
Verantwortlich	

Risiko	**Wirkung**	**Maßnahme**	**Termin**	**Verantw.**

Beispiel Tiernahrungsindustrie

Risiko-Radar

Ein internationaler Hersteller für Tiernahrung führt ein weltweites Produktivitäts- und Ergebnisprogramm mit acht Schlüsselprojekten durch. Alle Standorte und alle Prozesse sind involviert. Pro Schlüsselprojekt wird ein Risiko-Radar erarbeitet, um mögliche Hindernisse zu identifizieren und frühzeitig anzugehen. Für das Projekt »Prozess-Effizienz« sieht das Radar wie folgt aus.

Schlüsselthema	**Prozess-Effizienz**
Nr./Datum	*Nr. 4/21.02.201x*
Verantwortlich	*Denning*

Risiko	**Wirkung**	**Maßnahme**	**Termin**	**Verantw.**
1. Verzögerung bei der Vereinheitlichung der Systemlandschaften	sehr hoch	Umstellen des Umsetzungsberichts von Quartal auf wöchentlich	ab 02.03.	Müller
		monatlicher Integrations-Workshop mit dem Top-Management.	ab 02.03.	Schmidt
		Einführung verbindlicher Abschalttermine für alte Systemwelten	30.04.	Sapper
2. neue gesetzliche Anforderungen, v.a. bzgl. Produktion, Qualität und Zölle	hoch	halbjährlicher Bericht der Stabsabteilung »Recht« und »Unternehmensentwicklung« (inkl. Vorschläge)	31.03./ 30.09.	Kohn
3. fehlende Bereitschaft bzw. Ernsthaftigkeit der dezentralen Einheiten zur Umsetzung der neuen Prozesse	sehr hoch	Festhalten der Prozessziele in den Zielvereinbarungen des jeweiligen Managements	30.06.	Sahl
		Einführung unregelmäßiger Prozess- und Wirkungsaudits	30.09.	Sahl
4. …	…	…		

4.3.3 Mit Produktivitäts- und Ergebniscontrolling Resultate erreichen

Das Erarbeiten einer Produktivitätsstrategie ist notwendige Voraussetzung zur Identifikation der Produktivitätspotenziale und zur Umsetzungsplanung. Echte Resultate werden nur dann geliefert, wenn es ein Minimum an **Controlling** gibt. Damit ist nicht mechanistisches Kontrollieren gemeint, wie dies die Wortverwandtschaft im Deutschen nahelegen würde, sondern Steuern und Lenken. Dies ist der eigentliche Zweck[11] und wird durch einige Grundsätze des Controllings verdeutlicht, die sich in der Praxis bewährt haben.

Zunächst muss der Grundsatz klar sein, dass die Hauptverantwortung für das Produktivitätscontrolling beim Topmanagement und bei den Umsetzungsverantwortlichen liegt. Dies kann nicht delegiert werden. Ein Assistent oder Stabsmitarbeiter nimmt maximal gewisse unterstützende Aufgaben wahr, nicht aber die Verantwortung. Aufgesplitterte Controlling-Tätigkeiten sorgen nicht für Professionalität, sondern für Verzettelung, Mehrfachaufwand, Langsamkeit, Missverständnisse und Misstrauen. Die **Kernfragen des Controllings** sind beispielsweise: Verändern sich Ausgangslage, Einschätzung des Umfeldes, Spielregeln des Geschäftes, strategische Herausforderungen? Muss das Produktivitäts- und Ergebnisprogramm angepasst werden? Werden die Ziele in quantitativer und in qualitativer Hinsicht erreicht? Inwieweit müssen Organisation, Prozesse, Systeme, Reports und Personalentwicklung angepasst werden?

Die Qualität des **Produktivitäts- und Ergebniscontrollings** zeigt sich in der Umsetzungsfähigkeit und daran, ob die richtigen Diskussionen geführt werden. Dies funktioniert nur dann, wenn Klarheit über Aufgaben, Kompetenzen und Verantwortlichkeiten bestehen. Es geht um die Festlegung der entsprechenden Personen bzw. Gremien und damit um die **Organisation des Controllings**[12]. Große und wichtige Steuerungsaufgaben sind in den Zielvereinbarungen der jeweiligen Person festzuhalten und zusätzlich Sitzungstakt und Berichtwesen einzuplanen. Ergänzend empfiehlt es sich, die Kommunikation des Programms in Form einer Kommunikationsmatrix zu erarbeiten. Das Reporting der Resultate läuft über den Produktivitäts- und Ergebnisbericht.

Werkzeug

Produktivitäts- und Ergebniscontrolling

Person/Gremium	Aufgaben/Kompetenzen/ Verantwortlichkeiten	Sitzungstakt/Vorlage Bericht

Beispiel Bank

Produktivitäts- und Ergebniscontrolling

Eine Bank begleitet die ambitionierte Produktivitätsstrategie mit dem entsprechenden Produktivitäts- und Ergebniscontrolling. Die Aufgaben, Kompetenzen und Verantwortlichkeiten werden diskutiert, festgehalten und verabschiedet.

Person/Gremium	Aufgaben/Kompetenzen/Verantwortlichkeiten	Sitzungstakt/Vorlage Bericht
1. Gesamt-Verantwortung: Sprecher Vorstand (Baumann)	• Gesamtverantwortung für Umsetzung und Weiterentwicklung der Produktivitäts-Strategie • Kommunikation nach innen und nach außen	• Quartalsbericht an AR und Beirat • halbjährlicher Bericht bei Mitarbeiter-Versammlung
2. Task-Force »Produktivitätscontrolling« (Baumann, Vorstand, Modulverantwortliche, Petter)	• Bericht der einzelnen Umsetzungsverantwortlichen • Abnahme der Themen und Maßnahmen • Entscheidungen für neue Themen, Kommunikation	• Sitzung: erster Dienstag pro Monat (08:00 bis 12:00) • Protokoll: Petter
3. Modulverantwortliche (gem. Modulliste)	• Umsetzung der Schwerpunkte (Module) gem. Verteilung • Verantwortung für: professionelles Projektmanagement, Kommunikation, Weiterentwicklung der Themen	• Monatsberichte an: Stabsstelle/ Führungsteam • Takt, Berichte…: autonom zu gestalten
4. Stabsstelle »Produktivitätsmanagement« (Petter)	• Sammlung/Zusammenfassung: Umsetzungsberichte, Zahlenwerk • Dokumentation • Protokollierung der wichtigsten Sitzungen • methodische Unterstützung bzw. »Wadelbeißen«	• Monatsberichte bzgl. Umsetzungsstatus an Führungsteam

Ein Erfolgsfaktor für die Umsetzung eines Produktivitäts- und Ergebnisprogramms sind das breite Verständnis und das Commitment für das jeweilige Thema. Die **Kommunikation** des Programms ist daher ein entscheidender Faktor[13]. Gleichzeitig gibt es Organisationen, in denen Kommunikation zum Selbstzweck verkommt und die permanente, unmittelbare Produktivitätssteigerung nicht mehr gegeben ist: Tonnen von Informationsblättern, Berichten und Aussendungen werden produziert. Jeder will über alles und sofort informiert sein. Koordinationssitzungen und Informationsveranstaltungen lassen die Terminkalender aus allen Nähten platzen. Kommunikation wird so zu einem nicht unerheblichen Kostentreiber. Grundsätzlich gilt: Je professioneller der Prozess zur Erarbeitung und Umsetzung eines Produktivitäts- bzw. Ergebnisziels gestaltet ist, desto weniger Kommunikationsaufwand ergibt sich. Geringe Notwendigkeit an Kommunikation ist geradezu ein Qualitätszeichen von solidem Managementhandwerk.

Darstellung

Kernfragen für die Kommunikation

1. Wie müssen Mitarbeiter und Führungskräfte auf das Neue eingestimmt werden?
2. Wie groß ist der rationale und emotionale Abstand zwischen dem Neuen und dem Alten?
3. Wer ist von welchen Informationen abhängig? (Nicht: Wer will Informationen?)
4. Wer steuert die Kommunikation, d. h. wer ist verantwortlich?
5. Welche Medien sind in welchem Takt zu benutzen?
6. Wie empfängerfreundlich sind die Informationen?
7. Wo ist Kommunikation kontraproduktiv?
8. Welche negativen Auswirkungen gibt es, wenn nicht informiert wird?

Über die **Kernfragen für die Kommunikation** kann die Ausgangslage beurteilt werden. Zusätzlich ergibt sich in kurzer Zeit ein klares Bild über die Erfordernisse des Kommunizierens und die jeweils richtigen Schwerpunkte. Es ist Aufgabe jedes Verantwortlichen, sich diese Fragen immer wieder zu vergegenwärtigen und gegebenenfalls steuernd einzugreifen. Zur Steuerung kann eine **Kommunikationsmatrix** verwendet werden. Darin sind interne und externe Zielgruppen zu definieren, die Stakeholder. Pro Zielgruppe sind Ziele und Inhalt der Kommunikation, die dazu gehörenden Gremien und Medien festzuhalten. Üblicherweise wird die Kommunikationsmatrix schon während der Umsetzungsplanung erarbeitet. Spätestens beim Umsetzungsstart muss diese vorliegen und deren professionelle Umsetzung gesteuert werden.

Werkzeug

Kommunikationsmatrix

Zielgruppe	Ziele/Inhalt	Gremium/Medium	Takt	Verantw.
1.				
2.				
3.				
4.				

Beispiel Industrie

Kommunikationsmatrix

Ein größeres Kostensenkungsprojekt in einem Werk eines Industrieunternehmens erfordert die Einführung einer Kommunikationsmatrix. Dadurch soll sichergestellt werden, dass die Informationen in geordnete Bahnen laufen.

Zielgruppe	Ziele/Inhalt	Gremium/ Medium	Takt	Verantw.
1. Aufsichtsrat und Beirat	• Status Umsetzung • Status Unvorhergesehenes und nächste Schritte • Sonderthemen	AR-/BR-Sitzungen/Info-Schreiben	monatl.	Ebner
		General-Versammlung/ Info-Schreiben	einmal p.a.	Reinolf
2. Führungskreis (Ebene I und Ebene II)	• Status Umsetzung • Status funktionale Konsequenzen • Sonderthemen	Führungskreis-Sitzungen I und II/Handout bzw. Protokoll	monatl.	Ebner
3. Mitarbeiter	• Status Umsetzung • Sonderthemen • Konsequenzen für Organisation	Mitarbeiter-Versammlung/ keine Unterlagen	pro Quartal	Helbling
	• Status Umsetzung • Konsequenzen für Abteilung	pro Abteilung/ keine Unterlagen	pro Quartal	Abteilungs-Leiter/ Helbling
4. Betriebsrat	• Status Umsetzung • Konsequenzen für Belegschaft und Systeme	BR-Sitzung/ keine Unterlagen	pro Quartal	Ebner
5. Behörden	• Konsequenzen für Qualität und Audit • Lobbying	Hintergrund-Gespräche, fixe Audit-Termine/ Qualitätsbroschüre	pro Quartal	Reinolf
6. …				

Ein wesentlicher Teil im Produktivitätscontrolling ist die Begleitung der Umsetzung. Mit dem **Produktivitäts- und Ergebnisbericht** wird diesbezüglich ein deutlicher Impuls gesetzt. Auf einem Blatt werden die wichtigsten Themen der Realisierung und Weiterentwicklung einer Strategie zusammengefasst. Der Gegenstand eines solchen Berichtes kann vielfältig sein und richtet sich nach der Breite und Tiefe des Themas: ein ganzes Unternehmen, ein Unternehmensteil bzw. Geschäftsfeld, eine Marktleistung, ein Prozess usw. Entscheidend ist, dass die Verantwortlichen zu Beginn des Controllings Bescheid wissen, dass diese Berichte gefordert sind. Die Grundstruktur gliedert sich in nachfolgende Teile: Als erstes geht es um die erreichten Resultate. Die Verantwortlichen haben darzustellen, welche die wichtigsten drei bis fünf Ergebnisse sind, die in den letzten Monaten erreicht wurden. Dies ist die direkte Anknüpfung an die **Maßnahmen** und somit Kern des Umsetzungscontrollings. Zweitens wird dargestellt, welche Ziele bzw. Schlüsselthemen in den nächsten Monaten umgesetzt werden. Auch hier liefert die Maßnahmenliste die Ausgangsbasis. Sollten aufgrund veränderter Gegebenheiten neue Maßnahmen notwendig sein, so sind diese aufzunehmen. Als Drittes wird festgehalten, ob es Schlüsselentscheidungen oder spezielle Abstimmung braucht. Auch sollten Unklarheiten bezüglich Aufgaben-Kompetenzen-Verantwortlichkeiten an dieser Stelle angesprochen und entschieden sein. Der vierte Punkt betrifft die Weiterentwicklung des Produktivitäts- und Ergebnisprogramms. Es werden all diejenigen Fragen aufgenommen, wo etwas verändert oder angepasst werden muss.

Die inhaltliche Ausgestaltung des Produktivitätsberichtes ist abhängig von den einzelnen Vorhaben, deren Breite und Tiefe.[14] Generell sollte ein Bericht aber nicht ein bis zwei Seiten übersteigen und bei jeder Sitzung des Controllings fixer Bestandteil sein. Es empfiehlt sich, die einzelnen, ausgefüllten Berichte vor der jeweiligen Sitzung an alle Teilnehmer zu senden, damit das Gremium sofort zur Sache kommen kann. Der Bericht dient der systematischen **Reflexion** der einzelnen Themen und des eigenen Beitrags zur Umsetzung – abseits der Hektik des Tagesgeschäftes. Insofern sollte die Vorbereitungsarbeit auch mit den Mitarbeitern des jeweiligen Verantwortungsbereichs durchgeführt werden. Zugleich liegt damit auch ein Kommunikationswerkzeug vor, weil in kürzester Zeit und nach einheitlichem Muster der Überblick über den Stand der **Umsetzung** hergestellt werden kann.

Der Produktivitätsbericht zeigt das auf, wofür kompetentes Produktivitäts- und Ergebnismanagement notwendig ist, nämlich das Erreichen von **Resultaten**[15] und damit die Schaffung aller Voraussetzungen, damit eine Organisation ihren Zweck erreichen kann: für Kunden eine solide und wettbewerbsstarke Leistung zu erbringen und langfristig lebensfähig zu bleiben.

Werkzeug

Produktivitäts- und Ergebnisbericht	
Thema	
Datum/Verantw.	
1. Welche Resultate wurden bislang konkret erreicht?	
2. Welches sind die wichtigsten Ziele in den nächsten Monaten?	
3. Wo braucht es Schlüsselentscheidungen oder spezielle Abstimmung?	
4. Wo muss das Produktivitäts- und Ergebnisprogramm verändert oder angepasst werden?	

Beispiel Großhandel

Produktivitäts- und Ergebnisbericht

Ein Großhandelsunternehmen für Automotive-Komponenten und -Handelsware führt ein Produktivitätsprogramm durch und senkt in zahlreichen Bereichen die Kosten. Das Gesamtprogramm umfasst acht Produktivitätsprojekte. Im Controlling wird monatlich über den Stand der Umsetzung berichtet, so unter anderem auch das vierte Produktivitätsprojekt zum Thema »Prozesseffizienz in der Supply Chain«.

Thema	**04. Prozesseffizienz in der Supply Chain**
Datum/Verantw.	28.06.201x/Kienreich
1. Welche Resultate wurden bislang konkret erreicht?	• Steigerung der Lieferfähigkeitsquote auf 97,5% • Reduktion der durchschnittlichen Lagerbestände um einen Bestandswert von durchschnittlich 350 000 Euro • Reduktion der Reklamationsquote und damit des internen Reklamationsaufwandes um 1,5 VZK ...
2. Welches sind die wichtigsten Ziele in den nächsten Monaten?	• Weiterer Ausbau der Lieferfähigkeitsquote auf 98,0% • Fortführung der Reduktion der Reklamationsquote und des Reklamationsaufwandes in Richtung des Zielwertes »minus 20%« und 5 VZK • Verkürzung der Durchlaufzeit in der Auftragsabwicklung im ersten Schritt um 15% (Projektziel: 25%) ...
3. Wo braucht es Schlüsselentscheidungen oder spezielle Abstimmung?	• Klärung der Verantwortlichkeiten in den Schnittstellen der Warenwirtschaft mit den Außenlagern (Lagerbestände, Abrufbarkeit) ...
4. Wo muss das Produktivitäts- und Ergebnisprogramm verändert oder angepasst werden?	• keine Anpassung erforderlich

Anmerkungen

1 Die Resultatorientierung und systematische Ansteuerung von Ergebnissen findet sich in: *Raps, A.*, Strategy implementation – an insurmountable obstacle? Handbook of business strategy, 2005, S. 141ff.
2 Zur grundlegenden Bedeutung des Systemansatzes vgl. das Vorwort in: *Beer, S.*, Diagnosing the system for organizations, Chichester 1985.
3 *Malik, F.*, Führen Leisten Leben, Frankfurt 2006, S. 315ff.
4 Vgl. *Marr, B. et al.*, The Dynamics of Value Creation – Mapping Your Intellectual Performance Drivers, in: Journal of Intellectual Capital, 5/2 2004, S. 312ff. und *Al-Ani, A.*, Continuous Improvement als Ergänzung des Business Reengineering, in: zfo, 65/1996.
5 Zur Selbstmotivation vgl.: *Malik, F.*, Führen Leisten Leben, Frankfurt 2006, S. 159 f.
6 Vgl. *Stöger, R.*, Prozessmanagement, Stuttgart 2011, S. 91 und 215.
7 Vgl. *Malik, F.*, Führen Leisten Leben, Frankfurt 2006, S. 303ff.,*von Rosenstiel, L., et al.*, Führung von Mitarbeitern, Stuttgart 2003, S. 231ff. und *Wunderer, R./Jaritz, A.*, Personalcontrolling – Evaluation der Wertschöpfung im unternehmerischen Personalmanagement, Neuwied 1999.
8 Siehe auch: *Dellmann, K.*, Von der Kostenrechnung zum Kostenmanagement, in: *Dellmann, K.*, Neuere Entwicklungen im Kostenmanagement, Bern 1994, S. 15ff.
9 Den Risikoaspekt siehe in: *Bokranz, R./Landau, K.*, Produktivitätsmanagement von Arbeitssystemen, Stuttgart 2006, S. 144ff.
10 Vgl. *Frenkel, M. et al. (Hrsg.)*, Risk Management, Berlin 2000.
11 Vgl. zur Lenkungsthematik generell vgl.: *Deyhle, A./Radinger, G.*, Controller Handbuch, Offenburg 2008, *Ulrich, H.*, Gesammelte Schriften, Band 1, Bern-Stuttgart-Wien 2001 und *Kaplan, R./Norton, D.*, Strategien (endlich) umsetzen, Harvard Business Manager, 01/2006, S. 22ff.
12 Als Beispiel zur Organisation des Produktivitätscontrollings siehe: *Bokranz, R./Landau, K.*, Produktivitätsmanagement von Arbeitssystemen, Stuttgart 2006, S. 750.
13 Zur Kommunikation vgl.: *Malik, F.*, Management. Das A und O des Handwerks, Frankfurt 2007, S. 70.
14 Vgl. *Stöger, R.*, Strategieentwicklung für die Praxis, Stuttgart 2010, S. 278.
15 Zur Resultatorientierung und Verantwortung siehe: *Drucker, P.*, Management, Oxford 2001, S. 36ff. und 294ff.

Literaturverzeichnis

Abele, E. et al., Post-Merger-Integration, in: zfw, 5/2004.
Adam, D. (Hrsg.), Komplexitätsmanagement, Wiesbaden 1998.
Adam, D., Komplexitätskosten, in: DBW, 55/1995.
Adams, S., The Dilbert principle, New York 1996.
Al-Ani, A., Continuous Improvement als Ergänzung des Business Reengineering, in: zfo, 65/1996.
Al-Laham, A., Strategieprozesse in deutschen Unternehmungen, Wiesbaden 1997.
Andriessen, D., Making Sense of Intellectual Capital, Oxford 2004.
Ansoff, I. et al., From Strategic Planning to Strategic Management, New York 1976.
Ansoff, I., Corporate Strategy, New York 1965.
Ansoff, I., Managing surprise and discontinuity, in: zfbf, 28/1976.
Arnaout, A., Anwendungsstan des Target Costing in deutschen Großunternehmen, in: Controlling 2001/6.

Backhaus, K. et al., Kundenbindung im Industriegütermarketing, in: *Bruhn, M./Homburg, C. (Hrsg.)*, Handbuch Kundenbindungsmanagement, Wiesbaden 2005.
Baldoni, J., Steady as you go: Achieving a balanced vision, in: Harvard management update, 8/2006.
Bamberg, G./Coenenberg, A., Betriebswirtschaftliche Entscheidungslehre, München 1991.
Bamberger, I., Der Ressourceneinsatz und seine Bedeutung für die Strategische Unternehmensführung, in: Zeitschrift für betriebswirtschaftliche Forschung, 1996/2.
Barney, J., Firm Resources and Sustained Competitive Advantage, in: Journal of Management, 17/1991.
Battenfeld, D., Behandlung von Komplexitätskosten in der Kostenrechnung, in: Kostenrechnungspraxis, 2001/3.
Becker, J. et al., Prozessmanagement, Berlin 2003.
Beer, S., Diagnosing the system for organizations, Chichester 1985.
Bellmann, K./Hippe, A., Management von Unternehmensnetzwerken, Wiesbaden 1996.
Biedermann, H./Grill-Kiefer, G., Total Productive Maintenance, in: Zeitschrift für wirtschaftliche Fertigung, 2000/1.
Bieger, T. et al., Zukünftige Geschäftsmodelle, Berlin 2002.
Bieger, T., Dienstleistungsmanagement, Bern 2002.
Blanchard, B., Design and Manage to Life Cycle Cost, Portland 1978.
Bliesener, M., Outsourcing als mögliche Strategie zur Kostensenkung, in: Betriebswirschaftliche Forschung und Praxis, 1994/4.
Bogaschewsky, R./Rollberg, R., Prozessorientiertes Management, Berlin 1998.
Bokranz, R./Landau, K., Produktivitätsmanagement von Arbeitssystemen, Stuttgart 2006.
Bood R./Postma T., Strategic learning with scenarios, in: European management journal, 6/1997.
Brealey, R./Myers, S., Principles of Corporate Finance, New York 2000.
Brokemper, A., Strategieorientiertes Kostenmanagement, München 1998.
Bruce, A., Projekt-Management. Kommunikation, Qualitätskontrolle, Termine, Budgets, Entscheiden, Finanzen, Realisieren, Koordination, Planung, Teams, London 2001.
Bruckner, K. et al., What is the market telling you about your strategy?, in: www.mckinseyquarterly.com.
Bruhn, M./Homburg, C. (Hrsg.), Handbuch Kundenbindungsmanagement, Wiesbaden 2005.
Bruns, H. et al., Die Bilanzierung von inmateriellen Vermögenswerten in der nationalen und internationalen Rechnungslegung, in: *Horvath, P. et al. (Hrsg.)*, Intangibles in der Unternehmenssteuerung – Strategien und Instrumente zur Wertsteigerung des immateriellen Kapitals, München 2004.

Bryce, D. et al, Strategies to crack well guarded markets, in: HBM, 5/2007.
Buresch, M. et al., Auswahl von Organisations-Engineering-Tools, in: zfo, 66/1997.
Buzzell, R./Gale, B., Das PIMS Programm, Wiesbaden 1989.

Calantone, R. et al., Learning Orientation, in: Industrial Marketing Management, 31/2002.
Cassel, G., Grundsätze für die Bildung der Personentarife auf den Eisenbahnen, in: Archiv für Eisenbahnwesen, 23. Jg, 1900.
Cassiman, B et al., The Impact of M&A on the R&D Process, in: Research Policy, 34/2005.
Chandler, A., Strategy and structure, Cambridge 1962.
Chicken, J./Posner, T., The Philosophy of Risk, London 1998.
Christensen, C./Raynor, M., Marktorientierte Innovation, Frankfurt 2004.
Coenenberg, A., Kostenrechnung und Kostenanalyse, Stuttgart 2007.
Conley, P., Experience Curves as a Planning Tool, in: IEEESpectrum 1970/6.
Corboy, M.,/O`Corrbui, D., The seven deadly sins of strategy, in: Management Accounting, 11/1999.
Cuhls, K., From Forecasting to Foresight Processes, in: Journal of Forecasting, 22/2003.

Davenport, T., The dark side of customer analytics, in: Harvard business review, 5/2007.
Davis, S., Managing corporate culture, Cambridge 1999.
Dekker, H./Van Goor, A., Supply chain management and management accounting, in: International Journal of Logistics, 2000/3.
Dellmann, K., Von der Kostenrechnung zum Kostenmanagement, in: *Dellmann, K.*, Neuere Entwicklungen im Kostenmanagement, Bern 1994.
Deyhle, A./Radinger, G., Controller Handbuch, Offenburg 2008.
Dinter, S., Netzwerke, Marburg 2001.
Dittrich, S., Kundenbindung als Kernaufgabe im Marketing, St. Gallen 2001.
Dobni, B., Creating a strategy implementation environment, Business horizons, 3/2003.
Doppler, K./Lautenburg, C., Change management, Frankfurt 2000.
Drucker, P., Die ideale Führungskraft, Düsseldorf 1995.
Drucker, P., Die Zukunft managen, Düsseldorf 1992.
Drucker, P., Innovation and Entrepreneurship, Oxford 2004.
Drucker, P., Management, Oxford 2001.
Drucker, P., Managing for business effectiveness, in: Harvard Business Review, 1963.
Drucker, P., Managing the Non-Profit Organization, New York 1990.
Drucker, P., Sinnvoll wirtschaften. Notwendigkeit und Kunst, die Zukunft zu meistern, Düsseldorf 1997.
Drucker, P., The Age of Discontinuity, New York 1969.
Drucker, P., The Practice of Management, New York 1955.

Eden, C./Ackermann, F., Making strategy, London 1999.
Ehrlenspiel, K. et al., Kostengünstig entwickeln und konstruieren, Berlin 2000.
Ernst, H./Soll, H., An Integrated Portfolio Approach to Support Market-Oriented R&D Planning, in: International Journal of Technology Management, 26/2003.
Eschenbach, R., Strategische Konzepte, Stuttgart 2003.
European Foundation for Quality Management, The EFQM Excellence Model, Brüssel 1999.

Fischer, T., Qualitätskosten, in *Fischer, T. (Hrsg.)*, Kosten-Controlling, Stuttgart 2000.
Flood, P., Managing strategy implementation, Oxford 2000.
Franz, K./Kajüter, P. (Hrsg.), Kostenmanagement, Suttgart 2002.
Franz, K., Prozessmanagement und Prozesskostenrechnung, in: *Schmalenbach-Gesellschaft (Hrsg.)*, Reengineering, Stuttgart 1995.
Frei, U., Prozessmanagement als Optimierungs- und Frühwarnsystem, in: io management, 5/2001.

French, W./Bell, C., Organization development, New York 1982.
Frenkel, M. et al. (Hrsg.), Risk Management, Berlin 2000.
Friedl, B., Produktionskosten, in *Fischer, T. (Hrsg.)*, Kosten-Controlling, Stuttgart 2000.
Friedrich, F., Was ist »core«, und was ist »non-core«?, in: io management 4/2000.

Gaitanides, M., Business Reengineering/Prozessmanagement – von der Managementtechnik zur Theorie der Unternehmung?, in: Die Betriebswirtschaft, 58/1998.
Gälweiler, A., Strategische Unternehmensführung, Frankfurt, 2005.
Gareis, R., Programm-Management und Projektportfolio-Management, in: *Deutsche Gesellschaft für Projektmanagement (Hrsg.)*, Projekt Management 1/2001, Köln 2001.
Gebauer, H. et al., Servicestrategien für die Industrie, in: HBM, 5/2006.
Gibbs-Springer, C., Keys to strategy implementation, in. PA Times, 9/2005.
Gleich, R./Pfohl, M., Voll- und Teilkostenrechnungssysteme, in *Fischer, T. (Hrsg.)*, Kosten-Controlling, Stuttgart 2000.
Gleich, R., Das System des Performance Management, München 2001.
Godin, B., The Obsession for Competitiveness and Its Impact on Statistics, in: Research Policy, 33/2004.
Grant, R., Contemporary strategy analysis, Malden 2002.
Green, P./Rosemann, M., Integrated Process Modelling: An Ontological Evaluation, in: Information Systems, 25/2000.
Green, S. et al., Advocacy, Performance and Threshold Influences on Decisions to Terminate New Product Development, in: Academy of Management Journal, 46/2003.
Greiner, L, Patterns of organization change, in: Harvard Business Review, 50/1967.
Grün, O., Das Management von Großprojekten, in: zfo, 6/2004.
Günther, T./Fischer, J., Zeitkosten, in: *Fischer, T. (Hrsg.)*, Kosten-Controlling, Stuttgart 2000, S. 591ff.
Gutenberg, E., Grundlagen der Betriebswirtschaftslehre, Teil 1, Die Produktion, Berlin/Heidelberg/New York 1976.

Hafeez, K et al., Core Competence for Sustainable Competitive Advantage, in: IEEE Transactions on Engineering Management, 49/2002, S. 28ff.
Hahn, D., Controllingkonzepte. Planung und Kontrolle, Planungs- und Kontrollsysteme, Planungs- und Kontrollrechnung, Wiesbaden 2001.
Hamel G./Prahalad C., The core competence and the corporation, in: Harvard Business Review, 68/1990.
Hamm, M., Preis-Kosten-Schere, Frankfurt 2000.
Hammer, M./Champy, J., Business Reengineering, Frankfurt 1996.
Hammer, M., Business back to Basics, München 2002.
Hammer, M., Der Weg zum supereffizienten Unternehmen, in: Harvard Business Manager, 2002/2.
Hand, J./Lev, B., Intangible Assets – Value, Measures and Risks, New York 2003.
Handfield, R./Nichols, E., Introduction to Supply Chain Management, New. Jersey 1999.
Hax, A./Majluf, N., Strategisches Management, Frankfurt/New York 1991.
Helbling, C., Bilanz- und Erfolgsanalyse, Bern 1999.
Heuser, U,/Jungclaussen, J., Schöpfer und Zerstörer, Hamburg 2004.
Hinterhuber, H,. et al., Kundenzufriedenheit durch Kernkompetenzen, München 1997.
Hinterhuber, H., Strategische Unternehmensführung, Bände 1 und 2, Berlin 2004.
Hoang, H./Rothaermel, F., The Effect of General and Partner-Specific Alliance Experience on Joint R&D Project Performance, in: Academy of Management Journal, 48/2005.
Höcherl, I., Das S-Kurven-Konzept im Technologiemanagement, Frankfurt 2000.
Homburg, C./Rudolph, B., Wie zufrieden sind Ihre Kunden tatsächlich?, in: Harvard Business Manager, Nr. 1/1995.
Horvath, P. et al. (Hrsg.), Intangibles in der Unternehmenssteuerung – Strategien und Instrumente zur Wertsteigerung des immateriellen Kapitals, München 2004.

IBM (Hrsg.), Innovation und Kooperationsmanagement im Blick, CEO-Study 2006.
Imai, M., Kaizen – Der Schlüssel zum Erfolg der Japaner im Wettbewerb, München 1992.
Ishikawa, K., What is Total Quality Control? The Japanese Way, Englewood Cliffs 1985.

Jorasz, W., Kosten- und Leistungsrechnung, Stuttgart 2009.

Käfer, K., Standardkostenrechnung, Zürich 1964.
Kajüter, P., Unternehmenskultur: Erfolgsfaktor für das Kostenmanagement, in: *Franz, K./Kajüter, P. (Hrsg.)*, Kostenmanagement, Stuttgart 1997.
Kaplan, R./Cooper, R., Cost and effect. Using integrated cost systems to drive profitability and performance, Boston 1997.
Kaplan, R./Norton, D., Putting the Balanced Scorecard to work, in: Harvard Business Review, 9/1993.
Kaplan, R./Norton, D., Strategien (endlich) umsetzen, Harvard Business Manager, 1/2006.
Kaplan, R./Norton, D., Strategy Maps – Der Weg von immateriellen Werten zum materiellen Erfolg, Stuttgart 2004.
Kaplan, R./Cooper, R., Cost and effect. Using integrated cost systems to drive profitability and performance, Boston 1997.
Karuppusami, G./Gandhinatham, R., Pareto analysis of critical success factors of total quality management, The TQM magazine, 2006/18.
Kiesel, M./Neuser, G./Auerbach, H., Balanced Scorecard als strategisches Steuerungsinstrument im kundenorientierten Veränderungsprozess, in: Informationsmanagement & Consulting, 15/2000.
Kieser, A., Downsizing – eine vernünftige Strategie?, in: Harvard Business Manager, 2002/2.
Kim, W. et al., Die Ozean-Strategie, in: HBM, 9/2005.
Kirsch, W., Wegweiser zur Konstruktion einer evolutionären Theorie der strategischen Führung, München 1997.
Klauser, M./Löw, A., So erhöhen Sie die Produktivität, in: Harvard Business Manager, Juni 2006.
Kleiner, A., Our ten most enuring ideas, in: Strategy and business, 41/2007.
Kotler, P. et al., Grundlagen des Marketing, München 2003.
Kotter, J., Leading Change, Boston 1996.
Krüger, W. (Hrsg.), Excellence in Change, Wiesbaden 2000.
Kueng, P., Process Performance Management System: a tool to support process-based organizations, in: Total Quality Management, 11/2000.

Langerack, F./Hultink, E., The Impact of New Product Development Acceleration Approaches on Speed and Profitability, in: IEEE Transactions on Engineering Management, 52/2005.
Leist, R., Qualitätsmanagement – Methoden und Werkzeuge zur Planung und Sicherung der Qualität, Augsburg 1996.
Levasseur, R., People skills: change management tools – leading teams, in: Interfaces, 35/2005.
Lombriser, R./Abplanalp, P., Strategisches Management, Zürich 1997.
Longman, A./Mullins, J., Project management: key tool for implementing strategy, in: Journal of business stategy, 25/2004.
Luczak, H./Eversheim, W. (Hrsg.), Produktionsplanung und -steuerung, Berlin 1999.
Luhmann, N., Soziale Systeme, Frankfurt 1984.

Malik, F., Das Debakel kommt erst, in: Weltwoche, 45/2008.
Malik, F., Führen Leisten Leben, Frankfurt 2006.
Malik, F., Gefährliche Managementwörter, Frankfurt 2005.
Malik, F., malik on management m.o.m.®-letter, Nr. 1995/02, Organisieren.
Malik, F., malik on management m.o.m.®-letter, Nr. 1995/09, Unternehmensstrategie – Was sie kann und was nicht.
Malik, F., malik on management m.o.m.®-letter, Nr. 1997/10, Management-Aufgaben und Management-Werkzeuge.

Malik, F., malik on management m.o.m.®-letter, Nr. 1998/01, Strategische Irreführung durch operative Daten.
Malik, F., malik on management m.o.m.®-letter, Nr. 2001/08, Strategische Unternehmensführung I.
Malik, F., Management. Das A und O des Handwerks, Frankfurt 2007.
Malik, F., Strategie, Frankfurt 2011.
Malik, F., Strategie des Managements komplexer Systeme, Bern 1996.
Malik, F., Unternehmenspolitik, Frankfurt 2008.
Malik, F., Wirksame Unternehmensaufsicht, Frankfurt 1997.
Marchetti, C., Modeling Innovation Diffusion, in: *Henry, B.*, Forecasting Technological Innovation, Brüssel 1991.
Marr, B. et al., The Dynamics of Value Creation – Mapping Your Intellectual Performance Drivers, in: Journal of Intellectual Capital, 5/2 2004.
Marx, K./Engels, F., Ausgewählte Werke, Moskau 1987.
Mayer, R./Kaufmann, L., Prozesskostenrechnung, in: *Fischer, T.* (Hrsg.), Kostencontrolling, Stuttgart 2000.
McDonald, M., Marketing plans, Oxford 2002.
McLeod, K./Stuckey, J., MACS – The market-activated corporate strategy framework, in: mckinseyquarterly: Thinking strategically.
Meise, V., Ordnungsrahmen zur prozessorientierten Organisationsgestaltung, Hamburg 2001.
Miles, L., Value Engineering. Wertanalyse, die praktische Methode zur Kostensenkung, München 1967.
Mintzberg, H., Strategy Safari, Frankfurt 2002.
Mitchell, D., Strategy implementation gets another building block, in: Journal of business strategy, 25/2004.
Möhrle, M./Isenmann, R. (Hrsg.), Technologie-Roadmapping – Zukunftsstrategien für Technologieunternehmen, Berlin/Heidelberg 2002.
Müller-Stewens, G./Lechner, C., Strategisches Management, Stuttgart 2003.
Mussnig, W., Dynamisches Zielkostenmanagement, in: Controlling, 2001/3.

Neilson, G. et al., Die vier Bausteine erfolgreicher Umsetzung, in: HBM, 9/2008.
Niemand, S., Target Costing – Konsequente Marktorientierung durch das Zielkostenmanagement, in: Fortschrittliche Betriebsführung/Industrial Engineering, 1992/3.
Nippa, M./Scharfenberg, H. (Hrsg.), Implementierungsmanagement. Über die Kunst, Reengineeringkonzepte erfolgreich umzusetzen, Wiesbaden 1997.
Noll, P./Bachmann, H., Der kleine Machiavelli, Zürich-München 1998.

Olfert, K., Kostenrechnung, Ludwigshafen 2008.
Olson, E., The importance of structure and process to strategy implementation, in: Business horizons, 48/2005.
Osterloh, M./Frost, J., Prozessmanagement als Kernkompetenz, Wiesbaden 2000.
Oxley, J./Sampson, R., The Scope and Governance of International R&D Alliances, in: Strategic Management Journal, 25/2004.

Parkinson, C., Parkinsons Gesetz, Düsseldorf 1957.
Peyrefitte, J. et al., A content analysis of mission statements, in: International journal of management, 2/2006.
Pfaff, D./Bärtl, O., Wertorientierte Unternehmensführung – Ein kritischer Vergleich ausgewählter Konzepte, in: *Gebhardt, G./Pellens, B. (Hrsg.)*, Rechnungswesen und Kapitalmarkt, ZfbF-Sonderheft, 1999/41.
Pfaff, D./Kunz, A., Beschaffungskosten, in: *Fischer, T. (Hrsg.)*, Kosten-Controlling, Stuttgart 2000.
Plinke, W., Industrielle Kostenrechnung, Berlin 2006.
Porter, M., Competitive Advantage, New York 1985.

Porter, M., Nur Strategie sichert auf Dauer hohe Erträge, in: Harvard Business Manager, 1997/3.
Porter, M., Wettbewerb und Strategie, München 1999.
Probst, G./Raub, S./Romhardt, K., Wissen managen – Wie Unternehmen ihre wertvollste Ressource optimal nutzen, Wiesbaden 1997.

Qi, H., Strategy implementation, in: mir 45/2005.

Raps, A., Strategy implementation – an insurmountable obstacle?, Handbook of business strategy, 2005.
Remer, D., Einführen der Prozesskostenrechnung, Stuttgart 1997.
Rieder, L./Siegwart, H., Neues Brevier des Rechnungswesens, Bern 2001.
Rigby, D./Bilodeau, B., The Bain 2005 management tool survey, in: Strategy and leadership, 33/2005.

Saatweber, J., Kundenorientierung durch QFD, München 1997.
Sackmann, S., Unternehmenskultur, Neuwied 2002.
Satzger, G./Huther, A., Informations- und Kommunikationskosten, in: *Fischer, T. (Hrsg.)*, Kosten-Controlling, Stuttgart 2000.
Schildbach, T./Homburg, C., Kosten- und Leistungsrechnung, Stuttgart 2008.
Schmalenbach, E., Kostenrechnung und Preispolitik, Köln 1963.
Schmeisser, W. et al., Forschungs- und Technologiecontrolling, Stuttgart 2006.
Schmidt, A., Kostenrechnung, Stuttgart 2008.
Schulte-Zurhausen, M., Organisation, München 2002.
Schultze, W., Methoden der Unternehmensbewertung, Düsseldorf 2001.
Schumpeter, J., Business Cycles – A Theoretical, Historical and Statistical Analysis of the Capitalist Process, New York 1939.
Schumpeter, J., Kapitalismus, Sozialismus und Demokratie, München 1950.
Schumpeter, J., Theorie der wirtschaftlichen Entwicklung, Leipzig 1913.
Schwickert, A./Fischer, K., Der Geschäftsprozess als formaler Prozess, Mainz 1996.
Seghezzi, H., Integriertes Qualitätsmanagement, München/Wien 1996.
Seuring, S., Supply Chain Target Costing, in: *Seuring, S./Goldbach, M. (Hrsg.)*, Cost Management in Supply Chains, Berlin 2002.
Sharma, A./Lacey, N., Linking Product Development Outcomes to Market Valuation of the Firm, in: Journal of Product Innovation Management, 21/2004.
Siciliano, J., Governance and strategy implementation, in: Business horizons, 12/2002.
Siegwart, H., Kennzahlen für die Unternehmensführung, Bern 1998.
Siegwart, H., Marktorientierte Erfolgsrechnung, München 2002.
Siegwart, H./Kloss, U., Erfassung und Verrechnung von Forschungs- und Entwicklungskosten, Bern 1984.
Simon, H., Ertragssteigerung durch effektive Pricing-Prozesse, in: Zeitschrift für Betriebswirtschaft, 2004/11.
Sirkin, H., The hard side of change management, Harvard Business Review, Oct. 2005.
Smith, A., An Inquiry into the Nature and Causes of the Wealth of Nations, München 1978.
Specht, G., F&E-Management, Stuttgart 2002.
Stadelmann, M./Lux, W., Alles nur neu verpackt?, in: io management, 12/2000.
Stadtler, H./Kilger, C. (Hrsg.), Supply Chain Management and Advanced Planning. Concepts, Models, Software and Case Studies, Berlin 2000.
Sterling, J., Translating strategy into effective implementation, in: Strategy and leadership, 31/2003.
Stöger, R./Salcher, M., NPOs erfolgreich führen, Stuttgart 2006.
Stöger, R., Balanced scorecard – Eine Bilanz, in: organisationsentwicklung, 4/2007.
Stöger, R., Der After Crisis Workshop, in: zfo 2/2010.
Stöger, R., Die Funktionalstrategie. Stiefkind des strategischen Managements?, in: organisationsentwicklung, 03/2009.

Stöger, R., Innovationsmanagement für die Praxis, Stuttgart 2011.
Stöger, R., Krisen zur Neuorientierung nutzen, in: Harvard Business Manager, 10/2009.
Stöger, R., Moments of Truth. Den Kunden ins Unternehmen holen, in: zfo 3/2011.
Stöger, R., Projektlandkarte, in: zfo 5/2011.
Stöger, R., Prozessmanagement, Stuttgart 2011.
Stöger, R., Richtiges Organisieren mit dem Funktionendiagramm: zfo 6/2011.
Stöger, R., Sieben Faktoren des Strategie-Erfolgs, in: absatzwirtschaft, Juni 2007.
Stöger, R., Sitzungsmanagement. Mit wirksamen Sitzungen zu Ergebnissen, in: zfo 4/2011.
Stöger, R., Strategie – Daueraufgabe und Handwerk für Führungskräfte, in: GENO-Magazin, 01/2008.
Stöger, R., Strategieentwicklung für die Praxis, Stuttgart 2010.
Stöger, R., Strategiekompetenz heißt Methodenkompetenz, in: GDI-Impuls, 2/2008.
Stöger, R., Wirksames Projektmanagement, Stutgart 2011.
Suarez, F., Battles for Technological Dominance, in: Research Policy, 33/2004.
Suarez, F./Lanzolla, G., The Half-Truth of First-Mover Advantage, in: Harvard Business Review, 83/2005.

Tanne, M., Kostenrechnung, Stuttgart 2007.
Taylor, F., The Principles of Scientific Management, New York 1911.
Theuvsen, L., Business Reengineering, in: Zfbf, 48/1996.
Thommen, J., Allgemeine Betriebswirtschaftslehre, Zürich 1991.
Turner, R./Keegan, A., Processes for Operational Control in the Project-based Organization, Paris 2000.

Ulrich, H., Gesammelte Schriften, Bände 1 bis 5, Bern 2001.

Van der Aalst et al. (Hrsg.), Business Process Management: Models, Techniques and Empirical Studies, Berlin 2000.
Van der Heijden, K., Scenarios: The art of strategic conversation, New York 1996.
Verlag Progress, Geschichte der UdSSR, Moskau 1977.
von Uthmann, C., Geschäftsprozesssimulation von Supply Chains, Erlangen 2001.

Warwood, S./Roberts, P., A survey of TQM success factors in the UK, in: Total quality management, 15/2004.
Wescott, M., Psychology of Intuition, New York 1968.
Wiese, J., Implementierung der BSC, Wiesbaden 2000.
Willke, H., Systemtheorie I: Eine Einführung in die Grundprobleme der Theorie sozialer Systeme, Stuttgart 1993.
Wirtz, B. et al., Der Ressourcen-Fit bei M&A-Transaktionen, in: dbw, 66/2006.
Wu, W., A study of strategy implementation as expressed through Sun Tzu`s principles of war, in: Industrial management & data systems, 5/2004.
Wunderer, R./Jaritz, A., Personalcontrolling – Evaluation der Wertschöpfung im unternehmerischen Personalmanagement, Neuwied 1999.
Wuyts, S. et al., Portfolios of Interfirm Agreements in Technology-Intensive Markets, in: Journal of Marketing 68/2004.

Yusof, S./Aspinwall, E., Critical success factors in small and medium enterprises: results, Total quality management, 11/2000.

Zentes, J., et al., Kooperationen, Allianzen und Netzwerke, Wiesbaden 2003.
zur Mühlen, M., Workflow-based Process Controlling – or: What you can measure, you can control, in: *Fischer, L. (Hrsg.)*, Workflow Handbook, Lighthouse Point 2001.

Stichwortverzeichnis